教科書ガイド

啓林館 版

深進数学III

TEXT
BOOK
GUIDE

文研出版

目 次

第4章 積分法

第1節 不定積分

第2節 定積分

第3節 積分法の応用

探究編

第1章 数列の極限

第1節 無限数列

1 無限数列と極限

問 1 第 n 項が次の式で表される数列の極限を調べよ。

教科書 p.7

(1) $3-\dfrac{1}{n+1}$　　(2) $\dfrac{3n+5}{2n}$　　(3) $-\left(\dfrac{1}{3}\right)^n$

ガイド 数列 $\{a_n\}$ において，n を限りなく大きくするとき，a_n がある一定の値 α に限りなく近づく場合，数列 $\{a_n\}$ は α に**収束する**といい，

$$\lim_{n\to\infty} a_n=\alpha \quad \text{または，} \quad n\to\infty \text{ のとき } a_n\to\alpha$$

と表す。このとき，値 α を数列 $\{a_n\}$ の**極限値**という。また，数列 $\{a_n\}$ の**極限**は α であるともいう。

記号∞は，「無限大」と読む。なお，∞は数を表すものではない。

解答 (1) n を限りなく大きくするとき，$\dfrac{1}{n+1}$ の値は0に限りなく近づくから，$\displaystyle\lim_{n\to\infty}\left(3-\frac{1}{n+1}\right)=\mathbf{3}$

(2) $\dfrac{3n+5}{2n}=\dfrac{3}{2}+\dfrac{5}{2n}$ であるから，n を限りなく大きくするとき，$\dfrac{3n+5}{2n}$ の値は，$\dfrac{3}{2}$ に限りなく近づく。

よって，$\displaystyle\lim_{n\to\infty}\frac{3n+5}{2n}=\mathbf{\frac{3}{2}}$

(3) n を限りなく大きくするとき，$\left(\dfrac{1}{3}\right)^n$ の値は，0に限りなく近づく。

よって，$\displaystyle\lim_{n\to\infty}\left\{-\left(\frac{1}{3}\right)^n\right\}=\mathbf{0}$

問 2　次の数列 $\{a_n\}$ の極限を調べよ。

教科書 p.9

(1)　$-2,\ 1,\ 4,\ \cdots\cdots,\ 3n-5,\ \cdots\cdots$　　(2)　$1,\ \dfrac{1}{4},\ \dfrac{1}{9},\ \cdots\cdots,\ \dfrac{1}{n^2},\ \cdots\cdots$

ガイド　数列 $\{a_n\}$ の極限は次のように分類できる。

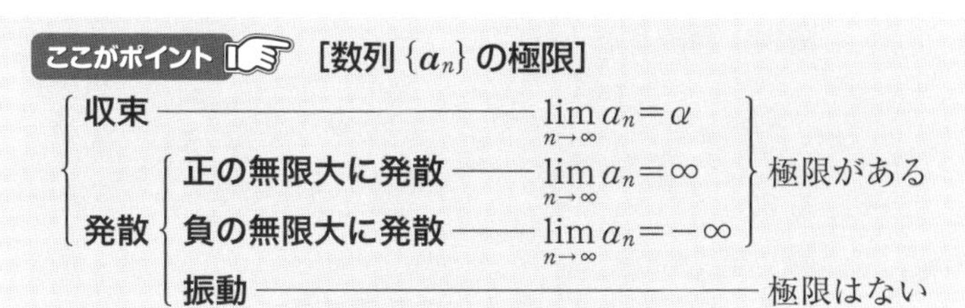

極限が ∞，$-\infty$ となるとき，極限値はない。

解答　(1)　数列 $-2,\ 1,\ 4,\ \cdots\cdots,\ 3n-5,\ \cdots\cdots$ では，$a_n=3n-5$ とすると，n を限りなく大きくするとき，a_n は限りなく大きくなる。

よって，数列 $\{a_n\}$ は**正の無限大に発散する**。

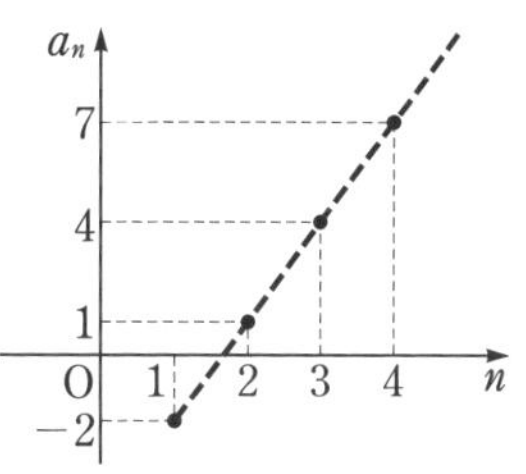

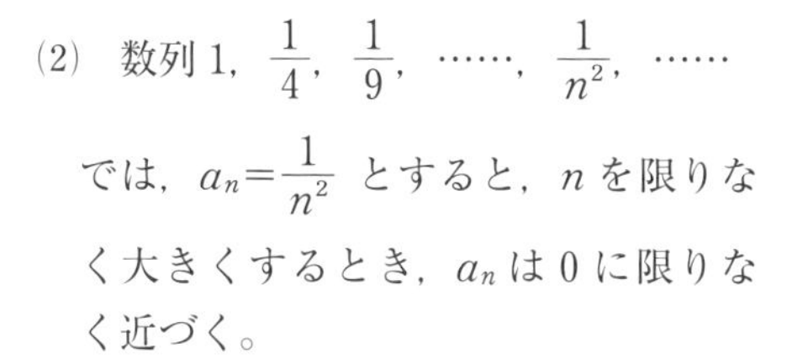

(2)　数列 $1,\ \dfrac{1}{4},\ \dfrac{1}{9},\ \cdots\cdots,\ \dfrac{1}{n^2},\ \cdots\cdots$

では，$a_n=\dfrac{1}{n^2}$ とすると，n を限りなく大きくするとき，a_n は 0 に限りなく近づく。

よって，数列 $\{a_n\}$ は **0 に収束する**。

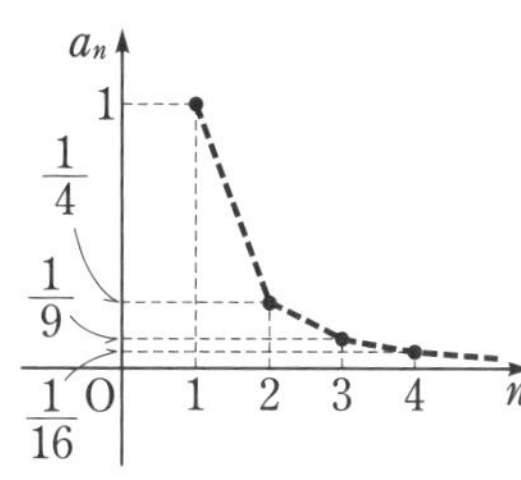

問 3　第 n 項が次の式で表される数列の極限を調べよ。

教科書 p.9

(1)　$4-\dfrac{1}{3}n$　　(2)　$\sqrt{4+\dfrac{1}{n}}$　　(3)　$1+(-1)^n$

ガイド　(3)　n が偶数のとき，$(-1)^n=1$，n が奇数のとき，$(-1)^n=-1$ となる。

解答 (1)　$a_n=4-\frac{1}{3}n$ とすると，n を限りなく大きくするとき，a_n は負の値をとりながら，その絶対値は限りなく大きくなる。よって，数列 $\{a_n\}$ は**負の無限大に発散する**。

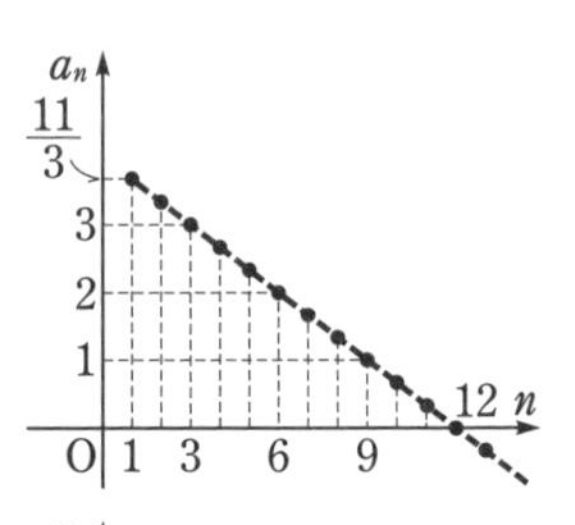

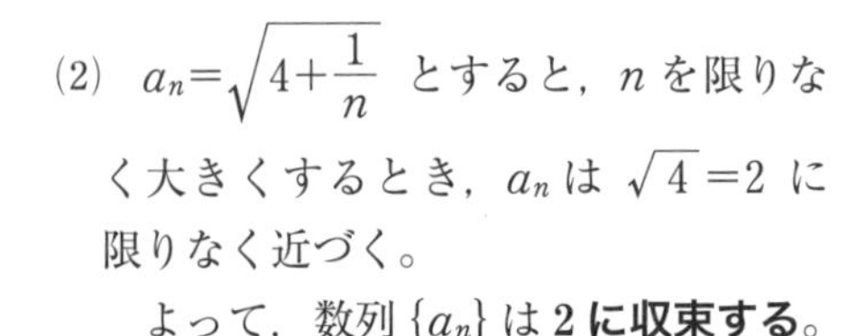

(2)　$a_n=\sqrt{4+\frac{1}{n}}$ とすると，n を限りなく大きくするとき，a_n は $\sqrt{4}=2$ に限りなく近づく。

よって，数列 $\{a_n\}$ は **2 に収束する**。

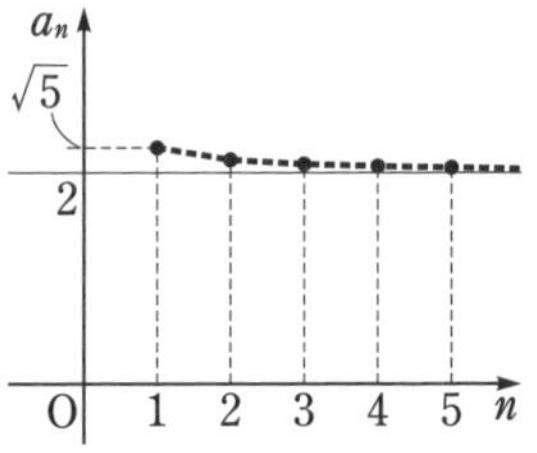

(3)　$a_n=1+(-1)^n$ とする。

n が偶数のとき，$1+(-1)^n=2$，奇数のとき，$1+(-1)^n=0$ となるから，n を限りなく大きくしても，a_n は一定の値に収束しない。また，正の無限大にも負の無限大にも発散しない。

よって，数列 $\{a_n\}$ は**振動する**。

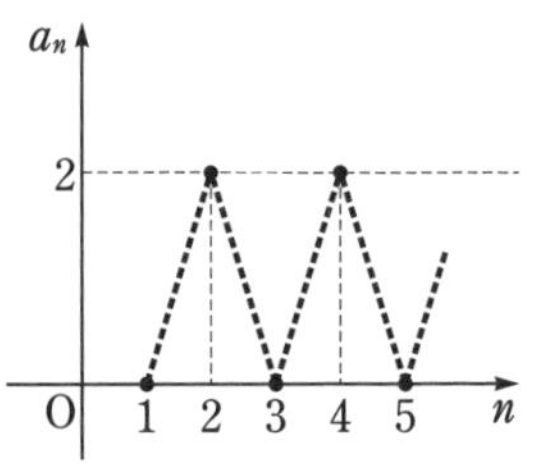

問 4　$\lim_{n\to\infty} a_n=2$，$\lim_{n\to\infty} b_n=-1$ のとき，次の極限値を求めよ。

教科書 p.10

(1)　$\lim_{n\to\infty}(3a_n-4b_n)$　　(2)　$\lim_{n\to\infty}\frac{1}{a_nb_n}$　　(3)　$\lim_{n\to\infty}\frac{4b_n+1}{a_n+5b_n}$

ガイド　収束する数列の極限値について，次の性質が成り立つ。

ここがポイント **[極限値の性質]**

数列 $\{a_n\}$，$\{b_n\}$ が収束して，$\lim_{n\to\infty} a_n=\alpha$，$\lim_{n\to\infty} b_n=\beta$ のとき，

1. $\lim_{n\to\infty} ka_n=k\alpha$　（k は定数）
2. $\lim_{n\to\infty}(a_n+b_n)=\alpha+\beta$，　$\lim_{n\to\infty}(a_n-b_n)=\alpha-\beta$
3. $\lim_{n\to\infty} a_nb_n=\alpha\beta$
4. $\lim_{n\to\infty}\frac{a_n}{b_n}=\frac{\alpha}{\beta}$　（$\beta\neq 0$）

解答 (1) $\lim_{n\to\infty}(3a_n-4b_n)=3\cdot2-4\cdot(-1)=\mathbf{10}$

(2) $\lim_{n\to\infty}\dfrac{1}{a_nb_n}=\dfrac{1}{2\cdot(-1)}=-\dfrac{\mathbf{1}}{\mathbf{2}}$

(3) $\lim_{n\to\infty}\dfrac{4b_n+1}{a_n+5b_n}=\dfrac{4\cdot(-1)+1}{2+5\cdot(-1)}=\mathbf{1}$

問 5　第 n 項が次の式で表される数列の極限を調べよ。

教科書 p.11

(1) $2n-n^5$　(2) $\dfrac{n^2+2n+3}{n+2}$　(3) $\dfrac{2n}{n^2+1}$　(4) $\dfrac{2n}{\sqrt{n^2+1}}$

ガイド　数列 $\{a_n\}$, $\{b_n\}$ において，$\lim_{n\to\infty}a_n=\infty$, $\lim_{n\to\infty}b_n=\infty$ のとき，

$$\lim_{n\to\infty}(a_n+b_n)=\infty,\quad \lim_{n\to\infty}a_nb_n=\infty,\quad \lim_{n\to\infty}\frac{1}{a_n}=0$$

は成り立つが，$\lim_{n\to\infty}(a_n-b_n)$, $\lim_{n\to\infty}\dfrac{a_n}{b_n}$ については，収束する場合や発散する場合がある。

(1) n^5 をくくり出す。　(2)～(4) 分母・分子を n で割る。

解答 (1) $2n-n^5=n^5\left(\dfrac{2}{n^4}-1\right)$

$n\to\infty$ のとき，$n^5\to\infty$, $\dfrac{2}{n^4}-1\to-1$ より，

$$\lim_{n\to\infty}(2n-n^5)=-\infty$$

(2) $\dfrac{n^2+2n+3}{n+2}=\dfrac{n+2+\dfrac{3}{n}}{1+\dfrac{2}{n}}$

$n\to\infty$ のとき，$n+2+\dfrac{3}{n}\to\infty$, $1+\dfrac{2}{n}\to1$ より，

$$\lim_{n\to\infty}\frac{n^2+2n+3}{n+2}=\infty$$

(3) $\dfrac{2n}{n^2+1}=\dfrac{2}{n+\dfrac{1}{n}}$

$n\to\infty$ のとき，$n+\dfrac{1}{n}\to\infty$ より，　$\lim_{n\to\infty}\dfrac{2n}{n^2+1}=\mathbf{0}$

(4) $\dfrac{2n}{\sqrt{n^2+1}}=\dfrac{2}{\sqrt{1+\dfrac{1}{n^2}}}$

$n\to\infty$ のとき，$\sqrt{1+\dfrac{1}{n^2}}\to 1$ より，　$\displaystyle\lim_{n\to\infty}\frac{2n}{\sqrt{n^2+1}}=\mathbf{2}$

問 6 次の極限値を求めよ。

教科書 p.11

(1) $\displaystyle\lim_{n\to\infty}(\sqrt{n+1}-\sqrt{n})$　　(2) $\displaystyle\lim_{n\to\infty}(\sqrt{n^2-3n}-n)$

ガイド (1) $\sqrt{n+1}-\sqrt{n}=\dfrac{\sqrt{n+1}-\sqrt{n}}{1}$ と考え，分母と分子に $\sqrt{n+1}+\sqrt{n}$ を掛けて，分子を有理化する。

(2) $\sqrt{n^2-3n}-n=\dfrac{\sqrt{n^2-3n}-n}{1}$ と考え，分母と分子に $\sqrt{n^2-3n}+n$ を掛けて，分子を有理化する。

解答 (1) $\displaystyle\lim_{n\to\infty}(\sqrt{n+1}-\sqrt{n})=\lim_{n\to\infty}\frac{(\sqrt{n+1}-\sqrt{n})(\sqrt{n+1}+\sqrt{n})}{\sqrt{n+1}+\sqrt{n}}$

$\displaystyle=\lim_{n\to\infty}\frac{(n+1)-n}{\sqrt{n+1}+\sqrt{n}}=\lim_{n\to\infty}\frac{1}{\sqrt{n+1}+\sqrt{n}}=\mathbf{0}$

(2) $\displaystyle\lim_{n\to\infty}(\sqrt{n^2-3n}-n)=\lim_{n\to\infty}\frac{(\sqrt{n^2-3n}-n)(\sqrt{n^2-3n}+n)}{\sqrt{n^2-3n}+n}$

$\displaystyle=\lim_{n\to\infty}\frac{(n^2-3n)-n^2}{\sqrt{n^2-3n}+n}=\lim_{n\to\infty}\frac{-3n}{\sqrt{n^2-3n}+n}$

$\displaystyle=\lim_{n\to\infty}\frac{-3}{\sqrt{1-\frac{3}{n}}+1}=-\frac{\mathbf{3}}{\mathbf{2}}$

分子を有理化するなんて
ビックリだね！

問 7 極限値 $\displaystyle\lim_{n\to\infty}\frac{1}{n}\cos\frac{n\pi}{4}$ を求めよ。

教科書 p.12

ガイド

ここがポイント **[数列の極限と大小関係]**

1 すべての自然数 n に対して $a_n\leqq b_n$ **のとき，**
$\displaystyle\lim_{n\to\infty}a_n=\alpha$，$\displaystyle\lim_{n\to\infty}b_n=\beta$ **ならば，** $\alpha\leqq\beta$

2 すべての自然数 n に対して $a_n\leqq c_n\leqq b_n$ **のとき，**
$\displaystyle\lim_{n\to\infty}a_n=\lim_{n\to\infty}b_n=\alpha$ **ならば，数列** $\{c_n\}$ **は収束し，** $\displaystyle\lim_{n\to\infty}c_n=\alpha$

[1]で，すべての自然数nに対して $a_n<b_n$ であったとしても，極限値が $\alpha<\beta$ を満たすとは限らない。

たとえば，$a_n=1-\dfrac{1}{n}$，$b_n=1+\dfrac{1}{n}$ のとき，すべての自然数nに対して $a_n<b_n$ であるが，

$\lim_{n\to\infty} a_n=1$，　$\lim_{n\to\infty} b_n=1$

となるから，$\alpha=\beta$ である。

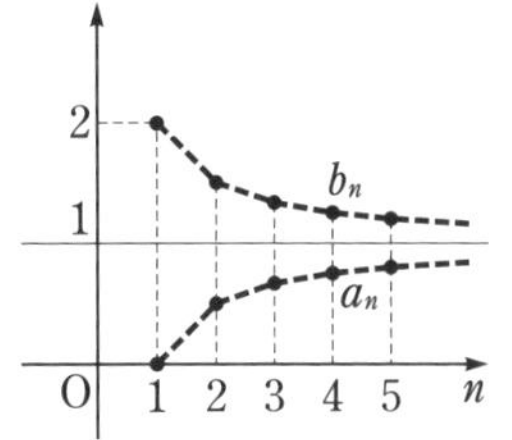
2
1
O
1 2 3 4 5 n
b_n
a_n

[2]を「はさみうちの原理」ということがある。

解答 $-1\leqq\cos\dfrac{n\pi}{4}\leqq 1$ より，　$-\dfrac{1}{n}\leqq\dfrac{1}{n}\cos\dfrac{n\pi}{4}\leqq\dfrac{1}{n}$

ここで，$\lim_{n\to\infty}\left(-\dfrac{1}{n}\right)=0$，

$\lim_{n\to\infty}\dfrac{1}{n}=0$ であるから，

$\lim_{n\to\infty}\dfrac{1}{n}\cos\dfrac{n\pi}{4}=\mathbf{0}$

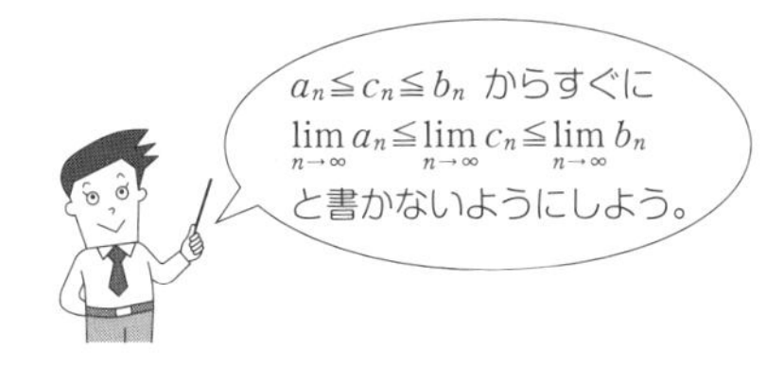
$a_n\leqq c_n\leqq b_n$ からすぐに
$\lim_{n\to\infty} a_n\leqq\lim_{n\to\infty} c_n\leqq\lim_{n\to\infty} b_n$
と書かないようにしよう。

2 無限等比数列

問 8 第n項が次の式で表される数列の極限を調べよ。

教科書 p.14

(1) $(-3)^n$　(2) $\left(\dfrac{5}{7}\right)^{n-1}$　(3) $\dfrac{(\sqrt{5})^n}{2^n}$　(4) $\dfrac{(-3)^{n+1}}{5^n}$

ガイド 項が無限に続く等比数列a，ar，ar^2，……，ar^{n-1}，……を初項a，公比rの**無限等比数列**という。

ここがポイント **[無限等比数列 $\{r^n\}$ の極限]**

$r>1$ のとき，　$\lim_{n\to\infty} r^n=\infty$

$r=1$ のとき，　$\lim_{n\to\infty} r^n=1$ ｝収束する

$-1<r<1$ のとき，　$\lim_{n\to\infty} r^n=0$ ｝収束する

$r\leqq-1$ のとき，　**数列 $\{r^n\}$ は振動する**

解答 (1) $-3\leqq-1$ より，　**振動する**

(2) $-1<\dfrac{5}{7}<1$ より，　$\lim_{n\to\infty}\left(\dfrac{5}{7}\right)^{n-1}=\mathbf{0}$

(3)　$\dfrac{\sqrt{5}}{2}>1$ より，　$\displaystyle\lim_{n\to\infty}\frac{(\sqrt{5})^n}{2^n}=\lim_{n\to\infty}\left(\frac{\sqrt{5}}{2}\right)^n=\infty$

(4)　$-1<-\dfrac{3}{5}<1$ より，　$\displaystyle\lim_{n\to\infty}\frac{(-3)^{n+1}}{5^n}=\lim_{n\to\infty}\left\{-3\left(-\frac{3}{5}\right)^n\right\}=\mathbf{0}$

問 9　無限等比数列 $\{(3-x)^n\}$ が収束するような x の値の範囲を求めよ。また，そのときの極限値を求めよ。

教科書 p.14

ガイド

ここがポイント　**[数列 $\{r^n\}$ が収束するための条件]**
数列 $\{r^n\}$ が収束する $\iff$ $-1<r\leqq 1$

解答　公比は $3-x$ であるから，この数列が収束する x の値の範囲は，

$-1<3-x\leqq 1$　　すなわち，　$\mathbf{2\leqq x<4}$

また，極限値は，　**$x=2$ のとき 1，$2<x<4$ のとき 0**

問 10　次の極限を調べよ。

教科書 p.15

(1)　$\displaystyle\lim_{n\to\infty}\frac{3^{n+1}-4^{n-1}}{3^n+4^n}$　　(2)　$\displaystyle\lim_{n\to\infty}(5^n-3^{2n})$　　(3)　$\displaystyle\lim_{n\to\infty}\frac{4^n}{2^n+1}$

ガイド　(1)　分母の項の公比を比較し，公比の大きい 4^n で分母と分子をそれぞれ割る。

(2)　$3^{2n}=9^n$ で，5^n と 9^n の公比を比較し，公比の大きい 9^n をくくり出す。

(3)　2^n で分母と分子をそれぞれ割る。

解答　(1)　$\displaystyle\lim_{n\to\infty}\frac{3^{n+1}-4^{n-1}}{3^n+4^n}=\lim_{n\to\infty}\frac{3\left(\frac{3}{4}\right)^n-\frac{1}{4}}{\left(\frac{3}{4}\right)^n+1}=\frac{3\cdot 0-\frac{1}{4}}{0+1}=\mathbf{-\frac{1}{4}}$

(2)　$\displaystyle\lim_{n\to\infty}(5^n-3^{2n})=\lim_{n\to\infty}(5^n-9^n)=\lim_{n\to\infty}9^n\left\{\left(\frac{5}{9}\right)^n-1\right\}=-\infty$

(3)　$\displaystyle\lim_{n\to\infty}\frac{4^n}{2^n+1}=\lim_{n\to\infty}\frac{2^n}{1+\left(\frac{1}{2}\right)^n}=\infty$

問 11　次の数列の極限を調べよ。

教科書 p.15

(1) $\left\{\dfrac{1}{1+r^n}\right\}$　$(r \neq -1)$　　(2) $\left\{\dfrac{r^{2n+1}}{1+r^{2n}}\right\}$

ガイド　$-1<r<1$, $r=1$, $r>1$ または $r<-1$, $r=-1$ の場合に分けて考える。

解答　(1) **$-1<r<1$ のとき**　$\lim_{n\to\infty} r^n=0$ であるから,

$$\lim_{n\to\infty}\frac{1}{1+r^n}=\frac{1}{1+0}=\mathbf{1}$$

$r=1$ のとき　$\lim_{n\to\infty} r^n=1$ であるから,

$$\lim_{n\to\infty}\frac{1}{1+r^n}=\frac{1}{1+1}=\mathbf{\frac{1}{2}}$$

$r>1$ または $r<-1$ のとき　$-1<\frac{1}{r}<1$ より, $\lim_{n\to\infty}\left(\frac{1}{r}\right)^n=0$ であるから,

$$\lim_{n\to\infty}\frac{1}{1+r^n}=\lim_{n\to\infty}\frac{\left(\frac{1}{r}\right)^n}{\left(\frac{1}{r}\right)^n+1}=\frac{0}{0+1}=\mathbf{0}$$

(2) **$-1<r<1$ のとき**　$\lim_{n\to\infty} r^{2n}=\lim_{n\to\infty}(r^n)^2=0$ であるから,

$$\lim_{n\to\infty}\frac{r^{2n+1}}{1+r^{2n}}=\lim_{n\to\infty}\frac{r\cdot r^{2n}}{1+r^{2n}}=\mathbf{0}$$

$r=1$ のとき　$\lim_{n\to\infty} r^{2n}=1$, $\lim_{n\to\infty} r^{2n+1}=1$ であるから,

$$\lim_{n\to\infty}\frac{r^{2n+1}}{1+r^{2n}}=\frac{1}{1+1}=\mathbf{\frac{1}{2}}$$

$r>1$ または $r<-1$ のとき　$-1<\frac{1}{r}<1$ より,

$$\lim_{n\to\infty}\frac{1}{r^{2n}}=\lim_{n\to\infty}\left\{\left(\frac{1}{r}\right)^n\right\}^2=0 \text{ であるから,}$$

$$\lim_{n\to\infty}\frac{r^{2n+1}}{1+r^{2n}}=\lim_{n\to\infty}\frac{r}{\frac{1}{r^{2n}}+1}=\frac{r}{0+1}=\boldsymbol{r}$$

$r=-1$ のとき　$\lim_{n\to\infty} r^{2n}=1$, $\lim_{n\to\infty} r^{2n+1}=-1$ であるから,

$$\lim_{n\to\infty}\frac{r^{2n+1}}{1+r^{2n}}=\frac{-1}{1+1}=\mathbf{-\frac{1}{2}}$$

問 12 次のように定められる数列 $\{a_n\}$ の極限を調べよ。

教科書 p.16

$$a_1=2,\quad a_{n+1}=-\frac{1}{3}a_n+4\quad (n=1,\ 2,\ 3,\ \cdots\cdots)$$

ガイド $a_{n+1}-\alpha=-\frac{1}{3}(a_n-\alpha)$ となる α を，$\alpha=-\frac{1}{3}\alpha+4$ より求める。

解答 $a_{n+1}=-\frac{1}{3}a_n+4$ は，$a_{n+1}-3=-\frac{1}{3}(a_n-3)$ と変形できるから，数列 $\{a_n-3\}$ は，初項 $a_1-3=-1$，公比 $-\frac{1}{3}$ の等比数列となる。

したがって，　$a_n-3=-\left(-\frac{1}{3}\right)^{n-1}$

すなわち，　$a_n=3-\left(-\frac{1}{3}\right)^{n-1}$

よって，　$\lim_{n\to\infty}a_n=\lim_{n\to\infty}\left\{3-\left(-\frac{1}{3}\right)^{n-1}\right\}=3-0=\mathbf{3}$

節末問題　第1節　無限数列

1 第 n 項が次の式で表される数列の極限を調べよ。

教科書 p.17

(1) $\dfrac{2n^2+5}{3n^2+2n-2}$　(2) $\dfrac{n^2-1}{n+2}$

(3) $\sqrt{n}-n$　(4) $\sqrt{n^2+4n+1}-n$

(5) $\dfrac{\sqrt{n+1}-\sqrt{n}}{\sqrt{n+2}-\sqrt{n-1}}$　(6) $\left(\dfrac{1}{2}\right)^n\cos n\pi$

(7) 3^n-2^{2n}　(8) $\dfrac{(-4)^n}{3^n-1}$

ガイド (1) 分母の最高次の n^2 で，分母と分子を割る。

(2) 分母の最高次の n で，分母と分子を割る。

(3) 最高次の n をくくり出す。

(4) $\sqrt{n^2+4n+1}-n=\dfrac{\sqrt{n^2+4n+1}-n}{1}$ と考え，分母と分子に $\sqrt{n^2+4n+1}+n$ を掛けて，分子を有理化する。

(5) 分母と分子に $(\sqrt{n+1}+\sqrt{n})(\sqrt{n+2}+\sqrt{n-1})$ を掛ける。

(6) はさみうちの原理を利用する。

(7)　$2^{2n}=4^n$ で，$4>3$ であるから，4^n をくくり出す。

(8)　3^n で分母と分子をそれぞれ割る。

解答　与えられた数列を $\{a_n\}$ とする。

(1)
$$\lim_{n\to\infty}\frac{2n^2+5}{3n^2+2n-2}=\lim_{n\to\infty}\frac{2+\frac{5}{n^2}}{3+\frac{2}{n}-\frac{2}{n^2}}=\frac{2+0}{3+0-0}=\frac{2}{3}$$

よって，数列 $\{a_n\}$ は $\boldsymbol{\frac{2}{3}}$ **に収束する**。

(2)
$$\lim_{n\to\infty}\frac{n^2-1}{n+2}=\lim_{n\to\infty}\frac{n-\frac{1}{n}}{1+\frac{2}{n}}=\infty$$

よって，数列 $\{a_n\}$ は**正の無限大に発散する**。

(3)
$$\lim_{n\to\infty}(\sqrt{n}-n)=\lim_{n\to\infty}n\left(\frac{1}{\sqrt{n}}-1\right)=-\infty$$

よって，数列 $\{a_n\}$ は**負の無限大に発散する**。

(4)
$$\lim_{n\to\infty}\sqrt{n^2+4n+1}-n$$
$$=\lim_{n\to\infty}\frac{(\sqrt{n^2+4n+1}-n)(\sqrt{n^2+4n+1}+n)}{\sqrt{n^2+4n+1}+n}$$
$$=\lim_{n\to\infty}\frac{(n^2+4n+1)-n^2}{\sqrt{n^2+4n+1}+n}=\lim_{n\to\infty}\frac{4n+1}{\sqrt{n^2+4n+1}+n}$$
$$=\lim_{n\to\infty}\frac{4+\frac{1}{n}}{\sqrt{1+\frac{4}{n}+\frac{1}{n^2}}+1}=2$$

よって，数列 $\{a_n\}$ は **2 に収束する**。

(5)
$$\lim_{n\to\infty}\frac{\sqrt{n+1}-\sqrt{n}}{\sqrt{n+2}-\sqrt{n-1}}$$
$$=\lim_{n\to\infty}\frac{(\sqrt{n+1}-\sqrt{n})(\sqrt{n+1}+\sqrt{n})(\sqrt{n+2}+\sqrt{n-1})}{(\sqrt{n+2}-\sqrt{n-1})(\sqrt{n+1}+\sqrt{n})(\sqrt{n+2}+\sqrt{n-1})}$$
$$=\lim_{n\to\infty}\frac{\{(n+1)-n\}(\sqrt{n+2}+\sqrt{n-1})}{\{(n+2)-(n-1)\}(\sqrt{n+1}+\sqrt{n})}$$
$$=\lim_{n\to\infty}\frac{\sqrt{n+2}+\sqrt{n-1}}{3(\sqrt{n+1}+\sqrt{n})}=\lim_{n\to\infty}\frac{\sqrt{1+\frac{2}{n}}+\sqrt{1-\frac{1}{n}}}{3\left(\sqrt{1+\frac{1}{n}}+1\right)}=\frac{1}{3}$$

よって，数列 $\{a_n\}$ は $\boldsymbol{\frac{1}{3}}$ **に収束する。**

(6)　$-1 \leqq \cos n\pi \leqq 1$ より，　$-\left(\frac{1}{2}\right)^n \leqq \left(\frac{1}{2}\right)^n \cos n\pi \leqq \left(\frac{1}{2}\right)^n$

ここで，$\displaystyle\lim_{n\to\infty}\left\{-\left(\frac{1}{2}\right)^n\right\}=0$，$\displaystyle\lim_{n\to\infty}\left(\frac{1}{2}\right)^n=0$ であるから，

$$\lim_{n\to\infty}\left(\frac{1}{2}\right)^n \cos n\pi=0$$

よって，数列 $\{a_n\}$ は **0 に収束する。**

(7)
$$\lim_{n\to\infty}(3^n-2^{2n})=\lim_{n\to\infty}4^n\left\{\left(\frac{3}{4}\right)^n-1\right\}=-\infty$$

よって，数列 $\{a_n\}$ は**負の無限大に発散する。**

(8)
$$\lim_{n\to\infty}\frac{(-4)^n}{3^n-1}=\lim_{n\to\infty}\frac{\left(-\frac{4}{3}\right)^n}{1-\left(\frac{1}{3}\right)^n}$$

$-\frac{4}{3} \leqq -1$ より，数列 $\left\{\left(-\frac{4}{3}\right)^n\right\}$ は振動する。

また，数列 $\left\{1-\left(\frac{1}{3}\right)^n\right\}$ は 1 に収束する。

よって，数列 $\{a_n\}$ は**振動する。**

2　教科書 p.17

次の極限値を求めよ。

(1)　$\displaystyle\lim_{n\to\infty}\frac{1}{n^2}(1+2+3+\cdots\cdots+n)$

(2)　$\displaystyle\lim_{n\to\infty}\frac{1}{n^3}(1^2+2^2+3^2+\cdots\cdots+n^2)$

ガイド　(1)　$\displaystyle\sum_{k=1}^{n}k=\frac{1}{2}n(n+1)$ を利用する。

(2)　$\displaystyle\sum_{k=1}^{n}k^2=\frac{1}{6}n(n+1)(2n+1)$ を利用する。

解答　(1)　$\displaystyle 1+2+3+\cdots\cdots+n=\sum_{k=1}^{n}k=\frac{1}{2}n(n+1)$ であるから，

$$\lim_{n\to\infty}\frac{1}{n^2}(1+2+3+\cdots\cdots+n)$$
$$=\lim_{n\to\infty}\left\{\frac{1}{n^2}\cdot\frac{1}{2}n(n+1)\right\}=\lim_{n\to\infty}\frac{1}{2}\left(1+\frac{1}{n}\right)=\boldsymbol{\frac{1}{2}}$$

(2)　$1^2+2^2+3^2+\cdots\cdots+n^2=\sum_{k=1}^{n}k^2=\frac{1}{6}n(n+1)(2n+1)$ であるから，

$$\lim_{n\to\infty}\frac{1}{n^3}(1^2+2^2+3^2+\cdots\cdots+n^2)$$
$$=\lim_{n\to\infty}\left\{\frac{1}{n^3}\cdot\frac{1}{6}n(n+1)(2n+1)\right\}=\lim_{n\to\infty}\frac{1}{6}\left(1+\frac{1}{n}\right)\left(2+\frac{1}{n}\right)=\mathbf{\frac{1}{3}}$$

3　教科書 p.17

次の問いに答えよ。

(1)　等式 $(1+x)^n={}_n\mathrm{C}_0+{}_n\mathrm{C}_1x+{}_n\mathrm{C}_2x^2+\cdots\cdots+{}_n\mathrm{C}_nx^n$ を利用して，次のことが成り立つことを示せ。

$$n\geqq 2 \text{ のとき，}\quad 2^n\geqq 1+n+\frac{n(n-1)}{2}$$

(2)　$\lim_{n\to\infty}\frac{n}{2^n}$ を求めよ。

ガイド　(1)　与えられた式に $x=1$ を代入する。

(2)　(1)より，$2^n\geqq\frac{n^2+n+2}{2}$ である。この不等式の両辺の逆数をとって，n を掛けた式を利用する。

解答　(1)　　$(1+x)^n={}_n\mathrm{C}_0+{}_n\mathrm{C}_1x+{}_n\mathrm{C}_2x^2+\cdots\cdots+{}_n\mathrm{C}_nx^n$

これに $x=1$ を代入して，　$2^n={}_n\mathrm{C}_0+{}_n\mathrm{C}_1+{}_n\mathrm{C}_2+\cdots\cdots+{}_n\mathrm{C}_n$

ここで，$n\geqq 2$ のとき，

$$2^n={}_n\mathrm{C}_0+{}_n\mathrm{C}_1+{}_n\mathrm{C}_2+\cdots\cdots+{}_n\mathrm{C}_n\geqq{}_n\mathrm{C}_0+{}_n\mathrm{C}_1+{}_n\mathrm{C}_2$$

よって，　$2^n\geqq 1+n+\frac{n(n-1)}{2}$

(2)　(1)より，$n\geqq 2$ のとき，

$$2^n\geqq 1+n+\frac{n(n-1)}{2}=\frac{n^2+n+2}{2}>0$$

したがって，　$0<\frac{1}{2^n}\leqq\frac{2}{n^2+n+2}$

n を掛けると，　$0<\frac{n}{2^n}\leqq\frac{2n}{n^2+n+2}$

ここで，$\lim_{n\to\infty}\frac{2n}{n^2+n+2}=\lim_{n\to\infty}\frac{\frac{2}{n}}{1+\frac{1}{n}+\frac{2}{n^2}}=0$ であるから，

$$\lim_{n\to\infty}\frac{n}{2^n}=\mathbf{0}$$

☐ **4** 教科書 p.17

無限等比数列 $\{(x^2-1)^n\}$ が収束するような実数 x の値の範囲を求めよ。また，そのときの極限値を求めよ。

ガイド 収束するのは，$-1<x^2-1\leqq 1$ のときである。

解答 無限等比数列 $\{(x^2-1)^n\}$ が収束するには，公比が x^2-1 であるから，$-1<x^2-1\leqq 1$ であればよい。

$-1<x^2-1$ より，　$x^2>0$　よって，　$x\neq 0$　……①

$x^2-1\leqq 1$ より，　$x^2-2\leqq 0$

$(x+\sqrt{2})(x-\sqrt{2})\leqq 0$　よって，　$-\sqrt{2}\leqq x\leqq\sqrt{2}$　……②

①，②より，　$\boldsymbol{-\sqrt{2}\leqq x<0,\ 0<x\leqq\sqrt{2}}$

そのときの**極限値は**，$\boldsymbol{x=\pm\sqrt{2}}$ **のとき 1**，

$\boldsymbol{-\sqrt{2}<x<0,\ 0<x<\sqrt{2}}$ **のとき 0**

☐ **5** 教科書 p.17

数列 $\left\{\dfrac{2^n+r^n}{4^n+r^n}\right\}$ の極限を調べよ。ただし，$r\neq -4$ とする。

ガイド $|r|<4$，$r=4$，$|r|>4$ の場合に分けて考える。

解答 $|r|<4$ のとき　$\lim_{n\to\infty}\left(\dfrac{r}{4}\right)^n=0$ であるから，

$$\lim_{n\to\infty}\frac{2^n+r^n}{4^n+r^n}=\lim_{n\to\infty}\frac{\left(\frac{1}{2}\right)^n+\left(\frac{r}{4}\right)^n}{1+\left(\frac{r}{4}\right)^n}=\frac{0+0}{1+0}=0$$

$r=4$ のとき　$\lim_{n\to\infty}\left(\dfrac{r}{4}\right)^n=1$ であるから，

$$\lim_{n\to\infty}\frac{2^n+r^n}{4^n+r^n}=\lim_{n\to\infty}\frac{\left(\frac{1}{2}\right)^n+\left(\frac{r}{4}\right)^n}{1+\left(\frac{r}{4}\right)^n}=\frac{0+1}{1+1}=\frac{1}{2}$$

$|r|>4$ のとき　$\lim_{n\to\infty}\left(\dfrac{4}{r}\right)^n=0$，$\lim_{n\to\infty}\left(\dfrac{2}{r}\right)^n=0$ であるから，

$$\lim_{n\to\infty}\frac{2^n+r^n}{4^n+r^n}=\lim_{n\to\infty}\frac{\left(\frac{2}{r}\right)^n+1}{\left(\frac{4}{r}\right)^n+1}=\frac{0+1}{0+1}=1$$

よって，　$\boldsymbol{|r|<4}$ **のとき，0 に収束する。**

$\boldsymbol{r=4}$ **のとき，$\boldsymbol{\dfrac{1}{2}}$ に収束する。$\boldsymbol{|r|>4}$ のとき，1 に収束する。**

第2節　無限級数

1　無限級数

問 13　次の無限級数の収束，発散を調べ，収束するときはその和を求めよ。

教科書 p.19

(1)　$\dfrac{1}{3\cdot5}+\dfrac{1}{5\cdot7}+\dfrac{1}{7\cdot9}+\cdots\cdots+\dfrac{1}{(2n+1)(2n+3)}+\cdots\cdots$

(2)　$\displaystyle\sum_{n=1}^{\infty}\frac{1}{\sqrt{3n+1}+\sqrt{3n-2}}$

ガイド　無限数列 $\{a_n\}$ の各項を初項から順に加えていった形の式

$$a_1+a_2+a_3+\cdots\cdots+a_n+\cdots\cdots \quad \cdots\cdots①$$

を**無限級数**といい，a_1 をこの無限級数の**初項**，a_n を**第 n 項**という。

①は記号 $\sum$ を用いて，$\displaystyle\sum_{n=1}^{\infty}a_n$ とも表す。

無限級数①に対し，数列 $\{a_n\}$ の初項から第 n 項までの和

$$S_n=\sum_{k=1}^{n}a_k=a_1+a_2+a_3+\cdots\cdots+a_n$$

を，この無限級数の**第 n 項までの部分和**という。

$$\lim_{n\to\infty}S_n=\lim_{n\to\infty}\sum_{k=1}^{n}a_k=S$$

であるとき，無限級数①は S に**収束する**といい，S をこの無限級数の**和**という。

解答　第 n 項までの部分和を S_n とする。

(1)　$S_n=\dfrac{1}{3\cdot5}+\dfrac{1}{5\cdot7}+\dfrac{1}{7\cdot9}+\cdots\cdots+\dfrac{1}{(2n+1)(2n+3)}$

$\dfrac{1}{(2n+1)(2n+3)}=\dfrac{1}{2}\left(\dfrac{1}{2n+1}-\dfrac{1}{2n+3}\right)$ より，

$$S_n=\frac{1}{2}\left\{\left(\frac{1}{3}-\frac{1}{5}\right)+\left(\frac{1}{5}-\frac{1}{7}\right)+\left(\frac{1}{7}-\frac{1}{9}\right)+\cdots\cdots+\left(\frac{1}{2n+1}-\frac{1}{2n+3}\right)\right\}$$

$$=\frac{1}{2}\left(\frac{1}{3}-\frac{1}{2n+3}\right)$$

したがって，　$\displaystyle\lim_{n\to\infty}S_n=\lim_{n\to\infty}\frac{1}{2}\left(\frac{1}{3}-\frac{1}{2n+3}\right)=\frac{1}{6}$

よって，この無限級数は**収束し**，**その和は** $\frac{1}{6}$ である。

(2) $$S_n=\sum_{k=1}^{n}\frac{1}{\sqrt{3k+1}+\sqrt{3k-2}}=\sum_{k=1}^{n}\frac{1}{\sqrt{3k-2}+\sqrt{3k+1}}$$

$$=\sum_{k=1}^{n}\frac{\sqrt{3k-2}-\sqrt{3k+1}}{(\sqrt{3k-2}+\sqrt{3k+1})(\sqrt{3k-2}-\sqrt{3k+1})}$$

$$=-\frac{1}{3}\sum_{k=1}^{n}(\sqrt{3k-2}-\sqrt{3k+1})$$

$$=-\frac{1}{3}\{(\sqrt{1}-\sqrt{4})+(\sqrt{4}-\sqrt{7})+(\sqrt{7}-\sqrt{10})+\cdots\cdots+(\sqrt{3n-2}-\sqrt{3n+1})\}$$

$$=-\frac{1}{3}(1-\sqrt{3n+1})$$

したがって， $\lim_{n\to\infty}S_n=\lim_{n\to\infty}\left\{-\frac{1}{3}(1-\sqrt{3n+1})\right\}=\infty$

よって，この無限級数は**発散する**。

2 無限等比級数

問 14 次の無限等比級数の収束，発散を調べて，収束するときはその和を求めよ。

教科書 p.21

(1) $27+9+3+1+\cdots\cdots$ (2) $2-4+8-16+\cdots\cdots$

ガイド

ここがポイント **[無限等比級数の収束・発散]**

初項 a，公比 r の無限等比級数

$a+ar+ar^2+ar^3+\cdots\cdots+ar^{n-1}+\cdots\cdots$

の収束，発散は，次のようになる。

$a=0$ のとき，**収束し，その和は 0**

$a\neq0$ のとき，

$-1<r<1$ ならば，収束し，その和は $\frac{a}{1-r}$

（以上，収束する）

$r\leqq-1$ または $r\geqq1$ ならば，発散する。

解答 (1) 初項 $a=27$，公比 $r=\frac{1}{3}$ の無限等比級数である。

$-1<r<1$ であるから**収束し**，**その和** S **は**，

$$S=\frac{27}{1-\frac{1}{3}}=\mathbf{\frac{81}{2}}$$

(2) 初項 $a=2$，公比 $r=-2$ の無限等比級数である。

$r\leqq -1$ であるから**発散する**。

問 15 次の無限等比級数が収束するような実数 x の値の範囲を求めよ。
また，収束するときの和を求めよ。

教科書 p.21

$$x+x(2-3x)+x(2-3x)^2+x(2-3x)^3+\cdots\cdots$$

ガイド 収束するのは，$x=0$ または，$-1<2-3x<1$ のときである。

解答 初項 x，公比 $2-3x$ の無限等比級数であるから，収束するのは，
$x=0$ または，$-1<2-3x<1$ のときである。

$-1<2-3x<1$ より，　$\frac{1}{3}<x<1$

よって，求める x の値の範囲は，　$\boldsymbol{x=0,\ \frac{1}{3}<x<1}$

また，収束するときの和 S は，

$\boldsymbol{x=0}$ **のとき**，　$S=0$

$\boldsymbol{\frac{1}{3}<x<1}$ **のとき**，　$S=\frac{x}{1-(2-3x)}=\boldsymbol{\frac{x}{3x-1}}$

問 16 次の循環小数を分数で表せ。

教科書 p.22

(1) $0.\dot{5}$　　(2) $0.\dot{9}\dot{3}$　　(3) $1.6\dot{8}\dot{1}$

ガイド 無限等比級数で表して，その和を求める。

解答 (1)

$$\begin{aligned}0.\dot{5}&=0.555\cdots\cdots\\&=0.5+0.05+0.005+\cdots\cdots\\&=0.5+0.5\times0.1+0.5\times0.1^2+\cdots\cdots\end{aligned}$$

右辺は，初項 0.5，公比 $r=0.1$ の無限等比級数である。

$-1<r<1$ であるから収束し，その和 S は，

$$S=\frac{0.5}{1-0.1}=\frac{5}{9}\qquad \text{よって，}\quad 0.\dot{5}=\boldsymbol{\frac{5}{9}}$$

(2)　　$0.\dot{9}\dot{3}=0.939393\cdots\cdots$

$=0.93+0.0093+0.000093+\cdots\cdots$

$=0.93+0.93\times0.01+0.93\times0.01^2+\cdots\cdots$

右辺は，初項0.93，公比 $r=0.01$ の無限等比級数である。

$-1<r<1$ であるから収束し，その和 S は，

$S=\dfrac{0.93}{1-0.01}=\dfrac{93}{99}=\dfrac{31}{33}$　　よって，　$0.\dot{9}\dot{3}=\boldsymbol{\dfrac{31}{33}}$

(3)　　$1.6\dot{8}\dot{1}=1.6818181\cdots\cdots$

$=1.6+0.081+0.00081+0.0000081+\cdots\cdots$

$=1.6+(0.081+0.081\times0.01+0.081\times0.01^2+\cdots\cdots)$

右辺の $0.081+0.081\times0.01+0.081\times0.01^2+\cdots\cdots$ は，初項0.081，公比 $r=0.01$ の無限等比級数である。

$-1<r<1$ であるから収束し，その和 S は，

$S=\dfrac{0.081}{1-0.01}=\dfrac{81}{990}=\dfrac{9}{110}$

よって，　$1.6\dot{8}\dot{1}=1.6+\dfrac{9}{110}=\dfrac{185}{110}=\boldsymbol{\dfrac{37}{22}}$

問 17　数直線上で，動点Pが原点Oから正の向きに1進み，そこから負の向きに $\dfrac{2}{3}$，そこから正の向きに $\left(\dfrac{2}{3}\right)^2$，そこから負の向きに $\left(\dfrac{2}{3}\right)^3$，…… と進む。以下，このような運動を限りなく続けるとき，次の問いに答えよ。

教科書 p.23

(1) 動点Pが近づいていく点の座標を求めよ。

(2) 動点Pが動く距離の和を求めよ。

ガイド　(1) 動点Pの座標を無限等比級数で表し，その和を求める。

(2) 動点Pが動く距離の和を無限等比級数で表し，その和を求める。

解答　(1) 動点Pの座標は，順に次のようになる。

$1,\ 1-\dfrac{2}{3},\ 1-\dfrac{2}{3}+\left(\dfrac{2}{3}\right)^2,\ 1-\dfrac{2}{3}+\left(\dfrac{2}{3}\right)^2-\left(\dfrac{2}{3}\right)^3,\ \cdots\cdots$

したがって，動点Pが近づいていく点の座標は，初項1，公比 $-\dfrac{2}{3}$ の無限等比級数で表される。

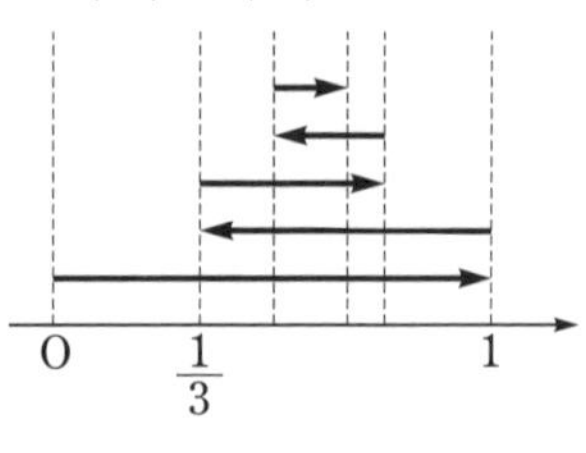

公比について，$-1<-\dfrac{2}{3}<1$ で

あるから収束し，その和は，

$$\frac{1}{1-\left(-\frac{2}{3}\right)}=\frac{3}{5}$$

よって，動点Pが近づいていく点の座標は，　$\boldsymbol{\frac{3}{5}}$

(2)　動点Pが動く距離の和は，順に次のようになる。

$$1,\ 1+\frac{2}{3},\ 1+\frac{2}{3}+\left(\frac{2}{3}\right)^2,\ 1+\frac{2}{3}+\left(\frac{2}{3}\right)^2+\left(\frac{2}{3}\right)^3,\ \cdots\cdots$$

したがって，動点Pが動く距離の和は，初項1，公比 $\frac{2}{3}$ の無限等比級数で表される。公比について，$-1<\frac{2}{3}<1$ であるから収束し，その和は，$\frac{1}{1-\frac{2}{3}}=3$

よって，動点Pが動く距離の和は，　**3**

3　無限級数の性質

問 18　次の無限級数の和を求めよ。

教科書 p.24

(1)　$\displaystyle\sum_{n=1}^{\infty}\left\{\frac{3}{5^n}+\frac{5}{(-4)^n}\right\}$　　(2)　$\displaystyle\sum_{n=1}^{\infty}\frac{3^n-2^n}{4^n}$

ガイド

ここがポイント **[無限級数の性質]**

無限級数 $\sum_{n=1}^{\infty}a_n$，$\sum_{n=1}^{\infty}b_n$ が収束して，$\sum_{n=1}^{\infty}a_n=S$，$\sum_{n=1}^{\infty}b_n=T$ のとき，

[1]　$\boldsymbol{\sum_{n=1}^{\infty}ka_n=kS}$　（k は定数）

[2]　$\boldsymbol{\sum_{n=1}^{\infty}(a_n+b_n)=S+T}$，　$\boldsymbol{\sum_{n=1}^{\infty}(a_n-b_n)=S-T}$

解答　(1)　$\displaystyle\sum_{n=1}^{\infty}\frac{3}{5^n}$ は，初項 $\frac{3}{5}$，公比 $r_1=\frac{1}{5}$ の無限等比級数であり，

$\displaystyle\sum_{n=1}^{\infty}\frac{5}{(-4)^n}$ は，初項 $-\frac{5}{4}$，公比 $r_2=-\frac{1}{4}$ の無限等比級数である。

そして，$-1<r_1<1$，$-1<r_2<1$ であるから，これらの無限等比級数はともに収束し，それぞれの和は，

$$\sum_{n=1}^{\infty}\frac{3}{5^n}=\frac{\frac{3}{5}}{1-\frac{1}{5}}=\frac{3}{4},\qquad \sum_{n=1}^{\infty}\frac{5}{(-4)^n}=\frac{-\frac{5}{4}}{1-\left(-\frac{1}{4}\right)}=-1$$

よって，$\displaystyle\sum_{n=1}^{\infty}\left\{\frac{3}{5^n}+\frac{5}{(-4)^n}\right\}=\frac{3}{4}+(-1)=\mathbf{-\frac{1}{4}}$

(2)　$\displaystyle\sum_{n=1}^{\infty}\frac{3^n-2^n}{4^n}=\sum_{n=1}^{\infty}\left\{\left(\frac{3}{4}\right)^n-\left(\frac{1}{2}\right)^n\right\}$

$\displaystyle\sum_{n=1}^{\infty}\left(\frac{3}{4}\right)^n$ は，初項 $\frac{3}{4}$，公比 $r_1=\frac{3}{4}$ の無限等比級数であり，

$\displaystyle\sum_{n=1}^{\infty}\left(\frac{1}{2}\right)^n$ は，初項 $\frac{1}{2}$，公比 $r_2=\frac{1}{2}$ の無限等比級数である。

そして，$-1<r_1<1$，$-1<r_2<1$ であるから，これらの無限級数はともに収束し，それぞれの和は，

$$\sum_{n=1}^{\infty}\left(\frac{3}{4}\right)^n=\frac{\frac{3}{4}}{1-\frac{3}{4}}=3,\qquad \sum_{n=1}^{\infty}\left(\frac{1}{2}\right)^n=\frac{\frac{1}{2}}{1-\frac{1}{2}}=1$$

よって，$\displaystyle\sum_{n=1}^{\infty}\frac{3^n-2^n}{4^n}=3-1=\mathbf{2}$

問 19　無限級数 $\displaystyle\sum_{n=1}^{\infty}(-1)^{n-1}\frac{n}{n+1}$ は発散することを示せ。

教科書 p.25

ガイド

ここがポイント [無限級数の収束・発散]

1　$\displaystyle\sum_{n=1}^{\infty}a_n$ が収束する　$\Longrightarrow$　$\displaystyle\lim_{n\to\infty}a_n=0$

2　数列 $\{a_n\}$ が 0 に収束しない　$\Longrightarrow$　$\displaystyle\sum_{n=1}^{\infty}a_n$ は発散する

解答　数列 $\left\{(-1)^{n-1}\dfrac{n}{n+1}\right\}$ は振動するので，この無限級数は発散する。

注意　ここがポイント の無限級数の収束・発散の条件1，2の逆は成り立たない。すなわち，数列の極限が0であっても，無限級数が収束するとは限らない。

節末問題　第２節　無限級数

1　教科書 p.26

次の無限級数の収束，発散を調べ，収束するときはその和を求めよ。

$$\frac{2}{1\cdot3}+\frac{2}{2\cdot4}+\frac{2}{3\cdot5}+\cdots\cdots+\frac{2}{n(n+2)}+\cdots\cdots$$

ガイド　第 n 項は，$\dfrac{2}{n(n+2)}=\dfrac{1}{n}-\dfrac{1}{n+2}$ と変形できる。

解答　第 n 項までの部分和を S_n とする。

$$S_n=\frac{2}{1\cdot3}+\frac{2}{2\cdot4}+\frac{2}{3\cdot5}+\cdots\cdots+\frac{2}{n(n+2)}$$

$$=\left(\frac{1}{1}-\frac{1}{3}\right)+\left(\frac{1}{2}-\frac{1}{4}\right)+\left(\frac{1}{3}-\frac{1}{5}\right)+\cdots\cdots+\left(\frac{1}{n-2}-\frac{1}{n}\right)+\left(\frac{1}{n-1}-\frac{1}{n+1}\right)+\left(\frac{1}{n}-\frac{1}{n+2}\right)$$

$$=1+\frac{1}{2}-\frac{1}{n+1}-\frac{1}{n+2}$$

したがって，$\displaystyle\lim_{n\to\infty}S_n=\lim_{n\to\infty}\left(1+\frac{1}{2}-\frac{1}{n+1}-\frac{1}{n+2}\right)=\frac{3}{2}$

よって，この無限級数は**収束し**，**その和は $\dfrac{3}{2}$** である。

2　教科書 p.26

次の無限等比級数の収束，発散を調べ，収束するときはその和を求めよ。

(1)　$4-6+9-\dfrac{27}{2}+\cdots\cdots$

(2)　$-\sqrt{2}+1-\dfrac{\sqrt{2}}{2}+\dfrac{1}{2}-\cdots\cdots$

(3)　$\sqrt{2}+(2-\sqrt{2})+(3\sqrt{2}-4)+(10-7\sqrt{2})+\cdots\cdots$

ガイド　公比 r について，$-1<r<1$ ならば収束し，$r\leqq-1$ または $r\geqq1$ ならば発散する。

解答　(1)　初項 $a=4$，公比 $r=-\dfrac{3}{2}$ の無限等比級数である。

$r\leqq-1$ であるから**発散する**。

(2)　初項 $a=-\sqrt{2}$，公比 $r=-\dfrac{\sqrt{2}}{2}$ の無限等比級数である。

$-1<r<1$ であるから**収束し**，**その和 S は**，

$$S=\frac{-\sqrt{2}}{1-\left(-\frac{\sqrt{2}}{2}\right)}=\mathbf{2-2\sqrt{2}}$$

(3)　初項 $a=\sqrt{2}$，公比 $r=\dfrac{2-\sqrt{2}}{\sqrt{2}}=\sqrt{2}-1$ の無限等比級数である。

$-1<r<1$ であるから**収束し**，**その和 S は**，

$$S=\frac{\sqrt{2}}{1-(\sqrt{2}-1)}=\mathbf{\sqrt{2}+1}$$

3　教科書 p.26

第2項が -4，和が9である無限等比級数の初項と公比を求めよ。

ガイド　初項を a，公比を r とすると，0以外の値に収束することから，$-1<r<1$ である。また，$ar=-4$，$\dfrac{a}{1-r}=9$ である。

解答　初項を a，公比を r とする。

無限等比級数は0以外の値に収束することから，　$-1<r<1$

第2項が -4 であることから，　$ar=-4$　……①

和が9であることから，　$\dfrac{a}{1-r}=9$　　$a=9(1-r)$　……②

②を①に代入すると，　$9(1-r)\cdot r=-4$　　$9r^2-9r-4=0$

$(3r-4)(3r+1)=0$　　したがって，　$r=\dfrac{4}{3}$，$-\dfrac{1}{3}$

$-1<r<1$ より，　$r=-\dfrac{1}{3}$　　①より，　$a=12$

よって，　**初項 12，公比 $-\dfrac{1}{3}$**

4 教科書 p.26

無限等比級数 $\sum_{n=1}^{\infty}(6x^2+5x)^n$ が収束するような x の値の範囲を求めよ。

また，そのときの和を求めよ。

ガイド 収束するのは，$-1<6x^2+5x<1$ のときである。

解答 初項 $6x^2+5x$，公比 $6x^2+5x$ の無限等比級数であるから，収束するのは，$6x^2+5x=0$ または，$-1<6x^2+5x<1$ のとき，すなわち，$-1<6x^2+5x<1$ のときである。

$-1<6x^2+5x$ より，　$6x^2+5x+1>0$　　$(2x+1)(3x+1)>0$

したがって，　$x<-\dfrac{1}{2}$，$-\dfrac{1}{3}<x$　……①

$6x^2+5x<1$ より，　$6x^2+5x-1<0$　　$(x+1)(6x-1)<0$

したがって，　$-1<x<\dfrac{1}{6}$　……②

①，②より，求める x の値の範囲は，

$$\boldsymbol{-1<x<-\frac{1}{2},\ -\frac{1}{3}<x<\frac{1}{6}}$$

また，収束するときの和 S は，$6x^2+5x\neq 0$ のとき，

$$S=\frac{6x^2+5x}{1-(6x^2+5x)}=\frac{6x^2+5x}{-6x^2-5x+1}$$

$6x^2+5x=0$ のとき，和は0であり，S はこれを満たす。

よって，求める**和**は，　$\boldsymbol{\dfrac{6x^2+5x}{-6x^2-5x+1}}$

5 教科書 p.26

1辺の長さが2の正三角形 $A_1B_1C_1$ がある。右の図のように，3辺の中点をそれぞれ結んでさらに正三角形を作っていく。$\triangle A_1B_1C_1$ から始めて，次々と $\triangle A_2B_2C_2$，$\triangle A_3B_3C_3$，……，$\triangle A_nB_nC_n$，…… を作るとき，これらの正三角形の面積の和を求めよ。

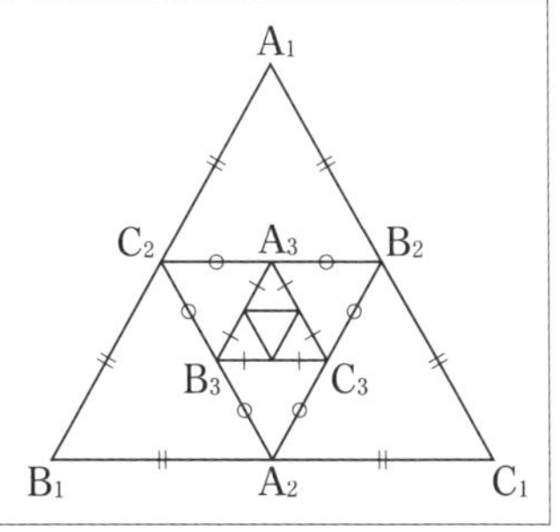

ガイド 正三角形の面積の和を無限等比級数で表して，その和を求める。

解答 $\triangle A_1B_1C_1$ の面積は，　$\dfrac{1}{2}\cdot2\cdot2\cdot\sin\dfrac{\pi}{3}=\sqrt{3}$

$\triangle A_{n+1}B_{n+1}C_{n+1}\backsim\triangle A_nB_nC_n$ で，相似比は $1:2$ であるから，面積比は $1:4$ である。

すなわち，　$\triangle A_{n+1}B_{n+1}C_{n+1}=\dfrac{1}{4}\triangle A_nB_nC_n$

したがって，求める正三角形の面積の和は，初項 $\sqrt{3}$，公比 $\dfrac{1}{4}$ の無限等比級数で表される。

公比について，$-1<\dfrac{1}{4}<1$ であるから収束し，その和は，

$$\frac{\sqrt{3}}{1-\dfrac{1}{4}}=\frac{4\sqrt{3}}{3}$$

よって，正三角形の面積の和は，　$\boldsymbol{\dfrac{4\sqrt{3}}{3}}$

6 教科書 p.26

次の無限級数の和を求めよ。

(1) $\displaystyle\sum_{n=1}^{\infty}\frac{2^n-(-1)^n}{3^n}$　　(2) $\displaystyle\sum_{n=1}^{\infty}2^{n-1}\left(\frac{1}{3^n}-\frac{1}{4^{n+1}}\right)$

ガイド 問18 の ここがポイント の②を利用する。

解答 (1)　$\displaystyle\sum_{n=1}^{\infty}\frac{2^n-(-1)^n}{3^n}=\sum_{n=1}^{\infty}\left\{\left(\frac{2}{3}\right)^n-\left(-\frac{1}{3}\right)^n\right\}$

$\displaystyle\sum_{n=1}^{\infty}\left(\frac{2}{3}\right)^n$ は，初項 $\dfrac{2}{3}$，公比 $\dfrac{2}{3}$ の無限等比級数であり，

$\displaystyle\sum_{n=1}^{\infty}\left(-\frac{1}{3}\right)^n$ は，初項 $-\dfrac{1}{3}$，公比 $-\dfrac{1}{3}$ の無限等比級数である。

公比について，$-1<\dfrac{2}{3}<1$，$-1<-\dfrac{1}{3}<1$ であるから，ともに収束し，それぞれの和は，

$$\sum_{n=1}^{\infty}\left(\frac{2}{3}\right)^n=\frac{\dfrac{2}{3}}{1-\dfrac{2}{3}}=2,\qquad \sum_{n=1}^{\infty}\left(-\frac{1}{3}\right)^n=\frac{-\dfrac{1}{3}}{1-\left(-\dfrac{1}{3}\right)}=-\frac{1}{4}$$

よって，　$\displaystyle\sum_{n=1}^{\infty}\frac{2^n-(-1)^n}{3^n}=2-\left(-\frac{1}{4}\right)=\boldsymbol{\frac{9}{4}}$

(2)　$$\sum_{n=1}^{\infty}2^{n-1}\left(\frac{1}{3^n}-\frac{1}{4^{n+1}}\right)=\sum_{n=1}^{\infty}\left\{\frac{1}{3}\left(\frac{2}{3}\right)^{n-1}-\frac{1}{16}\left(\frac{1}{2}\right)^{n-1}\right\}$$

$\displaystyle\sum_{n=1}^{\infty}\frac{1}{3}\left(\frac{2}{3}\right)^{n-1}$ は，初項 $\frac{1}{3}$，公比 $\frac{2}{3}$ の無限等比級数であり，

$\displaystyle\sum_{n=1}^{\infty}\frac{1}{16}\left(\frac{1}{2}\right)^{n-1}$ は，初項 $\frac{1}{16}$，公比 $\frac{1}{2}$ の無限等比級数である。

公比について，$-1<\frac{2}{3}<1$，$-1<\frac{1}{2}<1$ であるから，ともに収束し，それぞれの和は，

$$\sum_{n=1}^{\infty}\frac{1}{3}\left(\frac{2}{3}\right)^{n-1}=\frac{\frac{1}{3}}{1-\frac{2}{3}}=1,\qquad \sum_{n=1}^{\infty}\frac{1}{16}\left(\frac{1}{2}\right)^{n-1}=\frac{\frac{1}{16}}{1-\frac{1}{2}}=\frac{1}{8}$$

よって，　$\displaystyle\sum_{n=1}^{\infty}2^{n-1}\left(\frac{1}{3^n}-\frac{1}{4^{n+1}}\right)=1-\frac{1}{8}=\boldsymbol{\frac{7}{8}}$

章末問題

A

☐ **1** 教科書 p.27

無限数列 $\{a_n\}$, $\{b_n\}$ について述べた次の事柄は正しいか。正しくないものについては，それが成り立たない例を作れ。

(1) $\lim_{n\to\infty} a_n=\infty$, $\lim_{n\to\infty} b_n=\infty$ ならば, $\lim_{n\to\infty}(a_n-b_n)=0$

(2) $\lim_{n\to\infty} a_n=\infty$, $\lim_{n\to\infty} b_n=\infty$ ならば, $\lim_{n\to\infty}\frac{a_n}{b_n}=1$

(3) $\lim_{n\to\infty} a_n=\infty$, $\lim_{n\to\infty} b_n=-\infty$ ならば, $\lim_{n\to\infty} a_nb_n=-\infty$

ガイド 形式的に(1)は $\infty-\infty$, (2)は $\frac{\infty}{\infty}$ となるが, $\infty-\infty=0$, $\frac{\infty}{\infty}=1$ になるとは限らない。

解答 (1) **正しくない**

反例は, $\boldsymbol{a_n=n+2}$, $\boldsymbol{b_n=n}$ で, $\lim_{n\to\infty}(a_n-b_n)=2$ である。

(2) **正しくない**

反例は, $\boldsymbol{a_n=2n}$, $\boldsymbol{b_n=n}$ で, $\lim_{n\to\infty}\frac{a_n}{b_n}=2$ である。

(3) **正しい**

☐ **2** 教科書 p.27

等式 $\frac{n}{(n+1)!}=\frac{1}{n!}-\frac{1}{(n+1)!}$ を示し，次の無限級数の和を求めよ。

$$\frac{1}{2!}+\frac{2}{3!}+\frac{3}{4!}+\frac{4}{5!}+\cdots\cdots$$

ガイド $\frac{1}{n!}=\frac{n+1}{n!(n+1)}=\frac{n+1}{(n+1)!}$ と変形して等式を示す。

与えられた等式を用いて，無限級数の部分和を考える。

解答

$$右辺=\frac{1}{n!}-\frac{1}{(n+1)!}=\frac{n+1}{n!(n+1)}-\frac{1}{(n+1)!}$$

$$=\frac{n+1}{(n+1)!}-\frac{1}{(n+1)!}=\frac{n}{(n+1)!}=左辺$$

よって, $\frac{n}{(n+1)!}=\frac{1}{n!}-\frac{1}{(n+1)!}$

無限級数は，$\displaystyle\sum_{n=1}^{\infty}\frac{n}{(n+1)!}$ と表すことができる。

第 n 項までの部分和を S_n とすると，

$$S_n=\frac{1}{2!}+\frac{2}{3!}+\frac{3}{4!}+\frac{4}{5!}+\cdots\cdots+\frac{n}{(n+1)!}$$

$$=\left(\frac{1}{1!}-\frac{1}{2!}\right)+\left(\frac{1}{2!}-\frac{1}{3!}\right)+\left(\frac{1}{3!}-\frac{1}{4!}\right)+\cdots\cdots+\left\{\frac{1}{n!}-\frac{1}{(n+1)!}\right\}$$

$$=1-\frac{1}{(n+1)!}$$

したがって，　$\displaystyle\lim_{n\to\infty}S_n=\lim_{n\to\infty}\left\{1-\frac{1}{(n+1)!}\right\}=1$

よって，与えられた無限級数の和は，　**1**

B

3　教科書 p.27

数列 $\{a_n\}$ が，$a_n=\dfrac{1}{\sqrt{n^2+1}}+\dfrac{1}{\sqrt{n^2+2}}+\cdots\cdots+\dfrac{1}{\sqrt{n^2+n}}$ $(n=1,\ 2,\ 3,\ \cdots\cdots)$ で定められるとき，次の問いに答えよ。

(1)　$\dfrac{n}{\sqrt{n^2+n}}\leqq a_n\leqq\dfrac{n}{\sqrt{n^2+1}}$ を示せ。　(2)　極限値 $\displaystyle\lim_{n\to\infty}a_n$ を求めよ。

ガイド　(1)　$k=1,\ 2,\ 3,\ \cdots\cdots,\ n$ のとき，$\dfrac{1}{\sqrt{n^2+n}}\leqq\dfrac{1}{\sqrt{n^2+k}}\leqq\dfrac{1}{\sqrt{n^2+1}}$ であることを用いる。

(2)　はさみうちの原理を利用する。

解答　(1)　$a_n=\dfrac{1}{\sqrt{n^2+1}}+\dfrac{1}{\sqrt{n^2+2}}+\cdots\cdots+\dfrac{1}{\sqrt{n^2+n}}=\displaystyle\sum_{k=1}^{n}\frac{1}{\sqrt{n^2+k}}$

$k=1,\ 2,\ 3,\ \cdots\cdots,\ n$ のとき，

$$\sqrt{n^2+1}\leqq\sqrt{n^2+k}\leqq\sqrt{n^2+n}$$

$\sqrt{n^2+1}>0$ より，

$$\frac{1}{\sqrt{n^2+n}}\leqq\frac{1}{\sqrt{n^2+k}}\leqq\frac{1}{\sqrt{n^2+1}}$$

したがって，

$$\sum_{k=1}^{n}\frac{1}{\sqrt{n^2+n}}\leqq\sum_{k=1}^{n}\frac{1}{\sqrt{n^2+k}}\leqq\sum_{k=1}^{n}\frac{1}{\sqrt{n^2+1}}$$

よって，

$$\frac{n}{\sqrt{n^2+n}} \leqq a_n \leqq \frac{n}{\sqrt{n^2+1}}$$

(2) (1)より，$\dfrac{n}{\sqrt{n^2+n}} \leqq a_n \leqq \dfrac{n}{\sqrt{n^2+1}}$

ここで，$\displaystyle\lim_{n\to\infty}\frac{n}{\sqrt{n^2+n}}=\lim_{n\to\infty}\frac{1}{\sqrt{1+\frac{1}{n}}}=1$,

$$\lim_{n\to\infty}\frac{n}{\sqrt{n^2+1}}=\lim_{n\to\infty}\frac{1}{\sqrt{1+\frac{1}{n^2}}}=1$$

であるから，

$$\lim_{n\to\infty} a_n = \mathbf{1}$$

□ **4** 教科書 p.27

無限等比数列 $\{a_n\}$ がある。無限級数 $a_4+a_5+a_6+a_7+\cdots\cdots$ は $-\dfrac{8}{9}$ に収束し，$a_5+a_7+a_9+a_{11}+\cdots\cdots$ は $\dfrac{16}{9}$ に収束する。このとき，無限等比数列 $\{a_n\}$ の公比を求めよ。また，無限級数 $\displaystyle\sum_{n=1}^{\infty} a_n$ の和を求めよ。

ガイド 無限等比数列 $\{a_n\}$ の初項を a，公比を r とする。2つの無限級数はともに無限等比級数となるから，それぞれの初項と公比を a，r を用いて表す。

解答 無限等比数列 $\{a_n\}$ の初項を a，公比を r とする。

無限級数 $a_4+a_5+a_6+a_7+\cdots\cdots$ は，無限級数

$$ar^3+ar^4+ar^5+ar^6+\cdots\cdots$$

で表され，これは，初項 ar^3，公比 r の無限等比級数である。この無限等比級数が $-\dfrac{8}{9}$ に収束するから，$ar^3 \neq 0$ かつ $-1<r<1$ で，

$$\frac{ar^3}{1-r}=-\frac{8}{9} \quad \cdots\cdots①$$

無限級数 $a_5+a_7+a_9+a_{11}+\cdots\cdots$ は，無限級数

$$ar^4+ar^6+ar^8+ar^{10}+\cdots\cdots$$

で表され，これは，初項 ar^4，公比 r^2 の無限等比級数である。この無限等比級数が $\dfrac{16}{9}$ に収束するから，$ar^4 \neq 0$ かつ $-1<r^2<1$ で，

$$\frac{ar^4}{1-r^2}=\frac{16}{9} \quad \cdots\cdots②$$

①，②より，

$$\frac{\frac{ar^4}{1-r^2}}{\frac{ar^3}{1-r}}=\frac{\frac{16}{9}}{-\frac{8}{9}}$$

$$\frac{r}{1+r}=-2$$

したがって，　$r=-\frac{2}{3}$

これは，$-1<r<1$，$-1<r^2<1$ を満たす。

また，$r=-\frac{2}{3}$ を①に代入すると，

$$\frac{a\left(-\frac{2}{3}\right)^3}{1-\left(-\frac{2}{3}\right)}=-\frac{8}{9}$$

$$-\frac{8}{45}a=-\frac{8}{9}$$

したがって，　$a=5$

これは，$ar^3 \neq 0$，$ar^4 \neq 0$ を満たす。

よって，$\sum_{n=1}^{\infty} a_n$ は，初項 5，公比 $-\frac{2}{3}$ の無限等比級数である。

公比について，$-1<-\frac{2}{3}<1$ であるから収束し，その和は，

$$\frac{5}{1-\left(-\frac{2}{3}\right)}=3$$

よって，　**公比 $-\frac{2}{3}$，和 3**

□ **5** 教科書 p.27

座標平面上で，点Pが原点Oから図のように90°ずつ向きを変えながら，P_1，P_2，……，P_n，……と動くとき，点Pはどのような点に近づくか。ただし，$OP_1=1$，$P_1P_2=\frac{2}{3}OP_1$，$P_2P_3=\frac{2}{3}P_1P_2$，$P_3P_4=\frac{2}{3}P_2P_3$，……とする。

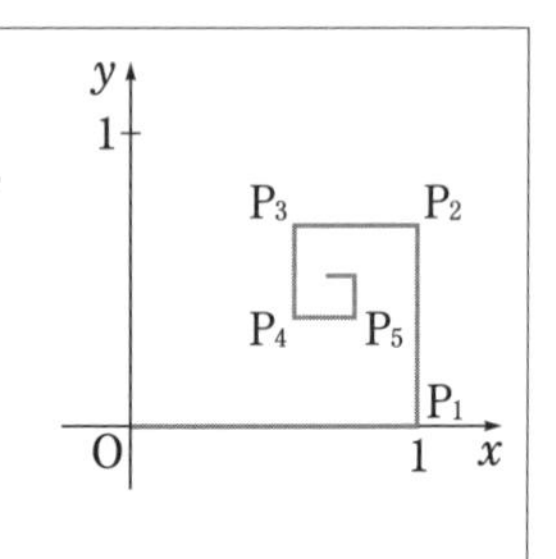

ガイド 点Pの近づく点の座標を$(x,\ y)$とすると，x，yはともに無限等比級数で表せる。

解答 点Pの近づく点の座標を$(x,\ y)$とすると，

$$x=OP_1-P_2P_3+P_4P_5-P_6P_7+\cdots\cdots$$
$$=1-\left(\frac{2}{3}\right)^2+\left(\frac{2}{3}\right)^4-\left(\frac{2}{3}\right)^6+\cdots\cdots$$
$$=\frac{1}{1-\left(-\frac{4}{9}\right)}=\frac{9}{13}$$
$$y=P_1P_2-P_3P_4+P_5P_6-P_7P_8+\cdots\cdots$$
$$=\frac{2}{3}-\left(\frac{2}{3}\right)^3+\left(\frac{2}{3}\right)^5-\left(\frac{2}{3}\right)^7+\cdots\cdots$$
$$=\frac{\frac{2}{3}}{1-\left(-\frac{4}{9}\right)}=\frac{6}{13}$$

よって，点Pは点$\left(\boldsymbol{\frac{9}{13}},\ \boldsymbol{\frac{6}{13}}\right)$に近づく。

第2章　関数とその極限

第1節　分数関数と無理関数

1　分数関数

問 1　次の関数のグラフをかけ。

教科書 p.31

(1)　$y=\dfrac{2}{x}$　　(2)　$y=-\dfrac{3}{x}$　　(3)　$y=\dfrac{2}{3x}$

ガイド　$y=\dfrac{4}{x}$, $y=\dfrac{3x-2}{x+1}$ のように，x の分数式で表される関数を，x の**分数関数**という。分数関数の定義域は，とくに断らない限り，分母が0になる x の値を除く実数全体である。

解答　(1)

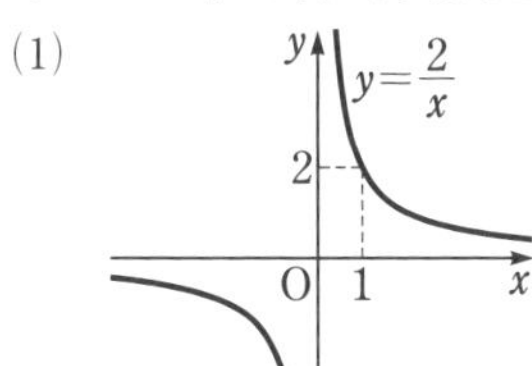

(2)

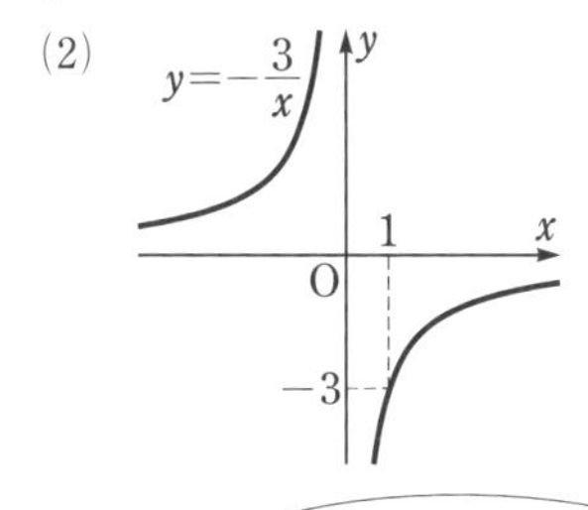

(3)

分母が0になると，値が定義できないね。

問 2　次の関数のグラフをかけ。また，その漸近線を求めよ。

教科書 p.31

(1)　$y=\dfrac{1}{x-2}-3$　　(2)　$y=-\dfrac{2}{x+3}+1$

ガイド　一般に，関数 $y=f(x-p)+q$ のグラフは，$y=f(x)$ のグラフを x 軸方向に p，y 軸方向に q だけ平行移動した曲線である。

ここがポイント $\left[y=\dfrac{k}{x-p}+q\right.$ **のグラフ**$\left.\right]$

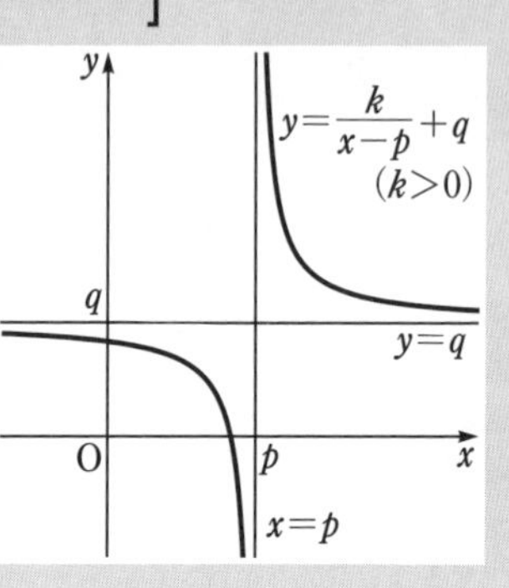

分数関数 $y=\dfrac{k}{x-p}+q$ のグラフは，$y=\dfrac{k}{x}$ のグラフを

x 軸方向に p，

y 軸方向に q

だけ平行移動した直角双曲線で，漸近線は，2 直線 $x=p$，$y=q$ である。

なお，関数 $y=\dfrac{k}{x-p}+q$ の定義域は $x \neq p$，値域は $y \neq q$ である。

解答 (1) このグラフは，$y=\dfrac{1}{x}$ のグラフを

x 軸方向に 2，y 軸方向に -3

だけ平行移動した直角双曲線で，

漸近線は，2 直線 $x=2$，$y=-3$

であり，グラフは右の図のようになる。

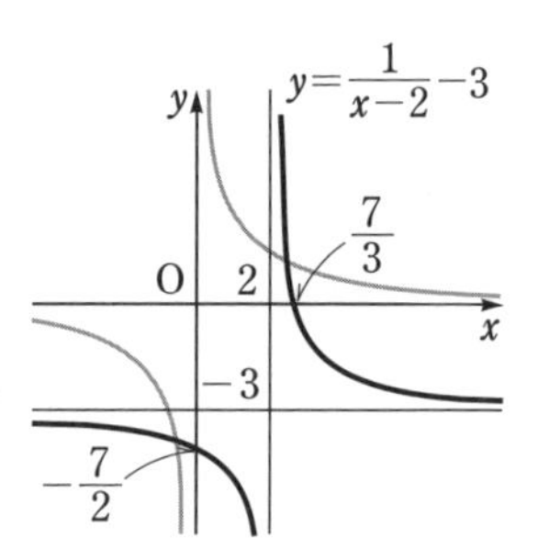

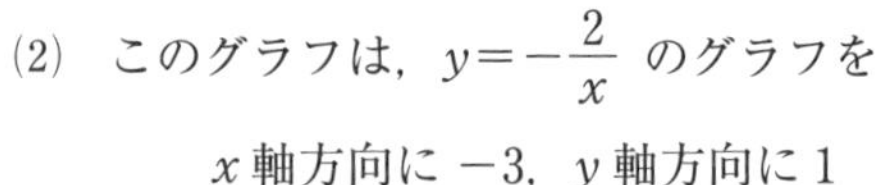

(2) このグラフは，$y=-\dfrac{2}{x}$ のグラフを

x 軸方向に -3，y 軸方向に 1

だけ平行移動した直角双曲線で，

漸近線は，2 直線 $x=-3$，$y=1$

であり，グラフは右の図のようになる。

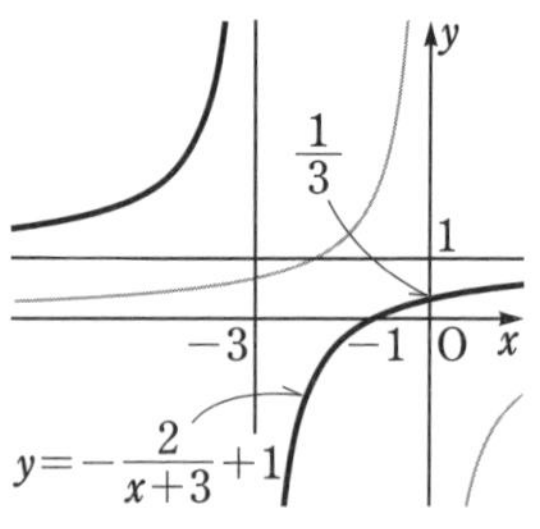

注意 (1) 定義域は $x \neq 2$，値域は $y \neq -3$ である。

(2) 定義域は $x \neq -3$，値域は $y \neq 1$ である。

問 3　次の関数のグラフをかけ。また，その漸近線を求めよ。

教科書 p.32

(1)　$y=\dfrac{3x+7}{x+2}$　　(2)　$y=\dfrac{4x}{x-2}$

(3)　$y=\dfrac{-2x+8}{x-3}$　　(4)　$y=\dfrac{2x-3}{x}$

ガイド　関数の式を $y=\dfrac{k}{x-p}+q$ の形に変形する。

解答　(1)　$\dfrac{3x+7}{x+2}=\dfrac{3(x+2)+1}{x+2}=\dfrac{1}{x+2}+3$ と変形できるから，この関数は，$y=\dfrac{1}{x+2}+3$ と表される。

よって，そのグラフは，$y=\dfrac{1}{x}$ のグラフを

x 軸方向に -2，y 軸方向に 3 だけ平行移動した直角双曲線で，

漸近線は，2直線 $x=-2$，$y=3$

であり，グラフは右の図のようになる。

(2)　$\dfrac{4x}{x-2}=\dfrac{4(x-2)+8}{x-2}=\dfrac{8}{x-2}+4$

と変形できるから，この関数は，

$y=\dfrac{8}{x-2}+4$ と表される。

よって，そのグラフは，$y=\dfrac{8}{x}$ のグラフを

x 軸方向に 2，y 軸方向に 4 だけ平行移動した直角双曲線で，

漸近線は，2直線 $x=2$，$y=4$

であり，グラフは右の図のようになる。

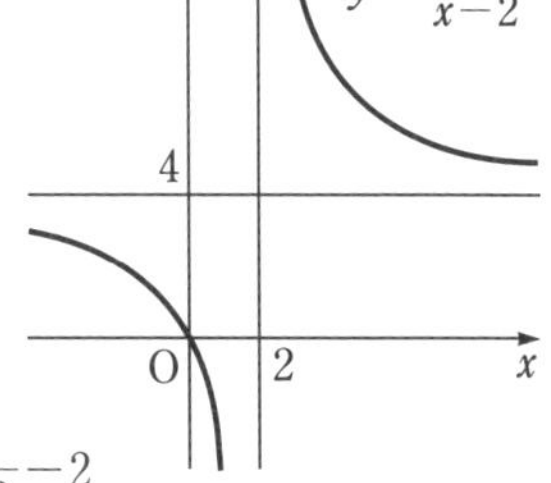

(3)　$\dfrac{-2x+8}{x-3}=\dfrac{-2(x-3)+2}{x-3}=\dfrac{2}{x-3}-2$

と変形できるから，この関数は，

$y=\dfrac{2}{x-3}-2$

と表される。

よって，そのグラフは，$y=\dfrac{2}{x}$ のグラフを

x 軸方向に 3,

y 軸方向に -2

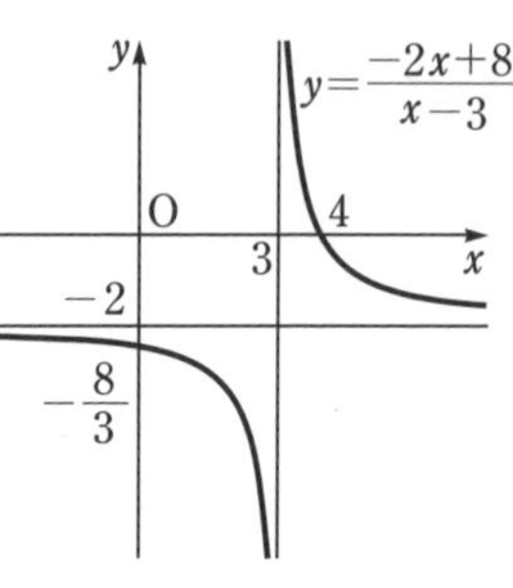

だけ平行移動した直角双曲線で，

漸近線は，2 直線 $x=3$，$y=-2$

であり，グラフは右の図のようになる。

(4)　$\dfrac{2x-3}{x}=-\dfrac{3}{x}+2$ と変形できるから，

この関数は，$y=-\dfrac{3}{x}+2$ と表される。

よって，そのグラフは，$y=-\dfrac{3}{x}$

のグラフを

y 軸方向に 2

だけ平行移動した直角双曲線で，

漸近線は，2 直線 $x=0$，$y=2$

であり，グラフは右の図のようになる。

(1)　定義域は $x \neq -2$，値域は $y \neq 3$ である。

(2)　定義域は $x \neq 2$，値域は $y \neq 4$ である。

(3)　定義域は $x \neq 3$，値域は $y \neq -2$ である。

(4)　定義域は $x \neq 0$，値域は $y \neq 2$ である。

問 4　次の問いに答えよ。

教科書 p.33

(1)　関数 $y=\dfrac{3x+1}{x+1}$ のグラフと直線 $y=-x+3$ の共有点の x 座標を求めよ。

(2)　グラフを利用して，不等式 $\dfrac{3x+1}{x+1} \geqq -x+3$ を解け。

- -

ガイド　(2)　分数関数のグラフと直線をかき，上下関係から解を求める。

解答　(1)　共有点の x 座標は，次の方程式の解である。

$$\frac{3x+1}{x+1}=-x+3 \qquad \cdots\cdots ①$$

①の両辺に $x+1$ を掛けると，　$3x+1=(-x+3)(x+1)$

したがって，$x^2+x-2=0$ を解くと，　$x=-2$，1

よって，求める共有点の x 座標は，　$x=-2,\ 1$

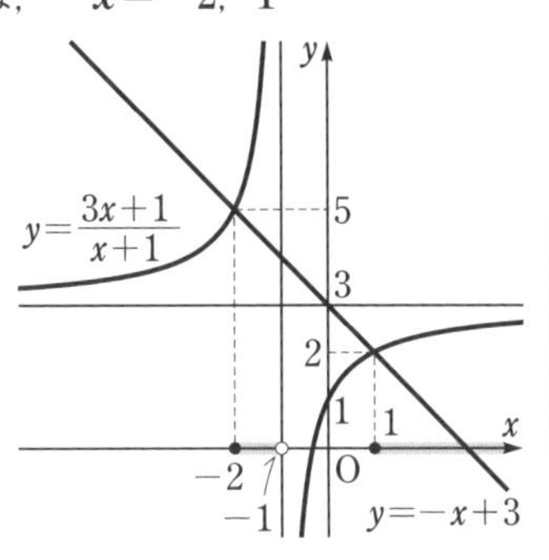

(2)　$y=\dfrac{3x+1}{x+1}=-\dfrac{2}{x+1}+3$

であるから，グラフは右の図のようになる。

求める不等式の解は，

$y=\dfrac{3x+1}{x+1}$ のグラフが，直線 $y=-x+3$ よりも上方にあるか，または一致するときの x の値の範囲であるから，図より，

$-2\leqq x<-1,\ 1\leqq x$

2　無理関数

問 5　関数 $y=-\sqrt{-2x}$ のグラフをかけ。また，その定義域，値域を答えよ。

教科書 p.35

ガイド　$\sqrt{2x}$，$\sqrt{2x-6}$，$\sqrt{1-x^2}$ のように，根号内に文字を含む式を**無理式**といい，x の無理式で表される関数を x の**無理関数**という。無理関数の定義域は，とくに断らない限り，根号内が0以上になる実数全体である。

関数 $y=-\sqrt{-2x}$ のグラフは，$y=\sqrt{2x}$ のグラフと原点に関して対称である。

解答　$-\sqrt{-2x}=-\sqrt{2(-x)}$ であるから，関数 $y=-\sqrt{-2x}$ のグラフは，$y=\sqrt{2x}$ のグラフと原点に関して対称で，右の図の実線のようになる。**定義域は $x\leqq 0$，値域は $y\leqq 0$** である。

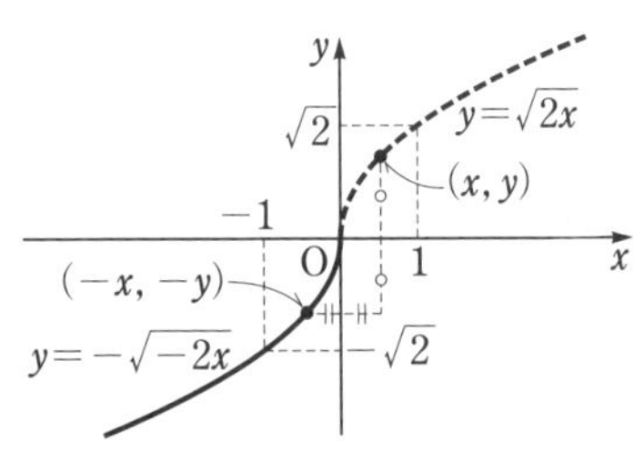

問 6　次の関数のグラフをかけ。また，その定義域，値域を答えよ。

教科書 p.35

(1)　$y=\sqrt{3x+3}$　　(2)　$y=\sqrt{2-x}$　　(3)　$y=-\sqrt{3x-6}$

ガイド　根号の中を $a(x-b)$ の形に変形する。

解答 (1) $\sqrt{3x+3}=\sqrt{3(x+1)}$

と変形できるから，この関数は $y=\sqrt{3(x+1)}$ と表される。よって，そのグラフは，$y=\sqrt{3x}$ のグラフを，x 軸方向に -1 だけ平行移動したもので，**定義域は $x \geqq -1$，値域は $y \geqq 0$** である。グラフは右の図のようになる。

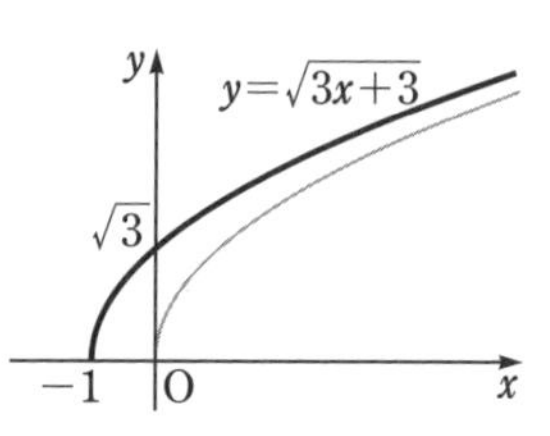

(2) $\sqrt{2-x}=\sqrt{-(x-2)}$

と変形できるから，この関数は $y=\sqrt{-(x-2)}$ と表される。よって，そのグラフは，$y=\sqrt{-x}$ のグラフを x 軸方向に 2 だけ平行移動したもので，**定義域は $x \leqq 2$，値域は $y \geqq 0$** である。

グラフは右の図のようになる。

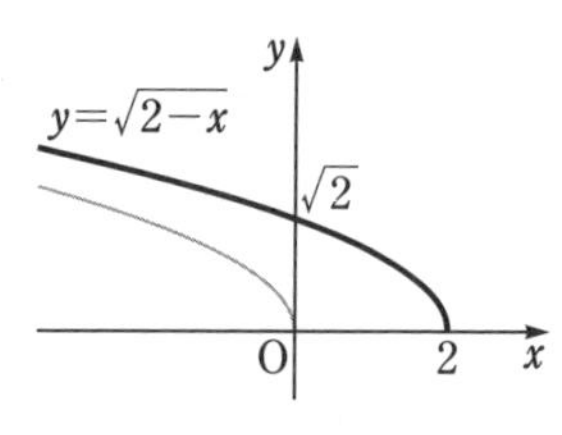

(3) $-\sqrt{3x-6}=-\sqrt{3(x-2)}$

と変形できるから，この関数は $y=-\sqrt{3(x-2)}$ と表される。よって，そのグラフは，$y=-\sqrt{3x}$ のグラフを x 軸方向に 2 だけ平行移動したもので，**定義域は $x \geqq 2$，値域は $y \leqq 0$** である。

グラフは右の図のようになる。

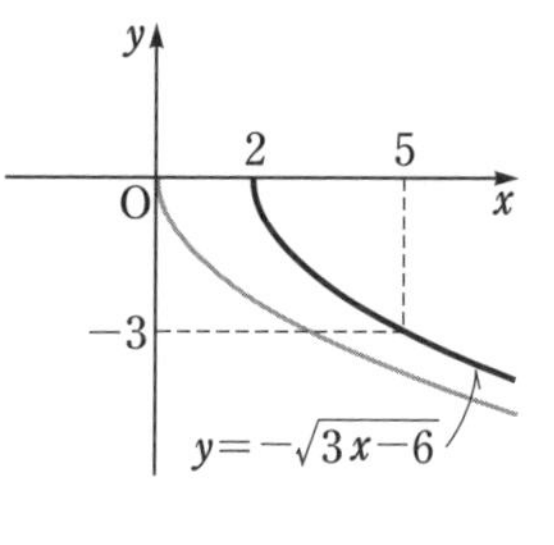

ポイントプラス **[$y=\sqrt{ax+b}$ のグラフ]**

無理関数 $y=\sqrt{ax+b}$ のグラフは，$y=\sqrt{ax}$ のグラフを x 軸方向に $-\dfrac{b}{a}$ だけ平行移動したもので，定義域は $ax+b \geqq 0$ を満たす実数 x 全体，値域は $y \geqq 0$ である。

問 7 次の方程式，不等式を解け。

教科書 p.36

(1) $\sqrt{x-1}=-x+7$　　(2) $\sqrt{x-1} \geqq -x+7$

ガイド (1) 方程式の両辺を 2 乗して求めた解は，もとの方程式を満たすか調べなくてはならない。

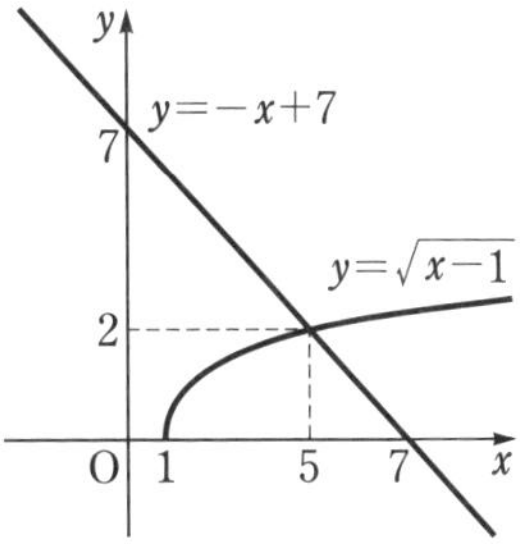

解答 (1)　$y=\sqrt{x-1}$　……①

$y=-x+7$　……②

のグラフは右の図のようになる。

そして，方程式

$\sqrt{x-1}=-x+7$　……③

の解は，①と②のグラフの共有点の x 座標である。

③の両辺を2乗すると，　$x-1=x^2-14x+49$

これを整理して，$x^2-15x+50=0$　　これを解くと，$x=5,\ 10$

ここで，$x=5$ は③を満たすが，$x=10$ は③を満たさない。

よって，求める方程式の解は　$\boldsymbol{x=5}$

(2)　求める不等式の解は，①のグラフが，②のグラフよりも上方にあるか，または一致するときの x の値の範囲である。

よって，図より，　$\boldsymbol{x \geqq 5}$

3　逆関数

問 8　次の関数 $y=f(x)$ の逆関数を求め，$y=f^{-1}(x)$ の形に表せ。

教科書 p.38

(1)　$y=12-4x\ (0 \leqq x \leqq 2)$　　(2)　$y=\dfrac{x+1}{x-1}\ (x \neq 1)$

ガイド　関数 $y=f(x)$ について，x の値が異なれば，それに対応する y の値がつねに異なるとき，すなわち，

$x_1 \neq x_2$　ならば，　$f(x_1) \neq f(x_2)$

が成り立つとき，関数 $y=f(x)$ は**1対1である**という。

ここがポイント

[関数と逆関数の定義域と値域]

関数 $y=f(x)$ とその逆関数 $x=f^{-1}(y)$ では，

定義域と値域が入れ替わる。

[逆関数の求め方]

(I)　$y=f(x)$ を x について解き，$x=f^{-1}(y)$ の形にする。
逆関数 $f^{-1}(y)$ の定義域は，関数 $f(x)$ の値域である。

(II)　定義域も含めて変数 x と y を入れ替え，$y=f^{-1}(x)$ の形に表す。

解答 (1) $y=12-4x$ $(0 \leqq x \leqq 2)$ の値域は，$4 \leqq y \leqq 12$
この関数を x について解くと，求める逆関数は，

$$x=3-\frac{1}{4}y \ (4 \leqq y \leqq 12)$$

そして，x と y を入れ替えると，　$\boldsymbol{y=3-\frac{1}{4}x \ (4 \leqq x \leqq 12)}$

(2) $y=\dfrac{x+1}{x-1}$ は $y=\dfrac{2}{x-1}+1$ と変形できるから，値域は $y \neq 1$ である。この関数を x について解くと，求める逆関数は，

$$x=\frac{y+1}{y-1} \ (y \neq 1)$$

そして，x と y を入れ替えると，　$\boldsymbol{y=\dfrac{x+1}{x-1} \ (x \neq 1)}$

問 9 次の関数 $y=f(x)$ の逆関数を求め，$y=f^{-1}(x)$ の形に表せ。

教科書 p.39

(1) $y=x^2$ $(x \leqq -2)$　　(2) $y=x^2-3$ $(x \geqq 0)$

ガイド 逆関数が存在しない関数もある。たとえば，2次関数 $y=x^2$ において，正の実数 b に対して，$b=a^2$ となる実数 a は $\pm\sqrt{b}$ となり，ただ1つには定まらない。つまり，関数 $y=x^2$ は1対1ではないので，逆関数が存在しない。しかし，定義域を制限すると，逆関数を考えることができる。

解答 (1) 関数 $y=x^2$ $(x \leqq -2)$ は1対1であり，その値域は $y \geqq 4$ である。
$x \leqq -2$ より，求める逆関数は，　$x=-\sqrt{y}$ $(y \geqq 4)$
そして，x と y を入れ替えると，　$\boldsymbol{y=-\sqrt{x} \ (x \geqq 4)}$

(2) 関数 $y=x^2-3$ $(x \geqq 0)$ は1対1であり，その値域は $y \geqq -3$ である。
$x \geqq 0$ より，求める逆関数は，　$x=\sqrt{y+3}$ $(y \geqq -3)$
そして，x と y を入れ替えると，　$\boldsymbol{y=\sqrt{x+3} \ (x \geqq -3)}$

問 10 次の関数 $y=f(x)$ の逆関数を $y=f^{-1}(x)$ の形で表し，そのグラフをかけ。

教科書 p.40

(1)　$y=\frac{1}{2}x+2$ $(-2\leqq x\leqq 2)$　　(2)　$y=\sqrt{6-3x}$

ガイド $b=f(a) \iff a=f^{-1}(b)$ が成り立つから，点 $(a,\ b)$ が $y=f(x)$ のグラフ上にあることと，点 $(b,\ a)$ が $y=f^{-1}(x)$ のグラフ上にあることは同じことである。

点 $(a,\ b)$ と点 $(b,\ a)$ は，直線 $y=x$ に関して対称であるから，関数とその逆関数の関係について，次のことが成り立つ。

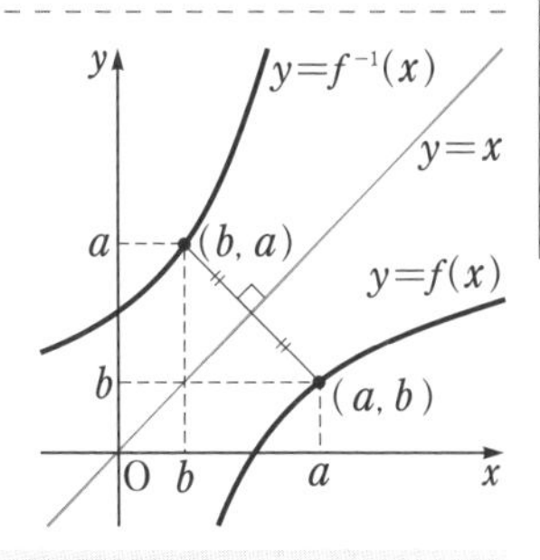

ここがポイント **[逆関数のグラフの性質]**

関数 $y=f(x)$ のグラフとその逆関数 $y=f^{-1}(x)$ のグラフは，**直線 $y=x$ に関して対称である。**

解答 (1)　この関数の値域は $1\leqq y\leqq 3$ である。

この関数を x について解くと，求める逆関数は，

$x=2y-4$ $(1\leqq y\leqq 3)$

そして，x と y を入れ替えると，

$\boldsymbol{y=2x-4}$ $\boldsymbol{(1\leqq x\leqq 3)}$

よって，逆関数のグラフは右の図のようになり，もとの関数のグラフと直線 $y=x$ に関して対称である。

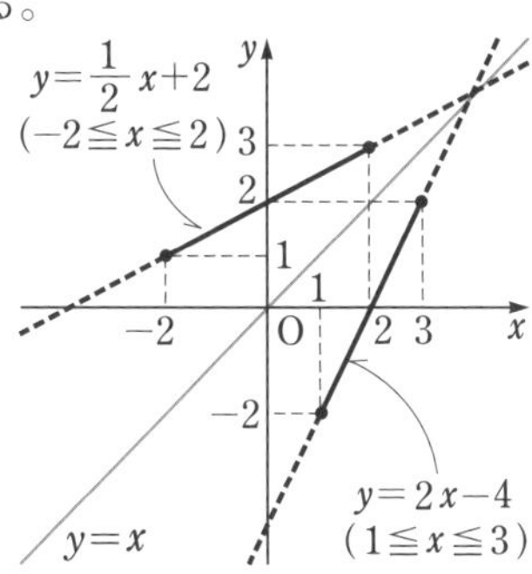

(2)　この関数の値域は $y\geqq 0$ である。

この関数を x について解くと，求める逆関数は，

$x=-\frac{1}{3}y^2+2$ $(y\geqq 0)$

そして，x と y を入れ替えると，

$\boldsymbol{y=-\frac{1}{3}x^2+2}$ $\boldsymbol{(x\geqq 0)}$

よって，逆関数のグラフは右の図の

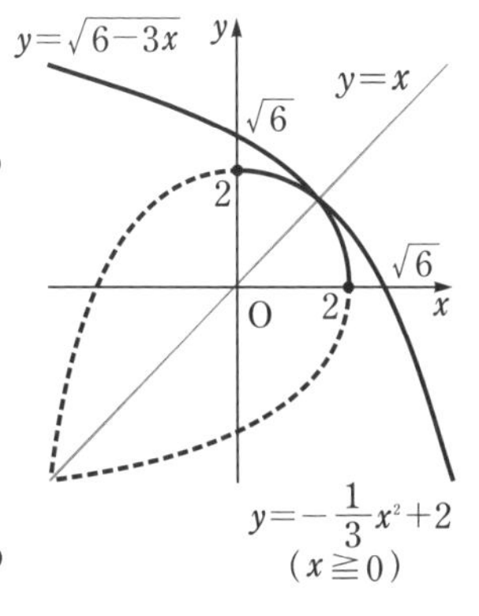

ようになり，もとの関数のグラフと直線 $y=x$ に関して対称である。

問 11 次の関数 $y=f(x)$ の逆関数を $y=f^{-1}(x)$ の形で表し，そのグラフをかけ。

教科書 p.40

(1) $y=3^x+1$　　(2) $y=\log_{\frac{1}{2}}(x+3)$

ガイド 一般に，$a>0$ かつ $a\neq1$ のとき，

指数関数 $y=a^x$ と対数関数 $y=\log_a x$ は互いに逆関数の関係になっている。また，

$y=a^x$ のグラフと $y=\log_a x$ のグラフは直線 $y=x$ に関して対称である。

解答 (1) この関数の値域は $y>1$ である。

この関数を x について解くと，求める逆関数は，

$$x=\log_3(y-1)\ (y>1)$$

そして，x と y を入れ替えると，

$$\boldsymbol{y=\log_3(x-1)\ (x>1)}$$

よって，逆関数のグラフは右の図のようになり，もとの関数のグラフと直線 $y=x$ に関して対称である。

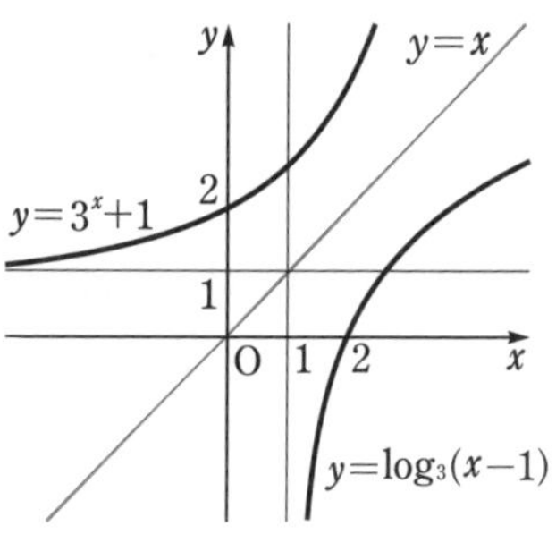

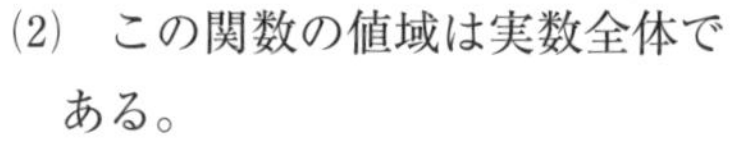

(2) この関数の値域は実数全体である。

この関数を x について解くと，求める逆関数は，

$$x=\left(\frac{1}{2}\right)^y-3$$

そして，x と y を入れ替えると，

$$\boldsymbol{y=\left(\frac{1}{2}\right)^x-3}$$

よって，逆関数のグラフは右の図のようになり，もとの関数のグラフと直線 $y=x$ に関して対称である。

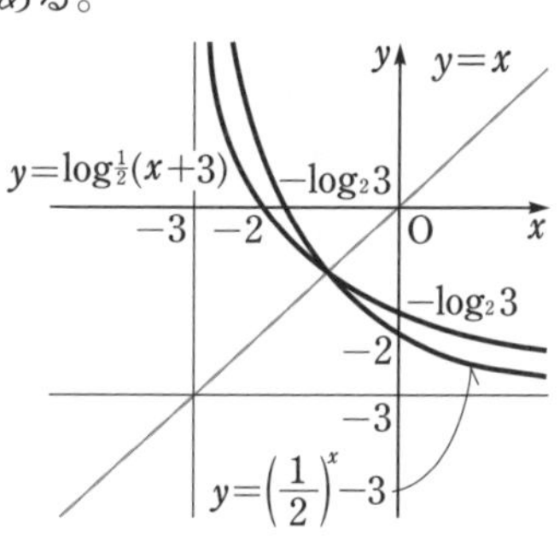

4　合成関数

問 12　関数 $f(x)=x^2-3$, $g(x)=2x$, $h(x)=\sin x$ について，次の合成関数を求めよ。

教科書 p.41

(1)　$(g\circ f)(x)$　　(2)　$(f\circ g)(x)$　　(3)　$(h\circ f)(x)$　　(4)　$(f\circ h)(x)$

ガイド　一般に，2つの関数 $f(x)$, $g(x)$ について，$f(x)$ の値域が $g(x)$ の定義域に含まれているならば，$f(x)$ の定義域に属する値 a に対して，値 $g(f(a))$ を対応させる関数を考えることができる。この関数を $f(x)$ と $g(x)$ の **合成関数** といい，$(\boldsymbol{g\circ f})(\boldsymbol{x})$ で表す。すなわち，

$$(\boldsymbol{g\circ f})(\boldsymbol{x})=\boldsymbol{g}(\boldsymbol{f}(\boldsymbol{x}))$$

である。

$(g\circ f)(x)$ でも
$g(f(x))$ でも
g, f の順序は
同じだね。

解答　(1)　$(g\circ f)(x)=g(f(x))=g(x^2-3)$
$=\boldsymbol{2(x^2-3)}$

(2)　$(f\circ g)(x)=f(g(x))=f(2x)=(2x)^2-3=\boldsymbol{4x^2-3}$

(3)　$(h\circ f)(x)=h(f(x))=h(x^2-3)=\boldsymbol{\sin(x^2-3)}$

(4)　$(f\circ h)(x)=f(h(x))=f(\sin x)=\boldsymbol{\sin^2 x-3}$

問 13　2つの関数 $f(x)=2^x$, $g(x)=\log_2 x$ について，合成関数 $(g\circ f)(x)$ と $(f\circ g)(x)$ を求めよ。

教科書 p.42

ガイド　$f(x)=2^x$ と $g(x)=\log_2 x$ は，互いに逆関数である。

解答　$(\boldsymbol{g\circ f})(\boldsymbol{x})=g(f(x))=\log_2 2^x=\boldsymbol{x}$
$(\boldsymbol{f\circ g})(\boldsymbol{x})=f(g(x))=2^{\log_2 x}=\boldsymbol{x}$　$(\boldsymbol{x>0})$

ポイントプラス

一般に，関数 $y=f(x)$ が逆関数 $x=f^{-1}(y)$ をもつとき，

$(f^{-1}\circ f)(x)=x$

$(f\circ f^{-1})(y)=y$

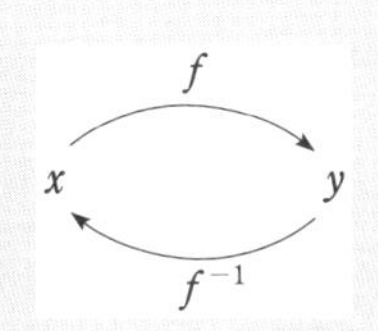

節末問題 第1節 分数関数と無理関数

1 教科書 p.43

次の関数のグラフをかけ。

(1) $y=\dfrac{3x}{2x+1}$　　(2) $y=-2\sqrt{1-\dfrac{x}{3}}$

ガイド (1) 関数の式を $y=\dfrac{k}{x-p}+q$ の形に変形する。

解答 (1) $$\frac{3x}{2x+1}=\frac{\frac{3}{2}(2x+1)-\frac{3}{2}}{2x+1}=-\frac{3}{2(2x+1)}+\frac{3}{2}$$
$$=-\frac{\frac{3}{4}}{x+\frac{1}{2}}+\frac{3}{2}$$

と変形できるから，この関数は，

$$y=-\frac{\frac{3}{4}}{x+\frac{1}{2}}+\frac{3}{2}$$

と表され，グラフは右の図のようになる。

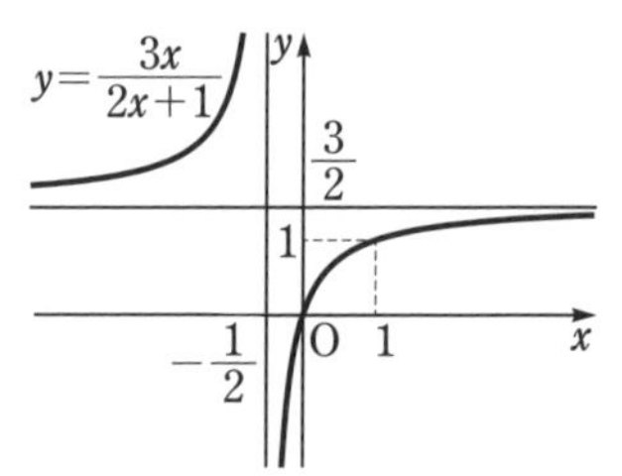

(2) $$-2\sqrt{1-\frac{x}{3}}=-2\sqrt{-\frac{1}{3}(x-3)}$$

と変形できるから，この関数は，

$$y=-2\sqrt{-\frac{1}{3}(x-3)}$$

と表され，グラフは右の図のようになる。

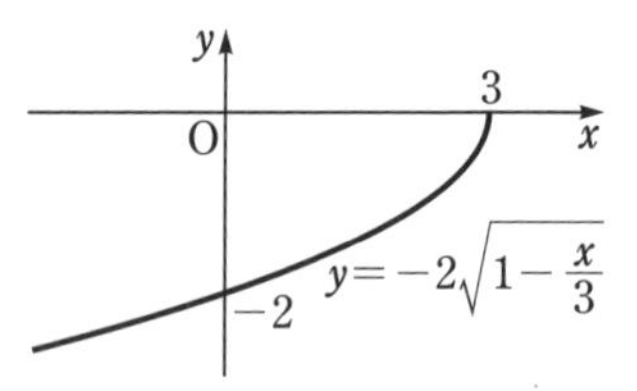

2 教科書 p.43

関数 $y=\dfrac{2x}{x+3}$ のグラフは，$y=-\dfrac{6}{x-1}$ のグラフをどのように平行移動したものか。

ガイド $y=\dfrac{2x}{x+3}$ を $y=\dfrac{k}{x-p}+q$ の形に変形して考える。

解答　$y=\dfrac{2x}{x+3}=\dfrac{2(x+3)-6}{x+3}=-\dfrac{6}{x+3}+2$

より，$y=\dfrac{2x}{x+3}$ のグラフは，$y=-\dfrac{6}{x-1}$ のグラフを **x 軸方向に -4，y 軸方向に 2 だけ平行移動したもの**である。

3　教科書 p.43

次の不等式を解け。

(1) $\dfrac{3-2x}{x-5}\geqq x+1$　　(2) $\sqrt{x-1}<\dfrac{1}{3}(x+1)$

ガイド　定義域に注意して，グラフをかいて解を求める。

解答　(1) $y=\dfrac{3-2x}{x-5}$ の定義域は $x\neq5$

$y=\dfrac{3-2x}{x-5}$ のグラフと直線 $y=x+1$ の共有点の x 座標は，次の方程式の解である。

$$\frac{3-2x}{x-5}=x+1 \quad \cdots\cdots①$$

①の両辺に $x-5$ を掛けると，　$3-2x=(x+1)(x-5)$

したがって，$x^2-2x-8=0$ を解くと，　$x=-2,\ 4$

よって，共有点の x 座標は，　$x=-2,\ 4$

$$y=\frac{3-2x}{x-5}=\frac{-2(x-5)-7}{x-5}=-\frac{7}{x-5}-2$$

であるから，グラフは右の図のようになる。

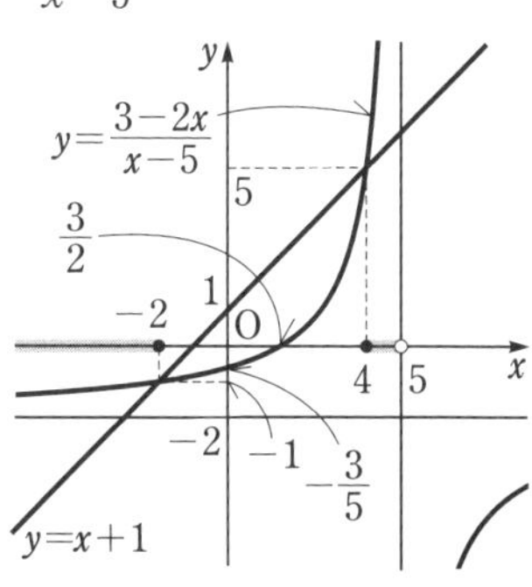

求める不等式の解は，

$y=\dfrac{3-2x}{x-5}$ のグラフが，直線 $y=x+1$ よりも上側にあるか，または交わるときの x の値の範囲であるから，図より，

$\boldsymbol{x\leqq-2,\ 4\leqq x<5}$

(2) $y=\sqrt{x-1}$ の定義域は $x \geqq 1$

$y=\sqrt{x-1}$ のグラフと直線 $y=\dfrac{1}{3}(x+1)$ の共有点の x 座標は，次の方程式の解である。

$$\sqrt{x-1}=\frac{1}{3}(x+1) \quad \cdots\cdots②$$

②の両辺を2乗して整理すると，　$x^2-7x+10=0$

これを解くと，　$x=2,\ 5$

ここで，$x=2,\ 5$ はどちらも②を満たす。

よって，共有点の x 座標は，　$x=2,\ 5$

以上から，グラフは右の図のようになる。

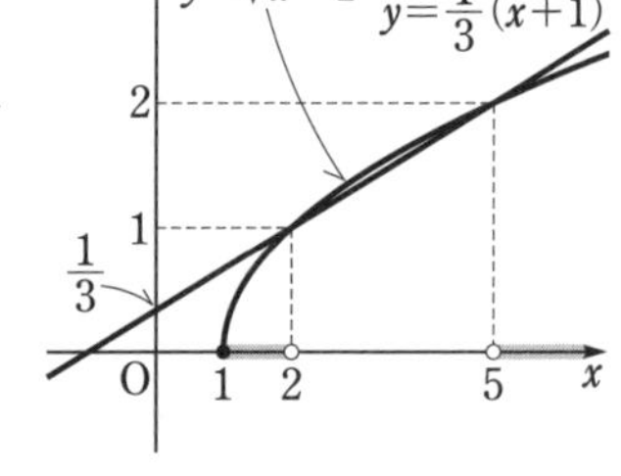

求める不等式の解は，$y=\sqrt{x-1}$ のグラフが，直線 $y=\dfrac{1}{3}(x+1)$ よりも下側にある x の値の範囲であるから，図より，

$1 \leqq x < 2,\ 5 < x$

☐ **4** 教科書 p.43

関数 $y=\sqrt{2x-4}$ のグラフと直線 $y=kx$ が，ただ1つの共有点をもつように定数 k の値を定めよ。また，そのときの共有点の座標を求めよ。

ガイド $k=0$ と $k \neq 0$ の場合に分けて考える。

解答 $y=\sqrt{2x-4}$ ……①，$y=kx$ ……② とおくと，共有点の x 座標は①，②を連立させた連立方程式の解である。

①，②より y を消去すると，

$$\sqrt{2x-4}=kx \quad \cdots\cdots③$$

③は $x \geqq 2,\ k \geqq 0$ で成り立つ。

③の両辺を2乗して整理すると，　$k^2x^2-2x+4=0$ ……④

④を，$x \geqq 2,\ k \geqq 0$ で考える。

(i) $k=0$ のとき，④より，　$x=2$

これは $x \geqq 2$ を満たす。

②より，　$y=0$

共有点の座標は，　$(2,\ 0)$

(ii)　$k \neq 0$ のとき，④は2次方程式となる。

曲線①と直線②がただ1つの共有点をもつのは，④が重解をもつときであるから，判別式をDとすると，

$$\frac{D}{4}=1-4k^2=0 \text{ より,} \quad k=\pm\frac{1}{2}$$

$k>0$ であるから，　$k=\dfrac{1}{2}$

④に代入して整理すると，　$x^2-8x+16=0$

これを解くと，　$x=4$　　これは $x \geqq 2$ を満たす。

①より，　$y=2$

共有点の座標は，　$(4,\ 2)$

以上をまとめて，

$\boldsymbol{k=0,\ \dfrac{1}{2}}$

$k=0$ のとき，共有点の座標 $(2,\ 0)$

$k=\dfrac{1}{2}$ のとき，共有点の座標 $(4,\ 2)$

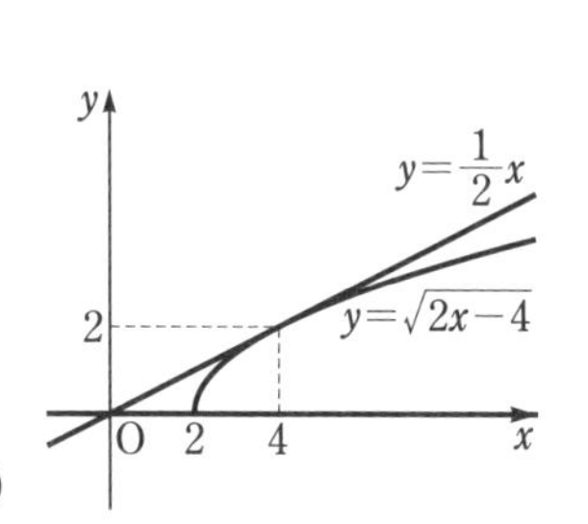

5　教科書 p.43

次の関数 $y=f(x)$ の逆関数を求め，$y=f^{-1}(x)$ の形に表せ。

(1)　$y=\dfrac{2x+1}{3x+4}$　　　(2)　$y=\sqrt{2x-3}$

ガイド　与えられた関数の値域に注意する。

解答　(1)　この関数の値域は $y \neq \dfrac{2}{3}$ である。

$y=\dfrac{2x+1}{3x+4}$ より，

$(3x+4)y=2x+1$

$x(3y-2)=-4y+1$

$y \neq \dfrac{2}{3}$ の範囲で，　$x=\dfrac{-4y+1}{3y-2}$

よって，求める逆関数は，x と y を入れ替えて，

$$\boldsymbol{y=\frac{-4x+1}{3x-2}}$$

両辺を文字式で割るときは，割る式が0にならない範囲で考えよう。

(2)　この関数の値域は $y \geqq 0$ である。

$y=\sqrt{2x-3}$ の両辺を 2 乗して，　$y^2=2x-3$

したがって，

$$x=\frac{1}{2}y^2+\frac{3}{2}$$

よって，求める逆関数は，x と y を入れ替えて，

$$\boldsymbol{y=\frac{1}{2}x^2+\frac{3}{2}\quad (x \geqq 0)}$$

☐ **6**　教科書 p.43

a，b は異なる定数とする。関数 $f(x)=\dfrac{x+b}{x+a}$ とその逆関数 $f^{-1}(x)$ について，$f(1)=4$，$f^{-1}(2)=-1$ であるとき，a，b の値を求めよ。

ガイド　$f^{-1}(2)=-1$ より，$f(-1)=2$ である。

解答　$f(1)=4$ より，

$$\frac{1+b}{1+a}=4$$

したがって，　$4a-b=-3$　……①

$f^{-1}(2)=-1$ より，$f(-1)=2$ であるから，

$$\frac{-1+b}{-1+a}=2$$

したがって，　$2a-b=1$　……②

①，②を解いて，　$\boldsymbol{a=-2}$，$\boldsymbol{b=-5}$

$f^{-1}(2)=-1$ の条件をそのまま使おうとして，逆関数を求めようとしてしまわないように。

☐ **7**　教科書 p.43

2 つの関数 $f(x)=\log_3 x$，$g(x)=2x+1$ について，合成関数 $(g\circ f)(x)$ を求めよ。また，それぞれの逆関数 $f^{-1}(x)$，$g^{-1}(x)$ を求め，それらの合成関数 $(f^{-1}\circ g^{-1})(x)$ を求めよ。

ガイド　それぞれの関数を定義に基づいて求める。

解答　$\boldsymbol{(g\circ f)(x)}=g(f(x))=\boldsymbol{2\log_3 x+1}$

$y=\log_3 x$ より，$x=3^y$　　よって，$\boldsymbol{f^{-1}(x)=3^x}$

$y=2x+1$ より，$x=\dfrac{y-1}{2}$　　よって，$\boldsymbol{g^{-1}(x)=\dfrac{x-1}{2}}$

したがって，　$\boldsymbol{(f^{-1}\circ g^{-1})(x)}=f^{-1}(g^{-1}(x))=\boldsymbol{3^{\frac{x-1}{2}}}$

第２節　関数の極限と連続性

1　関数の極限

問 14　次の極限値を求めよ。

教科書 p.44

(1) $\displaystyle\lim_{x \to 1}(x^2+3x)$　　(2) $\displaystyle\lim_{x \to 1}\frac{3x-1}{x+1}$

(3) $\displaystyle\lim_{x \to 3}\sqrt{2x+3}$　　(4) $\displaystyle\lim_{x \to 5}3$

ガイド　関数 $f(x)$ において，変数 x が，定義域の中で a と異なる値をとりながら a に限りなく近づくとき，$f(x)$ の値が一定の値 α に限りなく近づく場合，$x \to a$ のとき $f(x)$ は α に**収束する**といい，次のように表す。

$$\lim_{x \to a} f(x) = \alpha \quad \text{または，} \quad x \to a \text{ のとき } f(x) \to \alpha$$

また，このとき，x が a に近づくときの $f(x)$ の**極限**は α であるといい，値 α を，x が a に近づくときの $f(x)$ の**極限値**という。

解答　(1) $\displaystyle\lim_{x \to 1}(x^2+3x)=1^2+3\cdot1=\mathbf{4}$

(2) $\displaystyle\lim_{x \to 1}\frac{3x-1}{x+1}=\frac{3\cdot1-1}{1+1}=\mathbf{1}$

(3) $\displaystyle\lim_{x \to 3}\sqrt{2x+3}=\sqrt{2\cdot3+3}=\sqrt{9}=\mathbf{3}$

(4) $\displaystyle\lim_{x \to 5}3=\mathbf{3}$

ポイントプラス **[関数の極限の性質]**

$\displaystyle\lim_{x \to a} f(x)=\alpha$，$\displaystyle\lim_{x \to a} g(x)=\beta$ のとき，

1. $\displaystyle\lim_{x \to a} kf(x)=k\alpha$　（k は定数）
2. $\displaystyle\lim_{x \to a}\{f(x)+g(x)\}=\alpha+\beta$，　$\displaystyle\lim_{x \to a}\{f(x)-g(x)\}=\alpha-\beta$
3. $\displaystyle\lim_{x \to a} f(x)g(x)=\alpha\beta$
4. $\displaystyle\lim_{x \to a}\frac{f(x)}{g(x)}=\frac{\alpha}{\beta}$　（$\beta \neq 0$）

プラスワン　$\displaystyle\lim_{x \to a} f(x)$ において，「x が a に限りなく近づく」とは，x が a と異なる値をとりながら a に限りなく近づくことである。したがって，関数 $f(x)$ の $x=a$ での値 $f(a)$ が定義されていなくても，極限値 $\displaystyle\lim_{x \to a} f(x)$ が存在する場合がある。

第２章　関数とその極限

☑問 15 次の極限値を求めよ。

教科書 **p.45**

(1) $\displaystyle\lim_{x\to1}\frac{x^2+4x-5}{x^2+x-2}$ (2) $\displaystyle\lim_{x\to-1}\frac{x+1}{x^3+1}$ (3) $\displaystyle\lim_{x\to0}\frac{1}{x}\left(\frac{1}{3}-\frac{1}{x+3}\right)$

ガイド (1)は分母と分子を，(2)は分母を因数分解して約分する。
(3)は分母が0にならない形に式を変形する。

解答 (1) $\displaystyle\lim_{x\to1}\frac{x^2+4x-5}{x^2+x-2}=\lim_{x\to1}\frac{(x-1)(x+5)}{(x-1)(x+2)}=\lim_{x\to1}\frac{x+5}{x+2}=\frac{6}{3}=\mathbf{2}$

(2) $\displaystyle\lim_{x\to-1}\frac{x+1}{x^3+1}=\lim_{x\to-1}\frac{x+1}{(x+1)(x^2-x+1)}=\lim_{x\to-1}\frac{1}{x^2-x+1}=\mathbf{\frac{1}{3}}$

(3) $\displaystyle\lim_{x\to0}\frac{1}{x}\left(\frac{1}{3}-\frac{1}{x+3}\right)=\lim_{x\to0}\left\{\frac{1}{x}\cdot\frac{(x+3)-3}{3(x+3)}\right\}=\lim_{x\to0}\left\{\frac{1}{x}\cdot\frac{x}{3(x+3)}\right\}$

$\displaystyle=\lim_{x\to0}\frac{1}{3(x+3)}=\mathbf{\frac{1}{9}}$

☑問 16 次の極限値を求めよ。

教科書 **p.46**

(1) $\displaystyle\lim_{x\to-1}\frac{\sqrt{x+5}-2}{x+1}$ (2) $\displaystyle\lim_{x\to2}\frac{x-2}{\sqrt{x}-\sqrt{2}}$

ガイド (1)は分子を，(2)は分母を有理化する。

解答 (1) $\displaystyle\lim_{x\to-1}\frac{\sqrt{x+5}-2}{x+1}=\lim_{x\to-1}\frac{(\sqrt{x+5}-2)(\sqrt{x+5}+2)}{(x+1)(\sqrt{x+5}+2)}$

$\displaystyle=\lim_{x\to-1}\frac{(x+5)-4}{(x+1)(\sqrt{x+5}+2)}=\lim_{x\to-1}\frac{1}{\sqrt{x+5}+2}=\mathbf{\frac{1}{4}}$

(2) $\displaystyle\lim_{x\to2}\frac{x-2}{\sqrt{x}-\sqrt{2}}=\lim_{x\to2}\frac{(x-2)(\sqrt{x}+\sqrt{2})}{(\sqrt{x}-\sqrt{2})(\sqrt{x}+\sqrt{2})}$

$\displaystyle=\lim_{x\to2}\frac{(x-2)(\sqrt{x}+\sqrt{2})}{x-2}=\lim_{x\to2}(\sqrt{x}+\sqrt{2})=\mathbf{2\sqrt{2}}$

☑問 17 次の極限を調べよ。

教科書 **p.46**

(1) $\displaystyle\lim_{x\to1}\frac{1}{(x-1)^2}$ (2) $\displaystyle\lim_{x\to0}\left(3-\frac{1}{x^2}\right)$

ガイド 分数関数で，分子は0でない定数で分母は限りなく0に近づくとき，関数の絶対値は限りなく大きくなる。

解答 (1) $\lim_{x \to 1} \dfrac{1}{(x-1)^2} = \infty$

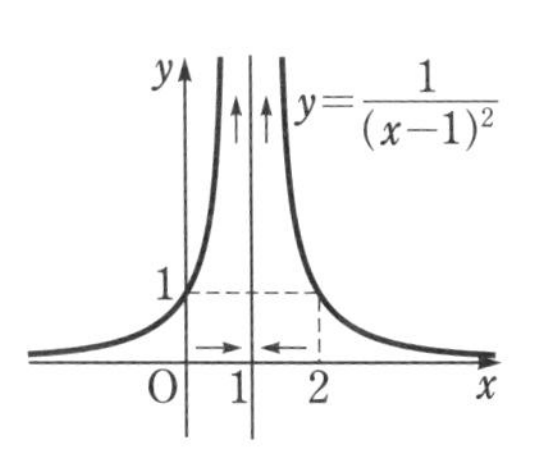

(2) $\lim_{x \to 0} \left(3 - \dfrac{1}{x^2}\right) = -\infty$

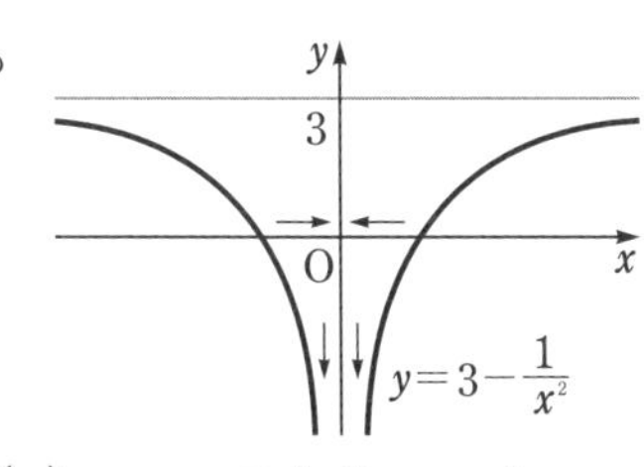

注意 $\lim_{x \to a} f(x) = \infty$ や $\lim_{x \to a} f(x) = -\infty$ のとき，∞ や $-\infty$ を関数 $f(x)$ の極限値とはいわない。

問 18 次の等式が成り立つように，定数 a，b の値を定めよ。

教科書 p.47

(1) $\lim_{x \to 1} \dfrac{ax+b}{x-1} = 3$　　(2) $\lim_{x \to 0} \dfrac{a\sqrt{x+1}+b}{x} = 4$

ガイド

ここがポイント [極限値をもつ条件]

$\lim_{x \to a} \dfrac{f(x)}{g(x)} = \alpha$ かつ $\lim_{x \to a} g(x) = 0$ ならば，　$\lim_{x \to a} f(x) = 0$

解答 (1) $\lim_{x \to 1} \dfrac{ax+b}{x-1} = 3$ が成り立つとすると，$\lim_{x \to 1}(x-1) = 0$ であるから，$\lim_{x \to 1}(ax+b) = 0$

したがって，$a+b=0$　すなわち，$b=-a$　……①

このとき，極限値は，

$$\lim_{x \to 1} \frac{ax+b}{x-1} = \lim_{x \to 1} \frac{ax-a}{x-1} = \lim_{x \to 1} \frac{a(x-1)}{x-1} = a$$

したがって，$a=3$　　よって，①より，$\boldsymbol{a=3}$，$\boldsymbol{b=-3}$

(2) $\lim_{x \to 0} \dfrac{a\sqrt{x+1}+b}{x} = 4$ が成り立つとすると，$\lim_{x \to 0} x = 0$ であるから，$\lim_{x \to 0}(a\sqrt{x+1}+b) = 0$

したがって，$a+b=0$ すなわち，$b=-a$ ……①

このとき，極限値は，

$$\lim_{x\to 0}\frac{a\sqrt{x+1}+b}{x}=\lim_{x\to 0}\frac{a\sqrt{x+1}-a}{x}$$

$$=\lim_{x\to 0}\frac{a(\sqrt{x+1}-1)}{x}=\lim_{x\to 0}\frac{a(\sqrt{x+1}-1)(\sqrt{x+1}+1)}{x(\sqrt{x+1}+1)}$$

$$=\lim_{x\to 0}\frac{ax}{x(\sqrt{x+1}+1)}=\lim_{x\to 0}\frac{a}{\sqrt{x+1}+1}=\frac{a}{2}$$

したがって，$\frac{a}{2}=4$ すなわち，$a=8$

よって，①より，$\boldsymbol{a=8}$，$\boldsymbol{b=-8}$

問 19 次の極限を調べよ。

教科書 p.48

(1) $\lim_{x\to\infty}(2-x)$ 　(2) $\lim_{x\to-\infty}\left(\frac{1}{x+1}+2\right)$

ガイド $x\to\infty$ のとき，$f(x)$ の値が一定の値 α に限りなく近づくならば，このことを，$\boldsymbol{\lim_{x\to\infty}f(x)=\alpha}$ と表す。

また，$x\to\infty$ のとき，$f(x)$ の値が限りなく大きくなるならば，このことを，$\boldsymbol{\lim_{x\to\infty}f(x)=\infty}$ と表す。

さらに，$x\to\infty$ のとき，$f(x)$ が負の値をとりながら，その絶対値が限りなく大きくなるならば，このことを，$\boldsymbol{\lim_{x\to\infty}f(x)=-\infty}$ と表す。

解答 (1) $\lim_{x\to\infty}(2-x)=\boldsymbol{-\infty}$

(2) $\lim_{x\to-\infty}\left(\frac{1}{x+1}+2\right)=\boldsymbol{2}$

問 20 次の極限を調べよ。

教科書 p.48

(1) $\lim_{x\to-\infty}(x^3+2x^2)$ 　(2) $\lim_{x\to\infty}\frac{2x-1}{x^3-x^2-1}$ 　(3) $\lim_{x\to-\infty}\frac{2x^3+x-1}{3x^3+x^2}$

ガイド (1)は x^3 をくくり出す。(2)，(3)は x^3 で分母と分子をそれぞれ割る。

解答 (1) $\lim_{x\to-\infty}(x^3+2x^2)=\lim_{x\to-\infty}x^3\left(1+\frac{2}{x}\right)=\boldsymbol{-\infty}$

(2) $\displaystyle\lim_{x\to\infty}\frac{2x-1}{x^3-x^2-1}=\lim_{x\to\infty}\frac{\frac{2}{x^2}-\frac{1}{x^3}}{1-\frac{1}{x}-\frac{1}{x^3}}=\mathbf{0}$

(3) $\displaystyle\lim_{x\to-\infty}\frac{2x^3+x-1}{3x^3+x^2}=\lim_{x\to-\infty}\frac{2+\frac{1}{x^2}-\frac{1}{x^3}}{3+\frac{1}{x}}=\mathbf{\frac{2}{3}}$

問 21　次の極限を調べよ。

教科書 p.49

(1) $\displaystyle\lim_{x\to\infty}(\sqrt{x^2-2x}-x)$　　(2) $\displaystyle\lim_{x\to-\infty}(2x+\sqrt{4x^2-x})$

ガイド　(1) $\sqrt{x^2-2x}-x=\dfrac{\sqrt{x^2-2x}-x}{1}$ と考えて，分子を有理化する。

(2) $x=-t$ とおくと，$t=-x$ であるから，$x\to-\infty$ のとき $t\to\infty$ となり，考えやすい。

解答　(1) $\displaystyle\lim_{x\to\infty}(\sqrt{x^2-2x}-x)=\lim_{x\to\infty}\frac{(\sqrt{x^2-2x}-x)(\sqrt{x^2-2x}+x)}{\sqrt{x^2-2x}+x}$

$\displaystyle=\lim_{x\to\infty}\frac{-2x}{\sqrt{x^2-2x}+x}=\lim_{x\to\infty}\frac{-2}{\sqrt{1-\frac{2}{x}}+1}=\mathbf{-1}$

(2) $x=-t$ とおくと，$x\to-\infty$ のとき $t\to\infty$ であるから，

$\displaystyle\lim_{x\to-\infty}(2x+\sqrt{4x^2-x})=\lim_{t\to\infty}(-2t+\sqrt{4t^2+t})$

$\displaystyle=\lim_{t\to\infty}\frac{(\sqrt{4t^2+t}-2t)(\sqrt{4t^2+t}+2t)}{\sqrt{4t^2+t}+2t}=\lim_{t\to\infty}\frac{t}{\sqrt{4t^2+t}+2t}$

$\displaystyle=\lim_{t\to\infty}\frac{1}{\sqrt{4+\frac{1}{t}}+2}=\mathbf{\frac{1}{4}}$

問 22　次の極限を調べよ。

教科書 p.50

(1) $\displaystyle\lim_{x\to+0}\frac{x}{|x|}$　(2) $\displaystyle\lim_{x\to-0}\frac{x}{|x|}$　(3) $\displaystyle\lim_{x\to2+0}\frac{1}{2-x}$　(4) $\displaystyle\lim_{x\to2-0}\frac{1}{2-x}$

ガイド　一般に，変数 x が a に限りなく近づくとき，

a より大きい値をとりながら近づくことを，　$\boldsymbol{x\to a+0}$

a より小さい値をとりながら近づくことを，　$\boldsymbol{x\to a-0}$

と表す。とくに，$a=0$ のときは，単に $x\to+0$，$x\to-0$ と書く。

解答 (1) $\displaystyle\lim_{x\to+0}\frac{x}{|x|}=\lim_{x\to+0}\frac{x}{x}=\lim_{x\to+0}1=\mathbf{1}$

(2) $\displaystyle\lim_{x\to-0}\frac{x}{|x|}=\lim_{x\to-0}\frac{x}{-x}=\lim_{x\to-0}(-1)=\mathbf{-1}$

(3) $\displaystyle\lim_{x\to2+0}\frac{1}{2-x}=-\infty$

(4) $\displaystyle\lim_{x\to2-0}\frac{1}{2-x}=\infty$

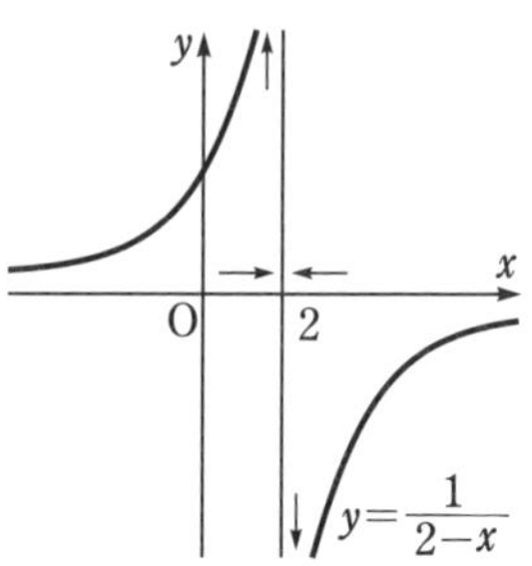

プラスワン 一般に，実数 α に対し，$\displaystyle\lim_{x\to a}f(x)=\alpha$ **とは，**

$\displaystyle\lim_{x\to a+0}f(x)$，$\displaystyle\lim_{x\to a-0}f(x)$ **の両方が存在して，ともに** α

となることである。

問 23 次の極限を調べよ。

教科書 p.51

(1) $\displaystyle\lim_{x\to-\infty}3^x$　　(2) $\displaystyle\lim_{x\to\infty}\left(\frac{1}{2}\right)^x$

(3) $\displaystyle\lim_{x\to+0}\log_{\frac{1}{2}}x$　　(4) $\displaystyle\lim_{x\to3+0}\log_2(x-3)$

ガイド

ここがポイント **[指数関数，対数関数の極限]**

1 $a>1$ のとき，$\displaystyle\lim_{x\to\infty}a^x=\infty$，$\displaystyle\lim_{x\to-\infty}a^x=0$

2 $0<a<1$ のとき，$\displaystyle\lim_{x\to\infty}a^x=0$，$\displaystyle\lim_{x\to-\infty}a^x=\infty$

3 $a>1$ のとき，$\displaystyle\lim_{x\to\infty}\log_a x=\infty$，$\displaystyle\lim_{x\to+0}\log_a x=-\infty$

4 $0<a<1$ のとき，$\displaystyle\lim_{x\to\infty}\log_a x=-\infty$，$\displaystyle\lim_{x\to+0}\log_a x=\infty$

解答 (1) $\displaystyle\lim_{x\to-\infty}3^x=\mathbf{0}$

(2) $\displaystyle\lim_{x\to\infty}\left(\frac{1}{2}\right)^x=\mathbf{0}$

(3) $\displaystyle\lim_{x\to+0}\log_{\frac{1}{2}}x=\infty$

(4) $\displaystyle\lim_{x\to3+0}\log_2(x-3)=-\infty$

ここがポイント の内容を
しっかりおぼえよう！

問 24　次の極限値を求めよ。

教科書 p.51

(1)　$\displaystyle\lim_{x\to\infty}\frac{5^{x+2}}{5^x-3^x}$　　(2)　$\displaystyle\lim_{x\to\infty}\{\log_2 x-\log_2(8x+5)\}$

ガイド　(2)　まず，1つの対数にまとめる。

解答　(1)　$\displaystyle\lim_{x\to\infty}\frac{5^{x+2}}{5^x-3^x}=\lim_{x\to\infty}\frac{5^2}{1-\left(\frac{3}{5}\right)^x}=\mathbf{25}$

(2)　$\displaystyle\lim_{x\to\infty}\{\log_2 x-\log_2(8x+5)\}=\lim_{x\to\infty}\log_2\frac{x}{8x+5}$

$\displaystyle=\lim_{x\to\infty}\log_2\frac{1}{8+\frac{5}{x}}=\mathbf{-3}$

2　三角関数の極限

問 25　次の極限値を求めよ。

教科書 p.52

(1)　$\displaystyle\lim_{x\to-\infty}\sin\frac{1}{x}$　　(2)　$\displaystyle\lim_{x\to0}\frac{\sin^2 x}{1-\cos x}$　　(3)　$\displaystyle\lim_{x\to\frac{\pi}{2}}\frac{1}{\tan x}$

ガイド　(2)　$\sin^2 x=1-\cos^2 x$ を利用する。

解答　(1)　$\displaystyle\lim_{x\to-\infty}\sin\frac{1}{x}=\mathbf{0}$

(2)　$\displaystyle\lim_{x\to0}\frac{\sin^2 x}{1-\cos x}=\lim_{x\to0}\frac{1-\cos^2 x}{1-\cos x}$

$\displaystyle=\lim_{x\to0}\frac{(1+\cos x)(1-\cos x)}{1-\cos x}=\lim_{x\to0}(1+\cos x)=\mathbf{2}$

(3)　$\displaystyle\lim_{x\to\frac{\pi}{2}}\frac{1}{\tan x}=\lim_{x\to\frac{\pi}{2}}\frac{\cos x}{\sin x}=\mathbf{0}$

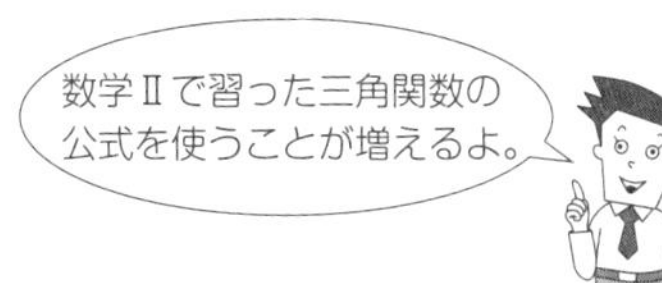

数学Ⅱで習った三角関数の
公式を使うことが増えるよ。

問 26 次の極限を調べよ。

教科書 p.53

(1) $\displaystyle\lim_{x\to 0} x\cos\frac{1}{x}$ (2) $\displaystyle\lim_{x\to\infty}\frac{\sin x}{x}$ (3) $\displaystyle\lim_{x\to-\infty}\frac{x-\cos x}{x}$

ガイド

ここがポイント [関数の極限と大小関係]

$\displaystyle\lim_{x\to a} f(x)=\alpha$, $\displaystyle\lim_{x\to a} g(x)=\beta$ のとき,

1 x が a の近くでつねに $f(x)\leqq g(x)$ ならば, $\alpha\leqq\beta$

2 x が a の近くでつねに $f(x)\leqq h(x)\leqq g(x)$ かつ $\alpha=\beta$ ならば,

$$\lim_{x\to a} h(x)=\alpha$$

2を「はさみうちの原理」ということがある。

解答 (1) $0\leqq\left|\cos\dfrac{1}{x}\right|\leqq 1$ であるから, $0\leqq|x|\left|\cos\dfrac{1}{x}\right|\leqq|x|$

したがって, $0\leqq\left|x\cos\dfrac{1}{x}\right|\leqq|x|$

$\displaystyle\lim_{x\to 0}|x|=0$ であるから, $\displaystyle\lim_{x\to 0}\left|x\cos\frac{1}{x}\right|=0$

よって, $\displaystyle\lim_{x\to 0} x\cos\frac{1}{x}=\mathbf{0}$

(2) $0\leqq|\sin x|\leqq 1$ であるから, $x>0$ のとき, $0\leqq\dfrac{|\sin x|}{|x|}\leqq\dfrac{1}{|x|}$

したがって, $0\leqq\left|\dfrac{\sin x}{x}\right|\leqq\dfrac{1}{|x|}$

$\displaystyle\lim_{x\to\infty}\frac{1}{|x|}=0$ であるから, $\displaystyle\lim_{x\to\infty}\left|\frac{\sin x}{x}\right|=0$

よって, $\displaystyle\lim_{x\to\infty}\frac{\sin x}{x}=\mathbf{0}$

(3) $\dfrac{x-\cos x}{x}=1-\dfrac{\cos x}{x}$

$0\leqq|\cos x|\leqq 1$ であるから, $x<0$ のとき, $0\leqq\dfrac{|\cos x|}{|x|}\leqq\dfrac{1}{|x|}$

したがって, $0\leqq\left|\dfrac{\cos x}{x}\right|\leqq\dfrac{1}{|x|}$

$\displaystyle\lim_{x\to-\infty}\frac{1}{|x|}=0$ であるから,

$$\lim_{x\to-\infty}\left|\frac{\cos x}{x}\right|=0 \quad すなわち,\quad \lim_{x\to-\infty}\frac{\cos x}{x}=0$$

よって，$\displaystyle\lim_{x\to-\infty}\frac{x-\cos x}{x}=\lim_{x\to-\infty}\left(1-\frac{\cos x}{x}\right)=\mathbf{1}$

問27　次の極限値を求めよ。

教科書 p.56

(1) $\displaystyle\lim_{x\to 0}\frac{\sin 4x}{2x}$　(2) $\displaystyle\lim_{x\to 0}\frac{x}{\sin x}$　(3) $\displaystyle\lim_{x\to 0}\frac{\sin 5x}{\sin 3x}$

ガイド

ここがポイント $\left[\dfrac{\sin x}{x}\text{の極限}\right]$

$$\lim_{x\to 0}\frac{\sin x}{x}=1$$

$\dfrac{\sin\square}{\square}$ の形をつくる。

解答 (1) $\displaystyle\lim_{x\to 0}\frac{\sin 4x}{2x}=\lim_{x\to 0}\left(2\cdot\frac{\sin 4x}{4x}\right)=2\cdot 1=\mathbf{2}$

(2) $\displaystyle\lim_{x\to 0}\frac{x}{\sin x}=\lim_{x\to 0}\frac{1}{\frac{\sin x}{x}}=\frac{1}{1}=\mathbf{1}$

(3) $\displaystyle\lim_{x\to 0}\frac{\sin 5x}{\sin 3x}=\lim_{x\to 0}\frac{\frac{\sin 5x}{x}}{\frac{\sin 3x}{x}}=\lim_{x\to 0}\frac{5\cdot\frac{\sin 5x}{5x}}{3\cdot\frac{\sin 3x}{3x}}=\frac{5\cdot 1}{3\cdot 1}=\mathbf{\frac{5}{3}}$

問28　次の極限値を求めよ。

教科書 p.56

(1) $\displaystyle\lim_{x\to 0}\frac{\tan x}{x}$　(2) $\displaystyle\lim_{x\to 0}\frac{x\sin x}{1-\cos x}$　(3) $\displaystyle\lim_{x\to 0}\frac{\sin x^2}{4x}$

ガイド (3) $x\to 0$ のとき $x^2\to 0$ より，$\displaystyle\lim_{x\to 0}\frac{\sin x^2}{x^2}=1$ である。

解答 (1) $\displaystyle\lim_{x\to 0}\frac{\tan x}{x}=\lim_{x\to 0}\left(\frac{\sin x}{x}\cdot\frac{1}{\cos x}\right)=1\cdot\frac{1}{1}=\mathbf{1}$

(2) $\displaystyle\lim_{x\to 0}\frac{x\sin x}{1-\cos x}=\lim_{x\to 0}\frac{x\sin x(1+\cos x)}{(1-\cos x)(1+\cos x)}$

$\displaystyle=\lim_{x\to 0}\frac{x\sin x(1+\cos x)}{\sin^2 x}=\lim_{x\to 0}\left\{\frac{x}{\sin x}\cdot(1+\cos x)\right\}$

$$=\lim_{x\to 0}\left\{\frac{1}{\frac{\sin x}{x}}\cdot(1+\cos x)\right\}=\frac{1}{1}\cdot(1+1)=\mathbf{2}$$

(3) $\displaystyle\lim_{x\to 0}\frac{\sin x^2}{4x}=\lim_{x\to 0}\left(\frac{\sin x^2}{x^2}\cdot x\cdot\frac{1}{4}\right)=1\cdot 0\cdot\frac{1}{4}=\mathbf{0}$

3 関数の連続性

問29 次の関数が $x=2$ で連続か不連続かを調べよ。

教科書 p.58

(1) $f(x)=|x-2|$

(2) $f(x)=\begin{cases}\dfrac{x-2}{|x-2|} & (x\neq 2)\\ 1 & (x=2)\end{cases}$

ガイド 一般に，関数 $y=f(x)$ において，その定義域に属する x の値 a に対して，極限値 $\displaystyle\lim_{x\to a}f(x)$ が存在し，かつ，$\displaystyle\boldsymbol{\lim_{x\to a}f(x)=f(a)}$

が成り立つとき，$f(x)$ は $x=a$ で**連続**であるという。

このとき，$y=f(x)$ のグラフは $x=a$ でつながっている。

$x\to a$ のときの $f(x)$ の極限値が存在しないときや，存在しても $\displaystyle\lim_{x\to a}f(x)\neq f(a)$ であるとき，この関数は $x=a$ で連続ではない。このとき，$f(x)$ は $x=a$ で**不連続**であるといい，$y=f(x)$ のグラフは $x=a$ でつながっていない。

解答 (1) $\displaystyle\lim_{x\to 2}f(x)=\lim_{x\to 2}|x-2|=0$，$f(2)=0$

であるから，$\displaystyle\lim_{x\to 2}f(x)=f(2)$ となり，

$f(x)$ は $x=2$ で**連続**である。

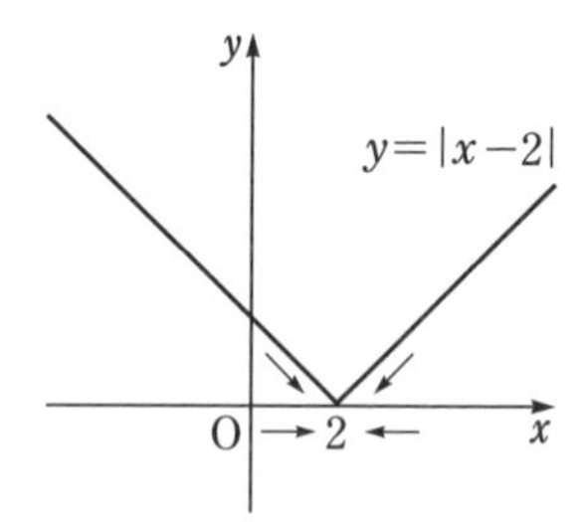

(2) $\displaystyle\lim_{x\to 2+0}\frac{x-2}{|x-2|}=1$，$\displaystyle\lim_{x\to 2-0}\frac{x-2}{|x-2|}=-1$

であるから，極限値 $\displaystyle\lim_{x\to 2}\frac{x-2}{|x-2|}$ は存在しない。

よって，$f(x)$ は $x=2$ で**不連続**である。

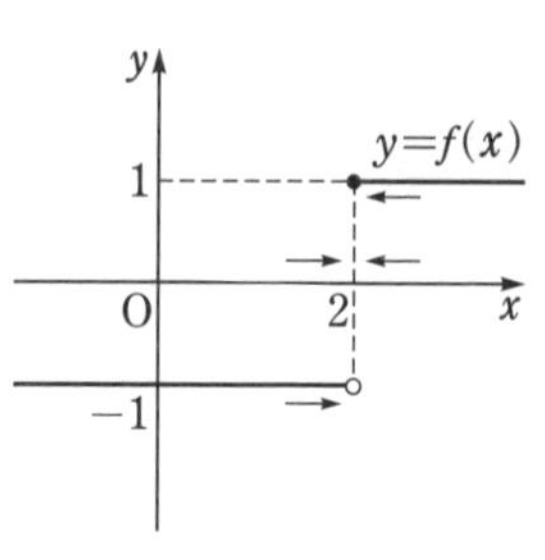

問 30　関数 $f(x)=[\sin x]$ が $x=\dfrac{\pi}{2}$ で連続か不連続かを調べよ。

教科書 p.58　また，$x=-\dfrac{\pi}{2}$ で連続か不連続かを調べよ。

ガイド　実数 x について，x 以下の最大の整数，すなわち，$n \leqq x < n+1$ を満たす整数 n を $[x]$ と表し，$[\quad]$ を**ガウス記号**という。

解答　$\displaystyle\lim_{x\to\frac{\pi}{2}+0} f(x)=\lim_{x\to\frac{\pi}{2}+0}[\sin x]=0$，$\displaystyle\lim_{x\to\frac{\pi}{2}-0} f(x)=\lim_{x\to\frac{\pi}{2}-0}[\sin x]=0$ より，

$\displaystyle\lim_{x\to\frac{\pi}{2}} f(x)=0$，$f\left(\dfrac{\pi}{2}\right)=\left[\sin\dfrac{\pi}{2}\right]=1$ であるから，

$\displaystyle\lim_{x\to\frac{\pi}{2}} f(x) \neq f\left(\dfrac{\pi}{2}\right)$ となり，$f(x)$ は $\boldsymbol{x=\dfrac{\pi}{2}}$ **で不連続**である。

また，$\displaystyle\lim_{x\to-\frac{\pi}{2}} f(x)=\lim_{x\to-\frac{\pi}{2}}[\sin x]=-1$，$f\left(-\dfrac{\pi}{2}\right)=\left[\sin\left(-\dfrac{\pi}{2}\right)\right]=-1$

であるから，$\displaystyle\lim_{x\to-\frac{\pi}{2}} f(x)=f\left(-\dfrac{\pi}{2}\right)$ となり，

$f(x)$ は $\boldsymbol{x=-\dfrac{\pi}{2}}$ **で連続**である。

プラスワン　$a<b$ を満たす実数 a，b に対し，不等式

$a<x<b$，　$a \leqq x \leqq b$，　$a \leqq x < b$，　$a < x \leqq b$

を満たす実数 x の範囲を**区間**といい，それぞれ記号

$(a,\ b)$，　$[a,\ b]$，　$[a,\ b)$，　$(a,\ b]$

で表す。$(a,\ b)$ を**開区間**，$[a,\ b]$ を**閉区間**という。また，不等式

$a<x$，　$a \leqq x$，　$x<b$，　$x \leqq b$

を満たす実数 x の範囲も区間といい，それぞれ記号

$(a,\ \infty)$，　$[a,\ \infty)$，　$(-\infty,\ b)$，　$(-\infty,\ b]$

で表す。実数全体も１つの区間と考え，記号 $(-\infty,\ \infty)$ で表す。

ある区間 I に属するすべての値で $f(x)$ が連続であるとき，$f(x)$ は**区間 I で連続**である，または，区間 I で $f(x)$ は**連続関数**であるという。

ポイントプラス [連続関数の性質]

ある区間 I で，関数 $f(x)$，$g(x)$ がともに連続ならば，次の関数も同じ区間 I で連続である。

1. $kf(x)$　（k は定数）
2. $f(x)+g(x)$，　$f(x)-g(x)$
3. $f(x)g(x)$
4. $\dfrac{f(x)}{g(x)}$　（区間 I のすべての x で，$g(x)\neq 0$）

4 連続関数の性質

問 31 関数 $f(x)=\sin x$ は，次の区間において最大値や最小値をもつかどうかを調べよ。また，もしもつならば，その値を求めよ。

教科書 p.60

(1) $\left(-\dfrac{\pi}{2},\ \dfrac{\pi}{2}\right)$　(2) $\left[-\dfrac{\pi}{2},\ \dfrac{3}{4}\pi\right]$　(3) $(-\pi,\ \pi)$

ガイド

ここがポイント [連続関数の最大・最小]

閉区間で連続な関数は，その区間で最大値および最小値をもつ。

開区間で連続な関数は，その区間で最大値や最小値をもつとは限らない。

解答 $y=f(x)$ のグラフをかくと，右の図のようになる。

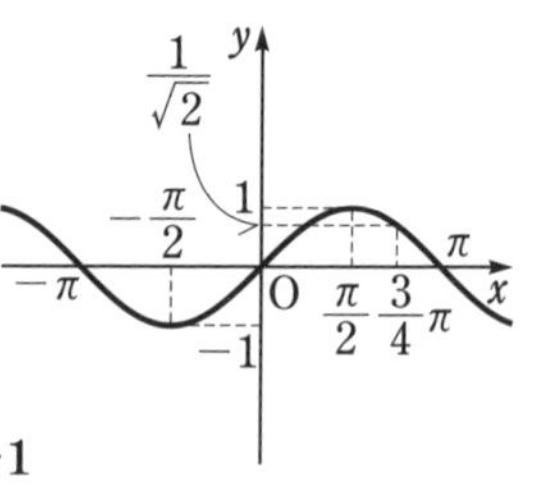

(1) **最大値も最小値ももたない。**

(2) $x=\dfrac{\pi}{2}$ **のとき，最大値は** $f\left(\dfrac{\pi}{2}\right)=1$

$x=-\dfrac{\pi}{2}$ **のとき，最小値は** $f\left(-\dfrac{\pi}{2}\right)=-1$

(3) $x=\dfrac{\pi}{2}$ **のとき，最大値は** $f\left(\dfrac{\pi}{2}\right)=1$

$x=-\dfrac{\pi}{2}$ **のとき，最小値は** $f\left(-\dfrac{\pi}{2}\right)=-1$

問 32　方程式 $x-\cos x=0$ は，$0<x<\dfrac{\pi}{2}$ の範囲に少なくとも１つの実数解をもつことを示せ。

教科書 p.61

ガイド

ここがポイント

[中間値の定理(1)]

関数 $f(x)$ が閉区間 $[a,\ b]$ で連続で，$f(a)\neq f(b)$ ならば，$f(a)$ と $f(b)$ の間の任意の値 k に対して，

$$f(c)=k\ (a<c<b)$$

となる実数 c が少なくとも１つ存在する。

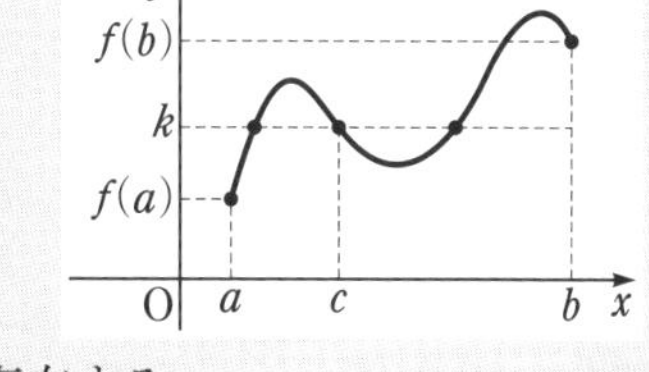

[中間値の定理(2)]

関数 $f(x)$ が閉区間 $[a,\ b]$ で連続で，$f(a)$ と $f(b)$ が異符号ならば，

$$f(x)=0$$

は，$a<x<b$ の範囲に少なくとも１つの実数解をもつ。

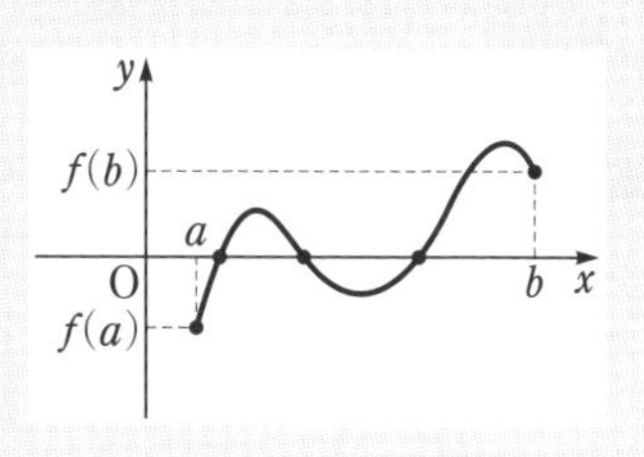

解答　$f(x)=x-\cos x$ とおくと，$f(x)$ は区間 $\left[0,\ \dfrac{\pi}{2}\right]$ で連続であり，

$$f(0)=-1<0,\quad f\left(\frac{\pi}{2}\right)=\frac{\pi}{2}>0$$

であるから，中間値の定理により，$f(c)=0$ となる c が $0<x<\dfrac{\pi}{2}$ の範囲にある。

よって，方程式 $x-\cos x=0$ は，$0<x<\dfrac{\pi}{2}$ の範囲に少なくとも１つの実数解をもつ。

ここがポイント は図を見ると中間値の定理の内容がよくわかるね。

節末問題 第2節 関数の極限と連続性

1 次の極限を調べよ。

教科書 p.62

(1) $\displaystyle\lim_{x\to-1}\frac{x^3+x+2}{2x^2+x-1}$ (2) $\displaystyle\lim_{x\to-1+0}\frac{x^2-1}{|x+1|}$

(3) $\displaystyle\lim_{x\to-\infty}(\sqrt{x^2+4x+2}-\sqrt{x^2-2x+2})$

(4) $\displaystyle\lim_{x\to\infty}\frac{6^x}{7^x-5^x}$ (5) $\displaystyle\lim_{x\to-\infty}\left\{\left(\frac{1}{3}\right)^x-\left(\frac{1}{2}\right)^x\right\}$

(6) $\displaystyle\lim_{x\to-\infty}\frac{6^{x+1}+3^{x-1}}{6^x-3^x}$ (7) $\displaystyle\lim_{x\to0}\frac{\sin x(1-\cos x)}{x^3}$

ガイド (3) $x=-t$ とおく。

(6) 分母と分子を，それぞれ 3^x で割る。

(7) 分母と分子に $1+\cos x$ を掛ける。

解答 (1) $\displaystyle\lim_{x\to-1}\frac{x^3+x+2}{2x^2+x-1}=\lim_{x\to-1}\frac{(x+1)(x^2-x+2)}{(x+1)(2x-1)}$

$\displaystyle=\lim_{x\to-1}\frac{x^2-x+2}{2x-1}=\boldsymbol{-\frac{4}{3}}$

(2) $\displaystyle\lim_{x\to-1+0}\frac{x^2-1}{|x+1|}=\lim_{x\to-1+0}\frac{x^2-1}{x+1}=\lim_{x\to-1+0}(x-1)=\boldsymbol{-2}$

(3) $x=-t$ とおくと，$x\to-\infty$ のとき $t\to\infty$ であるから，

$$\lim_{x\to-\infty}(\sqrt{x^2+4x+2}-\sqrt{x^2-2x+2})$$

$$=\lim_{t\to\infty}(\sqrt{t^2-4t+2}-\sqrt{t^2+2t+2})$$

$$=\lim_{t\to\infty}\frac{(t^2-4t+2)-(t^2+2t+2)}{\sqrt{t^2-4t+2}+\sqrt{t^2+2t+2}}$$

$$=\lim_{t\to\infty}\frac{-6t}{\sqrt{t^2-4t+2}+\sqrt{t^2+2t+2}}$$

$$=\lim_{t\to\infty}\frac{-6}{\sqrt{1-\frac{4}{t}+\frac{2}{t^2}}+\sqrt{1+\frac{2}{t}+\frac{2}{t^2}}}=\boldsymbol{-3}$$

(4) $\displaystyle\lim_{x\to\infty}\frac{6^x}{7^x-5^x}=\lim_{x\to\infty}\frac{\left(\frac{6}{7}\right)^x}{1-\left(\frac{5}{7}\right)^x}=\frac{0}{1-0}=\boldsymbol{0}$

(5) $\displaystyle\lim_{x\to-\infty}\left\{\left(\frac{1}{3}\right)^x-\left(\frac{1}{2}\right)^x\right\}=\lim_{x\to-\infty}\left(\frac{1}{3}\right)^x\left\{1-\left(\frac{3}{2}\right)^x\right\}=\boldsymbol{\infty}$

(6) $\displaystyle\lim_{x\to-\infty}\frac{6^{x+1}+3^{x-1}}{6^x-3^x}=\lim_{x\to-\infty}\frac{6\cdot 2^x+\frac{1}{3}}{2^x-1}=\boldsymbol{-\frac{1}{3}}$

(7) $\displaystyle\lim_{x\to 0}\frac{\sin x(1-\cos x)}{x^3}=\lim_{x\to 0}\frac{\sin x(1-\cos^2 x)}{x^3(1+\cos x)}$

$\displaystyle=\lim_{x\to 0}\left\{\left(\frac{\sin x}{x}\right)^3\cdot\frac{1}{1+\cos x}\right\}$

$\displaystyle=1^3\times\frac{1}{1+1}=\boldsymbol{\frac{1}{2}}$

□ **2** 教科書 p.62

$\displaystyle\lim_{x\to 1}\frac{\sqrt{x+3}-k}{x-1}$ が有限な値になるように，定数 k の値を定め，その極限値を求めよ。

ガイド $\displaystyle\lim_{x\to 1}(x-1)=0$ であるから，$\displaystyle\lim_{x\to 1}(\sqrt{x+3}-k)=0$ となることが必要である。

解答 極限値 $\displaystyle\lim_{x\to 1}\frac{\sqrt{x+3}-k}{x-1}$ が存在するとき，

$\displaystyle\lim_{x\to 1}(x-1)=0$ であるから，　$\displaystyle\lim_{x\to 1}(\sqrt{x+3}-k)=0$

よって，$2-k=0$ より，　$k=2$

このとき，　$\displaystyle\lim_{x\to 1}\frac{\sqrt{x+3}-2}{x-1}=\lim_{x\to 1}\frac{(x+3)-4}{(x-1)(\sqrt{x+3}+2)}$

$\displaystyle=\lim_{x\to 1}\frac{1}{\sqrt{x+3}+2}=\frac{1}{4}$

よって，$\boldsymbol{k=2}$ のとき**極限値**は $\boldsymbol{\frac{1}{4}}$ となる。

□ **3** 教科書 p.62

変数 x を［　］内に示したようにおき換えて，次の極限値を求めよ。

(1) $\displaystyle\lim_{x\to\infty}x\sin\frac{1}{x}$　$\left[\frac{1}{x}=\theta\right]$

(2) $\displaystyle\lim_{x\to\pi}\frac{1+\cos x}{(x-\pi)^2}$　$[x-\pi=\theta]$

ガイド おき換えたときに θ の極限がどうなるかを考える。

解答 (1) $\frac{1}{x}=\theta$ とおくと，$x\to\infty$ のとき $\theta\to+0$ であるから，

$\displaystyle\lim_{x\to\infty}x\sin\frac{1}{x}=\lim_{\theta\to+0}\frac{\sin\theta}{\theta}=\boldsymbol{1}$

(2)　$x-\pi=\theta$ とおくと，$x\to\pi$ のとき $\theta\to 0$ であるから，

$$\lim_{x\to\pi}\frac{1+\cos x}{(x-\pi)^2}=\lim_{\theta\to 0}\frac{1+\cos(\theta+\pi)}{\theta^2}=\lim_{\theta\to 0}\frac{1-\cos\theta}{\theta^2}$$

$$=\lim_{\theta\to 0}\frac{1-\cos^2\theta}{\theta^2(1+\cos\theta)}=\lim_{\theta\to 0}\left\{\left(\frac{\sin\theta}{\theta}\right)^2\cdot\frac{1}{1+\cos\theta}\right\}$$

$$=1^2\times\frac{1}{1+1}=\mathbf{\frac{1}{2}}$$

4　教科書 p.62

次の関数 $f(x)$ が $x=0$ で連続となるような定数 k の値を定めよ。ただし，$k\neq 0$ とする。

$$f(x)=\begin{cases}\dfrac{\sin kx}{x} & (x\neq 0)\\ k^2 & (x=0)\end{cases}$$

ガイド　$\displaystyle\lim_{x\to 0}f(x)=f(0)$ となればよい。

解答　$\displaystyle\lim_{x\to 0}\frac{\sin kx}{x}=\lim_{x\to 0}\left(k\cdot\frac{\sin kx}{kx}\right)=k$，$f(0)=k^2$

であるから，$k=k^2$ となればよい。

よって，

$k=k^2$　　$k(k-1)=0$

$k\neq 0$ より，　$\boldsymbol{k=1}$

$k=0$ のときはすべての
x で $f(x)=0$ だね。

5　教科書 p.62

方程式 $\log_{10}x=\dfrac{1}{x}$ は，$1<x<10$ の範囲に少なくとも1つの実数解をもつことを示せ。

ガイド　$f(x)=\log_{10}x-\dfrac{1}{x}$ とおいて，中間値の定理を使う。

解答　$f(x)=\log_{10}x-\dfrac{1}{x}$ とおくと，関数 $f(x)$ は区間 $[1,\ 10]$ で連続で，

$$f(1)=-1<0,\quad f(10)=\frac{9}{10}>0$$

よって，中間値の定理により，方程式 $\log_{10}x-\dfrac{1}{x}=0$，すなわち，方程式 $\log_{10}x=\dfrac{1}{x}$ は，$1<x<10$ の範囲に少なくとも1つの実数解をもつ。

章末問題

A

☐ **1** 教科書 p.64

関数 $y=\dfrac{ax+b}{x+c}$ のグラフは，2直線 $x=-2$，$y=3$ を漸近線とする直角双曲線で，点 $(-3,\ 1)$ を通る。このとき，定数 a，b，c の値を求めよ。

ガイド 求める双曲線の方程式は，$y=\dfrac{k}{x+2}+3$ とおける。

解答 2直線 $x=-2$，$y=3$ を漸近線とする双曲線の方程式は，

$y=\dfrac{k}{x+2}+3$ (k は実数) とおける。

点 $(-3,\ 1)$ を通るから，　$1=-k+3$　　よって，　$k=2$

したがって，求める双曲線の方程式は，　$y=\dfrac{2}{x+2}+3=\dfrac{3x+8}{x+2}$

よって，　$\boldsymbol{a=3,\ b=8,\ c=2}$

☐ **2** 教科書 p.64

不等式 $\sqrt{ax+b} \geqq 2x-2$ の解が $-\dfrac{7}{3} \leqq x \leqq 3$ であるとき，定数 a，b の値を求めよ。ただし，$a>0$ とする。

ガイド $\sqrt{ax+b} \geqq 0$ に着目する。

解答 $y=\sqrt{ax+b}$ のグラフと直線 $y=2x-2$ は，$x=-\dfrac{7}{3}$ のとき $2x-2=-\dfrac{20}{3}<0$ であるから，右の図のようになる。

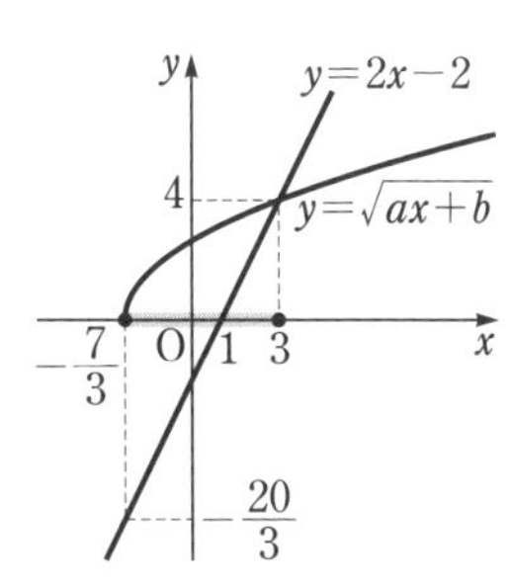

よって，条件より，$-\dfrac{b}{a}=-\dfrac{7}{3}$　……①

かつ $\sqrt{3a+b}=2\cdot3-2=4$　……②

①より，　$b=\dfrac{7}{3}a$

これを②に代入して，　$\sqrt{3a+\dfrac{7}{3}a}=4$　　$\sqrt{\dfrac{16}{3}a}=4$

$\sqrt{a}=\sqrt{3}$　　$a=3$　　よって，　$\boldsymbol{a=3,\ b=7}$

□ **3** 教科書 p.64

次の関数 $f(x)$ について，$\lim_{x \to 1} f(x)$，$\lim_{x \to 2} f(x)$ がともに有限な値になるように定数 a，b の値を定め，それぞれの極限値を求めよ。

$$f(x)=\frac{x^3+ax^2+bx+2}{x^2-3x+2}$$

ガイド $\lim_{x \to 1} f(x)$，$\lim_{x \to 2} f(x)$ がともに有限な値になるには，$x \to 1$，$x \to 2$ で分子 $\to 0$ となることが必要である。

解答 $\lim_{x \to 1} f(x)$ が有限な値になるとき，

$\lim_{x \to 1}(x^2-3x+2)=0$ であるから，　$\lim_{x \to 1}(x^3+ax^2+bx+2)=0$

よって，　$a+b=-3$ ……①

$\lim_{x \to 2} f(x)$ が有限な値になるとき，

$\lim_{x \to 2}(x^2-3x+2)=0$ であるから，　$\lim_{x \to 2}(x^3+ax^2+bx+2)=0$

よって，　$2a+b=-5$ ……②

①，②を解いて，　$a=-2$，$b=-1$　よって，

$$\lim_{x \to 1} f(x)=\lim_{x \to 1}\frac{x^3-2x^2-x+2}{x^2-3x+2}=\lim_{x \to 1}\frac{(x+1)(x-1)(x-2)}{(x-1)(x-2)}$$

$$=\lim_{x \to 1}(x+1)=2$$

同様に，　$\lim_{x \to 2} f(x)=\lim_{x \to 2}(x+1)=3$

よって，$\boldsymbol{a=-2}$，$\boldsymbol{b=-1}$ のとき，$\boldsymbol{\lim_{x \to 1} f(x)=2}$，$\boldsymbol{\lim_{x \to 2} f(x)=3}$

□ **4** 教科書 p.64

次の極限を調べよ。ただし，(2)で，[ ] はガウス記号である。

(1) $\lim_{x \to \infty}\frac{3^x-5^x}{3^x-2^x}$　(2) $\lim_{x \to \infty}\frac{[x]}{x}$

(3) $\lim_{x \to 0}\left(\frac{1}{\sin x}-\frac{1}{\tan x}\right)$　(4) $\lim_{x \to 0}\frac{\tan x-\sin x}{x^3}$

ガイド (2) $x-1<[x]\leqq x$ とはさみうちの原理を使う。

解答 (1) $\lim_{x \to \infty}\frac{3^x-5^x}{3^x-2^x}=\lim_{x \to \infty}\frac{1-\left(\frac{5}{3}\right)^x}{1-\left(\frac{2}{3}\right)^x}=-\infty$

(2) $x>0$ のとき，$x-1<[x]\leqq x$ であるから，　$\frac{x-1}{x}<\frac{[x]}{x}\leqq 1$

$$\lim_{x\to\infty}\frac{x-1}{x}=\lim_{x\to\infty}\left(1-\frac{1}{x}\right)=1 \text{ より，}\quad \lim_{x\to\infty}\frac{[x]}{x}=\mathbf{1}$$

(3) $\displaystyle\lim_{x\to0}\left(\frac{1}{\sin x}-\frac{1}{\tan x}\right)=\lim_{x\to0}\frac{1-\cos x}{\sin x}=\lim_{x\to0}\frac{1-\cos^2 x}{\sin x(1+\cos x)}$

$$=\lim_{x\to0}\frac{\sin^2 x}{\sin x(1+\cos x)}=\lim_{x\to0}\frac{\sin x}{1+\cos x}=\mathbf{0}$$

(4) $\displaystyle\lim_{x\to0}\frac{\tan x-\sin x}{x^3}=\lim_{x\to0}\frac{\frac{\sin x}{\cos x}-\sin x}{x^3}=\lim_{x\to0}\left\{\frac{\sin x}{x^3}\left(\frac{1}{\cos x}-1\right)\right\}$

$$=\lim_{x\to0}\left(\frac{\sin x}{x^3}\cdot\frac{1-\cos x}{\cos x}\right)=\lim_{x\to0}\left\{\frac{\sin x}{x^3}\cdot\frac{1-\cos^2 x}{\cos x(1+\cos x)}\right\}$$

$$=\lim_{x\to0}\left\{\left(\frac{\sin x}{x}\right)^3\cdot\frac{1}{\cos x(1+\cos x)}\right\}=\mathbf{\frac{1}{2}}$$

5 教科書 p.64

半径 r の円に内接する正 n 角形の面積を S_n とするとき，次の問いに答えよ。

(1) $S_n=\dfrac{nr^2}{2}\sin\dfrac{2\pi}{n}$ であることを示せ。

(2) 極限値 $\displaystyle\lim_{n\to\infty}S_n$ を求めよ。

ガイド (2) $S_n=\dfrac{nr^2}{2}\sin\dfrac{2\pi}{n}$ より，$\dfrac{2\pi}{n}=\theta$ とおいて極限値を考える。

解答 (1) 半径 r の円に内接する正 n 角形は，円の中心と各頂点を結ぶ線分を引くと，n 個の右のような三角形に分けられる。

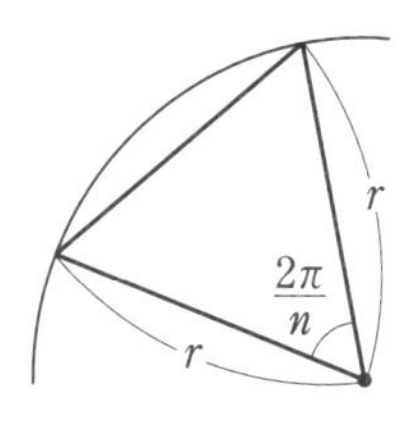

正 n 角形の面積 S_n は，

$$S_n=n\times\frac{1}{2}\cdot r\cdot r\cdot\sin\frac{2\pi}{n}=\frac{nr^2}{2}\sin\frac{2\pi}{n}$$

(2) $\dfrac{2\pi}{n}=\theta$ とおくと，$n\to\infty$ のとき $\theta\to+0$ であるから，

$$\lim_{n\to\infty}S_n=\lim_{n\to\infty}\frac{nr^2}{2}\sin\frac{2\pi}{n}=\lim_{\theta\to+0}\left(\frac{\pi r^2}{\theta}\cdot\sin\theta\right)$$

$$=\lim_{\theta\to+0}\left(\pi r^2\cdot\frac{\sin\theta}{\theta}\right)=\boldsymbol{\pi r^2}$$

6 教科書 p.64

方程式 $\sin x-(x-1)^2=0$ は，$0<x<2$ の範囲に少なくとも1つの実数解をもつことを示せ。

ガイド $f(x)=\sin x-(x-1)^2$ とおいて，中間値の定理を使う。

解答 $f(x)=\sin x-(x-1)^2$ とおくと，$f(x)$ は $[0,\ 1]$ で連続であり，

$f(0)=-1<0,\ f(1)=\sin 1>0$

よって，中間値の定理により，方程式 $\sin x-(x-1)^2=0$ は，$0<x<1$，つまり，$0<x<2$ の範囲に少なくとも1つの実数解をもつ。

B

7 教科書 p.65

a を定数とするとき，関数 $f(x)=\dfrac{3x+a}{x-2}$ について，次の問いに答えよ。

(1) 逆関数 $f^{-1}(x)$ が存在しない a の値を求めよ。

(2) 逆関数 $f^{-1}(x)$ が $f^{-1}(x)=\dfrac{cx-1}{-x+b}$ であるとき，定数 a，b，c の値を求めよ。

ガイド (1) $f(x)$ が定数関数のとき，$f^{-1}(x)$ は存在しない。

解答 (1) $f(x)=\dfrac{3x+a}{x-2}=\dfrac{a+6}{x-2}+3$ であり，$a=-6$ のとき，$f(x)=3$ より，$f(x)$ は定数関数となるから，$f^{-1}(x)$ は存在しない。

よって，　$\boldsymbol{a=-6}$

(2) $f(x)=\dfrac{3x+a}{x-2}$ より，$f(x)\neq 3$ のとき，　$x=\dfrac{2f(x)+a}{f(x)-3}$

(1)より，逆関数 $f^{-1}(x)$ が存在するとき，　$f(x)\neq 3$

よって，$f(x)$ の逆関数は，　$f^{-1}(x)=\dfrac{2x+a}{x-3}$

$\dfrac{2x+a}{x-3}=\dfrac{cx-1}{-x+b}$ から分母を払って整理すると，

$$-2x^2+(-a+2b)x+ab=cx^2+(-1-3c)x+3$$

これは x についての恒等式であるから，係数を比較して，

$$\begin{cases} -2=c & \cdots\cdots① \\ -a+2b=-1-3c & \cdots\cdots② \\ ab=3 & \cdots\cdots③ \end{cases}$$

①より，　$c=-2$　　よって，②より，　$b=\dfrac{a+5}{2}$　……④

④を③に代入して整理すると，　$a^2+5a-6=0$

$(a+6)(a-1)=0$　　$a=-6,\ 1$

(1)より，$a=-6$ は不適であるから，　$\boldsymbol{a=1}$

よって，　$\boldsymbol{b=3}$

8　教科書 p.65

a，b は定数で，$0<a<b$ のとき，次の極限を調べよ。

$$\lim_{x\to\infty}(a^x+b^x)^{\frac{1}{x}}$$

ガイド　$0<a<b$ より，$x>0$ のとき，$b^x<a^x+b^x<2b^x$ である。

解答　$0<a<b$ より，$x>0$ のとき，　$0<a^x<b^x$

したがって，　$b^x<a^x+b^x<2b^x$

よって，　$(b^x)^{\frac{1}{x}}<(a^x+b^x)^{\frac{1}{x}}<(2b^x)^{\frac{1}{x}}$

$b<(a^x+b^x)^{\frac{1}{x}}<2^{\frac{1}{x}}b$

$\displaystyle\lim_{x\to\infty}2^{\frac{1}{x}}b=b$ より，　$\displaystyle\lim_{x\to\infty}(a^x+b^x)^{\frac{1}{x}}=\boldsymbol{b}$

9　教科書 p.65

放物線 $y=3x^2$ 上の点Pに対して，x 軸上の正の部分に OP＝OQ である点Qをとり，直線 PQ が y 軸と交わる点をRとする。点Pが第1象限にあって点Oに限りなく近づくとき，点Rはどのような点に近づくか。

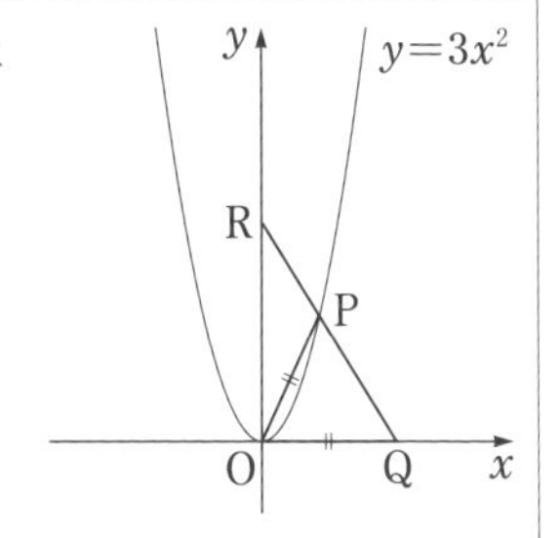

ガイド　$t>0$ として，$\mathrm{P}(t,\ 3t^2)$ とおくと，$\mathrm{Q}(t\sqrt{1+9t^2},\ 0)$ となる。
このことから直線 PQ の方程式を求め，点Rの座標を求める。

解答　$t>0$ として，P の座標を $(t,\ 3t^2)$ とおく。

$\mathrm{OP}=\sqrt{t^2+(3t^2)^2}=t\sqrt{1+9t^2}$ より，Q の座標は $(t\sqrt{1+9t^2},\ 0)$

直線 PQ の方程式は，

$$y-3t^2=\frac{0-3t^2}{t\sqrt{1+9t^2}-t}(x-t)$$

$$y=-\frac{3t}{\sqrt{1+9t^2}-1}x+\frac{3t^2}{\sqrt{1+9t^2}-1}+3t^2$$

ここで,

$$\frac{3t^2}{\sqrt{1+9t^2}-1}+3t^2=\frac{3t^2\sqrt{1+9t^2}}{\sqrt{1+9t^2}-1}=\frac{3t^2\sqrt{1+9t^2}(\sqrt{1+9t^2}+1)}{(\sqrt{1+9t^2}-1)(\sqrt{1+9t^2}+1)}$$

$$=\frac{1}{3}\sqrt{1+9t^2}(\sqrt{1+9t^2}+1)$$

であるから, Rの座標は $\left(0,\ \frac{1}{3}\sqrt{1+9t^2}(\sqrt{1+9t^2}+1)\right)$

Pが第1象限にあって原点Oに限りなく近づくとき, $t\to+0$ であり, このとき, $\lim_{t\to+0}\frac{1}{3}\sqrt{1+9t^2}(\sqrt{1+9t^2}+1)=\frac{2}{3}$

よって, 求める座標は, $\left(\mathbf{0},\ \frac{\mathbf{2}}{\mathbf{3}}\right)$

☐ **10**　教科書 p.65

a, b を定数, n を正の整数とするとき, 関数

$f(x)=\lim_{n\to\infty}\frac{x^{2n-1}+ax^2+bx}{x^{2n}+1}$ について, 次の問いに答えよ。

(1) $|x|<1$ のとき, $f(x)$ を求めよ。

(2) $|x|>1$ のとき, $f(x)$ を求めよ。

(3) 関数 $f(x)$ が実数全体で連続となるように, a, b の値を定めよ。

ガイド (3) $f(x)$ は $x=\pm1$ 以外では連続であるから, $x=\pm1$ でも連続となるように, a, b の値を定めればよい。

解答 (1) $\lim_{n\to\infty}x^{2n-1}=\lim_{n\to\infty}x^{2n}=0$ より,

$$f(x)=\lim_{n\to\infty}\frac{x^{2n-1}+ax^2+bx}{x^{2n}+1}=\boldsymbol{ax^2+bx}$$

(2) $\lim_{n\to\infty}\frac{1}{x^{2n}}=\lim_{n\to\infty}\frac{1}{x^{2n-1}}=\lim_{n\to\infty}\frac{1}{x^{2n-2}}=0$ より,

$$f(x)=\lim_{n\to\infty}\frac{x^{2n-1}+ax^2+bx}{x^{2n}+1}=\lim_{n\to\infty}\frac{\frac{1}{x}+\frac{a}{x^{2n-2}}+\frac{b}{x^{2n-1}}}{1+\frac{1}{x^{2n}}}=\boldsymbol{\frac{1}{x}}$$

(3) (1), (2)より, $x=\pm1$ 以外では関数 $f(x)$ は連続である。

$$\lim_{x\to-1-0}f(x)=\lim_{x\to-1-0}\frac{1}{x}=-1$$

$$\lim_{x\to-1+0} f(x)=\lim_{x\to-1+0}(ax^2+bx)=a-b$$

$$f(-1)=\lim_{n\to\infty}\frac{(-1)^{2n-1}+a\cdot(-1)^2+b\cdot(-1)}{(-1)^{2n}+1}$$

$$=\lim_{n\to\infty}\frac{-1+a-b}{1+1}=\frac{a-b-1}{2}$$

であるから，関数 $f(x)$ が $x=-1$ で連続であるとき，

$$-1=a-b \text{ かつ } \frac{a-b-1}{2}=-1 \quad \text{よって，} a-b=-1 \quad \cdots\cdots①$$

また，

$$\lim_{x\to1-0} f(x)=\lim_{x\to1-0}(ax^2+bx)=a+b$$

$$\lim_{x\to1+0} f(x)=\lim_{x\to1+0}\frac{1}{x}=1$$

$$f(1)=\lim_{n\to\infty}\frac{1^{2n-1}+a\cdot1^2+b\cdot1}{1^{2n}+1}=\lim_{n\to\infty}\frac{1+a+b}{1+1}=\frac{a+b+1}{2}$$

であるから，関数 $f(x)$ が $x=1$ で連続であるとき，

$$a+b=1 \text{ かつ } \frac{a+b+1}{2}=1 \quad \text{よって，} a+b=1 \quad \cdots\cdots②$$

①，②を解いて，　**$a=0$，$b=1$**

□ 11 教科書 p.65

実数を係数とする x についての n 次方程式

$$x^n+a_1x^{n-1}+a_2x^{n-2}+\cdots\cdots+a_{n-1}x+a_n=0$$

は，n が奇数ならば少なくとも 1 つの実数解をもつことを証明せよ。

ガイド $f(x)=x^n+a_1x^{n-1}+a_2x^{n-2}+\cdots\cdots+a_{n-1}x+a_n$ とおいて，中間値の定理を使う。

解答 $f(x)=x^n+a_1x^{n-1}+a_2x^{n-2}+\cdots\cdots+a_{n-1}x+a_n$ とおくと，関数 $f(x)$ は区間 $(-\infty,\ \infty)$ で連続で，n が奇数のとき，

$$\lim_{x\to-\infty} f(x)=\lim_{x\to-\infty}x^n\left(1+\frac{a_1}{x}+\frac{a_2}{x^2}+\cdots\cdots+\frac{a_{n-1}}{x^{n-1}}+\frac{a_n}{x^n}\right)=-\infty$$

$$\lim_{x\to\infty} f(x)=\lim_{x\to\infty}x^n\left(1+\frac{a_1}{x}+\frac{a_2}{x^2}+\cdots\cdots+\frac{a_{n-1}}{x^{n-1}}+\frac{a_n}{x^n}\right)=\infty$$

よって，中間値の定理により，方程式
$x^n+a_1x^{n-1}+a_2x^{n-2}+\cdots\cdots+a_{n-1}x+a_n=0$ は，n が奇数ならば少なくとも 1 つの実数解をもつ。

第3章 微分法

第1節 微分と導関数

1 微分可能性と連続性

問 1 関数 $f(x)=\dfrac{1}{x}$ の $x=a$ $(a \neq 0)$ における微分係数 $f'(a)$ を求めよ。

教科書 p.68

ガイド 関数 $f(x)$ について，極限値 $\displaystyle\lim_{h \to 0}\frac{f(a+h)-f(a)}{h}$ が存在するとき，$f(x)$ は，$x=a$ で**微分可能**であるという。また，この極限値を $f(x)$ の $x=a$ における**微分係数**または変化率といい，$\boldsymbol{f'(a)}$ で表す。すなわち，$\boldsymbol{f'(a)=\displaystyle\lim_{h \to 0}\frac{f(a+h)-f(a)}{h}}$ である。

解答

$$f'(a)=\lim_{h \to 0}\frac{1}{h}\left(\frac{1}{a+h}-\frac{1}{a}\right)$$

$$=\lim_{h \to 0}\frac{1}{h}\cdot\frac{-h}{a(a+h)}$$

$$=\lim_{h \to 0}\frac{-1}{a(a+h)}=-\boldsymbol{\frac{1}{a^2}}$$

問 2 関数 $f(x)=|x^2-2x|$ は $x=2$ で微分可能でないことを示せ。

教科書 p.69

ガイド 関数が微分可能であることと連続であることの間には，次の関係がある。

> **ここがポイント** [微分可能性と連続性]
> 関数 $f(x)$ が $x=a$ で微分可能ならば，$f(x)$ は $x=a$ で連続である。

関数 $f(x)$ が $x=a$ で連続であっても，$x=a$ で微分可能であるとは限らない。

解答

$$\lim_{h\to+0}\frac{f(2+h)-f(2)}{h}$$
$$=\lim_{h\to+0}\frac{|(2+h)^2-2(2+h)|-|2^2-2\cdot2|}{h}$$
$$=\lim_{h\to+0}\frac{|h(2+h)|}{h}=\lim_{h\to+0}\frac{h(2+h)}{h}=\lim_{h\to+0}(2+h)=2$$
$$\lim_{h\to-0}\frac{f(2+h)-f(2)}{h}$$
$$=\lim_{h\to-0}\frac{|h(2+h)|}{h}=\lim_{h\to-0}\frac{-h(2+h)}{h}=\lim_{h\to-0}\{-(2+h)\}=-2$$

となるから，$\lim_{h\to0}\frac{f(2+h)-f(2)}{h}$ は存在しない。

よって，$f(x)=|x^2-2x|$ は $x=2$ で微分可能でない。

プラスワン　関数 $f(x)=|x^2-2x|$ は $x=0$ でも微分可能でない。

2　微分と導関数

問 3　関数 $f(x)=\sqrt{x}$ の導関数を，定義に従って求めよ。

教科書 p.70

ガイド　関数 $f(x)$ が，ある区間 I のすべての値 a で微分可能であるとき，$f(x)$ は**区間 I で微分可能**であるという。

関数 $f(x)$ がある区間で微分可能であるとき，その区間の各値 a に対して微分係数 $f'(a)$ を対応させると，1つの新しい関数が得られる。これを関数 $f(x)$ の**導関数**といい，$f'(x)$ で表す。

導関数 $f'(x)$ は，次のように書ける。

ここがポイント **[導関数 $f'(x)$]**

$$f'(x)=\lim_{h\to0}\frac{f(x+h)-f(x)}{h}$$

$y=f(x)$ の導関数は，$f'(x)$ の他に，次のような記号でも表される。

$$y',\quad \{f(x)\}',\quad \frac{dy}{dx},\quad \frac{d}{dx}f(x)$$

導関数を求めることを**微分する**という。

解答 $f'(x)=\lim_{h\to 0}\dfrac{f(x+h)-f(x)}{h}=\lim_{h\to 0}\dfrac{\sqrt{x+h}-\sqrt{x}}{h}$

$=\lim_{h\to 0}\dfrac{(\sqrt{x+h}-\sqrt{x})(\sqrt{x+h}+\sqrt{x})}{h(\sqrt{x+h}+\sqrt{x})}$

$=\lim_{h\to 0}\dfrac{h}{h(\sqrt{x+h}+\sqrt{x})}=\lim_{h\to 0}\dfrac{1}{\sqrt{x+h}+\sqrt{x}}=\boldsymbol{\dfrac{1}{2\sqrt{x}}}$

ポイントプラス **[x^n の導関数]**

n が正の整数のとき，　$\boldsymbol{(x^n)'=nx^{n-1}}$

問 4 下の公式①を証明せよ。

教科書 p.71

ガイド 関数 $f(x)$，$g(x)$ がともに微分可能であるとき，定数倍 $kf(x)$，和 $f(x)+g(x)$，差 $f(x)-g(x)$ も微分可能で，次の公式が成り立つ。

① $\boldsymbol{\{kf(x)\}'=kf'(x)}$　（k は定数）

② $\boldsymbol{\{f(x)+g(x)\}'=f'(x)+g'(x)}$

$\boldsymbol{\{f(x)-g(x)\}'=f'(x)-g'(x)}$

解答 $\{kf(x)\}'=\lim_{h\to 0}\dfrac{kf(x+h)-kf(x)}{h}=\lim_{h\to 0}\left\{k\cdot\dfrac{f(x+h)-f(x)}{h}\right\}$

ここで，$f(x)$ は微分可能であるから，

$\lim_{h\to 0}\dfrac{f(x+h)-f(x)}{h}=f'(x)$

よって，　$\{kf(x)\}'=kf'(x)$

問 5 次の関数を微分せよ。

教科書 p.71

(1) $y=x^4-3x^2+2$　　(2) $y=4x^6-2$

(3) $y=2x^5-5x^3+1$　　(4) $y=(x^2-3)(x+2)$

ガイド (4) 式を展開してから微分する。

解答 (1) $\boldsymbol{y'}=(x^4-3x^2+2)'=(x^4)'-(3x^2)'+(2)'$

$=(x^4)'-3(x^2)'+(2)'=4x^3-3\cdot 2x+0=\boldsymbol{4x^3-6x}$

(2) $\boldsymbol{y'}=(4x^6-2)'=(4x^6)'-(2)'=4(x^6)'-(2)'$

$=4\cdot 6x^5-0=\boldsymbol{24x^5}$

(3)　$y'=(2x^5-5x^3+1)'=(2x^5)'-(5x^3)'+(1)'$
$=2(x^5)'-5(x^3)'+(1)'=2\cdot5x^4-5\cdot3x^2+0=\mathbf{10x^4-15x^2}$

(4)　$y=(x^2-3)(x+2)=x^3+2x^2-3x-6$ であるから,
$y'=(x^3+2x^2-3x-6)'=(x^3)'+(2x^2)'-(3x)'-(6)'$
$=(x^3)'+2(x^2)'-3(x)'-(6)'=3x^2+2\cdot2x-3\cdot1-0$
$=\mathbf{3x^2+4x-3}$

問 6　次の関数を微分せよ。

教科書 p.72

(1)　$y=(x^2-4x+1)(2x+3)$　　(2)　$y=(5-x)(2x^3+x^2-4)$

ガイド　関数 $f(x)$, $g(x)$ がともに微分可能であるとき，積 $f(x)g(x)$ も微分可能で，次の公式が成り立つ。

ここがポイント **[積の導関数]**
③　$\{f(x)g(x)\}'=f'(x)g(x)+f(x)g'(x)$

解答　(1)　$y'=(x^2-4x+1)'(2x+3)+(x^2-4x+1)(2x+3)'$
$=(2x-4)(2x+3)+(x^2-4x+1)\cdot2$
$=\mathbf{6x^2-10x-10}$

(2)　$y'=(5-x)'(2x^3+x^2-4)+(5-x)(2x^3+x^2-4)'$
$=-1\cdot(2x^3+x^2-4)+(5-x)(6x^2+2x)$
$=\mathbf{-8x^3+27x^2+10x+4}$

問 7　次の関数を微分せよ。

教科書 p.74

(1)　$y=\dfrac{1}{2x+1}$　　(2)　$y=\dfrac{x+2}{3x+4}$　　(3)　$y=\dfrac{3x-1}{2x^2-1}$

ガイド　関数 $f(x)$, $g(x)$ がともに微分可能であるとき，$g(x)\neq0$ である x において，次の公式が成り立つ。

ここがポイント **[商の導関数]**
④　$\left\{\dfrac{1}{g(x)}\right\}'=-\dfrac{g'(x)}{\{g(x)\}^2}$

$\left\{\dfrac{f(x)}{g(x)}\right\}'=\dfrac{f'(x)g(x)-f(x)g'(x)}{\{g(x)\}^2}$

解答 (1)　$y'=\left(\dfrac{1}{2x+1}\right)'=-\dfrac{(2x+1)'}{(2x+1)^2}=\boldsymbol{-\dfrac{2}{(2x+1)^2}}$

(2)　$y'=\left(\dfrac{x+2}{3x+4}\right)'=\dfrac{(x+2)'(3x+4)-(x+2)(3x+4)'}{(3x+4)^2}$

$=\dfrac{1\cdot(3x+4)-(x+2)\cdot3}{(3x+4)^2}=\boldsymbol{-\dfrac{2}{(3x+4)^2}}$

(3)　$y'=\left(\dfrac{3x-1}{2x^2-1}\right)'=\dfrac{(3x-1)'(2x^2-1)-(3x-1)(2x^2-1)'}{(2x^2-1)^2}$

$=\dfrac{3(2x^2-1)-(3x-1)\cdot4x}{(2x^2-1)^2}=\boldsymbol{\dfrac{-6x^2+4x-3}{(2x^2-1)^2}}$

問 8　次の関数を微分せよ。

教科書 p.74

(1)　$y=\dfrac{1}{x^4}$　　(2)　$y=\dfrac{1}{2x^6}$　　(3)　$y=x+\dfrac{1}{x}$

ガイド

ここがポイント [x^n の導関数]

5　n が整数のとき，　$(x^n)'=nx^{n-1}$

解答 (1)　$y'=(x^{-4})'=-4x^{-4-1}=-4x^{-5}=\boldsymbol{-\dfrac{4}{x^5}}$

(2)　$y'=\left(\dfrac{1}{2}x^{-6}\right)'=\dfrac{1}{2}(x^{-6})'=\dfrac{1}{2}\cdot(-6x^{-6-1})=\boldsymbol{-\dfrac{3}{x^7}}$

(3)　$y'=\left(x+\dfrac{1}{x}\right)'=(x+x^{-1})'=(x)'+(x^{-1})'=1-x^{-1-1}=1-x^{-2}=\boldsymbol{1-\dfrac{1}{x^2}}$

3　合成関数と逆関数の微分法

問 9　次の関数を微分せよ。

教科書 p.76

(1)　$y=(x^3-2)^5$　　(2)　$y=(1-2x)^3$

(3)　$y=\dfrac{1}{(5x+1)^3}$　　(4)　$y=\left(x-\dfrac{2}{x}\right)^3$

ガイド

ここがポイント [合成関数の微分法]

2つの関数 $y=f(u)$，$u=g(x)$ がともに微分可能なとき，

合成関数 $y=f(g(x))$ も微分可能で，　$\dfrac{dy}{dx}=\dfrac{dy}{du}\cdot\dfrac{du}{dx}$

ポイントプラス [合成関数の微分法]

$$\frac{d}{dx}f(g(x))=f'(g(x))g'(x)$$

解答 (1) $y'=5(x^3-2)^4\cdot(x^3-2)'=5(x^3-2)^4\cdot 3x^2=\mathbf{15x^2(x^3-2)^4}$

(2) $y'=3(1-2x)^2\cdot(1-2x)'=3(1-2x)^2\cdot(-2)=\mathbf{-6(1-2x)^2}$

(3) $y=\dfrac{1}{(5x+1)^3}=(5x+1)^{-3}$ であるから，

$$y'=-3(5x+1)^{-4}\cdot(5x+1)'$$
$$=-3(5x+1)^{-4}\cdot 5=\mathbf{-\frac{15}{(5x+1)^4}}$$

(4) $y'=3\left(x-\dfrac{2}{x}\right)^2\left(x-\dfrac{2}{x}\right)'=\mathbf{3\left(x-\dfrac{2}{x}\right)^2\left(1+\dfrac{2}{x^2}\right)}$

問 10 関数 $f(x)$ が微分可能であるとき，次の等式が成り立つことを確かめよ。ただし，a，b は定数，n は整数とする。

教科書 p.76

(1) $\dfrac{d}{dx}f(ax+b)=af'(ax+b)$

(2) $\dfrac{d}{dx}\{f(x)\}^n=n\{f(x)\}^{n-1}f'(x)$

ガイド (1) $g(x)=ax+b$ と考えて，$\{f(g(x))\}'=f'(g(x))g'(x)$ を利用する。

(2) $h(x)=x^n$ と考えて，$\{h(f(x))\}'=h'(f(x))f'(x)$ を利用する。

解答 (1) $g(x)=ax+b$ とすると，$f(ax+b)=f(g(x))$ であるから，

$$\{f(ax+b)\}'=\{f(g(x))\}'=f'(g(x))g'(x)$$
$$=f'(g(x))(ax+b)'=f'(g(x))\cdot a$$
$$=af'(ax+b)$$

よって，　$\dfrac{d}{dx}f(ax+b)=af'(ax+b)$

(2) $h(x)=x^n$ とすると，$h'(x)=nx^{n-1}$，$\{f(x)\}^n=h(f(x))$ であるから，

$$[\{f(x)\}^n]'=\{h(f(x))\}'=h'(f(x))f'(x)$$
$$=n\{f(x)\}^{n-1}f'(x)$$

よって，　$\dfrac{d}{dx}\{f(x)\}^n=n\{f(x)\}^{n-1}f'(x)$

問 11 次の関数を微分せよ。

教科書 p.77

(1) $y=\sqrt[4]{x^3}$　(2) $y=x\sqrt{x}$　(3) $y=\dfrac{1}{\sqrt{x}}$

ガイド

ここがポイント [x^r の導関数]

r が有理数のとき，　$(x^r)'=rx^{r-1}$

解答 (1) $y'=(\sqrt[4]{x^3})'=(x^{\frac{3}{4}})'=\dfrac{3}{4}x^{\frac{3}{4}-1}=\dfrac{3}{4}x^{-\frac{1}{4}}=\dfrac{3}{4\sqrt[4]{x}}$

(2) $y=x\sqrt{x}=x^{\frac{3}{2}}$ より，　$y'=(x^{\frac{3}{2}})'=\dfrac{3}{2}\cdot x^{\frac{3}{2}-1}=\dfrac{3}{2}x^{\frac{1}{2}}=\dfrac{3}{2}\sqrt{x}$

(3) $y=\dfrac{1}{\sqrt{x}}=\dfrac{1}{x^{\frac{1}{2}}}=x^{-\frac{1}{2}}$ より，

$$y'=(x^{-\frac{1}{2}})'=-\frac{1}{2}\cdot x^{-\frac{1}{2}-1}$$

$$=-\frac{1}{2}x^{-\frac{3}{2}}=-\frac{1}{2\sqrt{x^3}}=-\frac{1}{2x\sqrt{x}}$$

問 12 次の関数を微分せよ。

教科書 p.77

(1) $y=\sqrt{x^2-4}$　(2) $y=\sqrt[3]{3x^2+5}$

ガイド 合成関数の微分法と $(x^r)'=rx^{r-1}$（r は有理数）を利用する。

解答 (1) $y'=\{(x^2-4)^{\frac{1}{2}}\}'=\dfrac{1}{2}(x^2-4)^{\frac{1}{2}-1}\cdot(x^2-4)'$

$$=\frac{1}{2}(x^2-4)^{-\frac{1}{2}}\cdot 2x=\frac{x}{\sqrt{x^2-4}}$$

(2) $y'=\{(3x^2+5)^{\frac{1}{3}}\}'=\dfrac{1}{3}(3x^2+5)^{\frac{1}{3}-1}\cdot(3x^2+5)'$

$$=\frac{1}{3}(3x^2+5)^{-\frac{2}{3}}\cdot 6x=\frac{2x}{\sqrt[3]{(3x^2+5)^2}}$$

問 13 次の方程式が定める x の関数 y について，$\dfrac{dy}{dx}$ を求めよ。

教科書 p.78

(1) $y^2=4x$　(2) $\dfrac{x^2}{9}+\dfrac{y^2}{4}=1$

ガイド 曲線の方程式の両辺を x で微分する。

$\dfrac{d}{dx}y^2=\dfrac{d}{dy}y^2\cdot\dfrac{dy}{dx}=2y\cdot\dfrac{dy}{dx}$ である。

解答 (1) $y^2=4x$ の両辺を x で微分すると，　$\dfrac{d}{dx}y^2=\dfrac{d}{dx}(4x)$

$\dfrac{d}{dy}y^2\cdot\dfrac{dy}{dx}=4$ より，　$2y\cdot\dfrac{dy}{dx}=4$

よって，$y\neq0$ のとき，　$\boldsymbol{\dfrac{dy}{dx}=\dfrac{2}{y}}$

(2) $\dfrac{x^2}{9}+\dfrac{y^2}{4}=1$ の両辺を x で微分すると，

$$\frac{d}{dx}\left(\frac{x^2}{9}\right)+\frac{d}{dx}\left(\frac{y^2}{4}\right)=0$$

$\dfrac{2}{9}x+\dfrac{d}{dy}\left(\dfrac{y^2}{4}\right)\cdot\dfrac{dy}{dx}=0$ より，　$\dfrac{2}{9}x+\dfrac{y}{2}\cdot\dfrac{dy}{dx}=0$

よって，$y\neq0$ のとき，　$\boldsymbol{\dfrac{dy}{dx}=-\dfrac{4x}{9y}}$

⚠注意 最後に両辺を y で割ることになるから，$y\neq0$ のときを考えることに注意が必要である。

問 14 次の関数を，逆関数の微分法の公式を利用して微分せよ。

教科書 p.79

(1) $y=\sqrt{x}$　　　(2) $y=x^{\frac{1}{3}}$

ガイド 一般に，微分可能な関数 $f(x)$ が逆関数 $f^{-1}(x)$ をもつとき，$y=f^{-1}(x)$ とおくと，　$x=f(y)$

この式の両辺を x で微分すると，　$1=\dfrac{d}{dx}f(y)$

すなわち，　$1=\dfrac{d}{dy}f(y)\cdot\dfrac{dy}{dx}$　　よって，　$1=\dfrac{dx}{dy}\cdot\dfrac{dy}{dx}$

$\dfrac{dx}{dy}\neq0$ のとき，次の公式が得られる。

ここがポイント **[逆関数の微分法]**

$$\boldsymbol{\frac{dy}{dx}=\frac{1}{\dfrac{dx}{dy}}}$$

解答 (1) $y=\sqrt{x}$ より，$x=y^2$　　y で微分すると，$\dfrac{dx}{dy}=2y$

よって，$\dfrac{dy}{dx}=\dfrac{1}{\dfrac{dx}{dy}}=\dfrac{1}{2y}=\boldsymbol{\dfrac{1}{2\sqrt{x}}}$

(2) $y=x^{\frac{1}{3}}$ より，$x=y^3$　　y で微分すると，$\dfrac{dx}{dy}=3y^2$

よって，$\dfrac{dy}{dx}=\dfrac{1}{\dfrac{dx}{dy}}=\dfrac{1}{3y^2}=\boldsymbol{\dfrac{1}{3\sqrt[3]{x^2}}}$

☑問 15　次の媒介変数表示をもつ曲線を求めよ。

教科書 p.80

(1) $\begin{cases} x=2t \\ y=4t^2+t \end{cases}$　　(2) $\begin{cases} x=\sqrt{t}-1 \\ y=-3t \end{cases}$

ガイド 曲線 C 上の点 $\mathrm{P}(x,\ y)$ が，1つの変数，たとえば t によって，

$$x=f(t),\qquad y=g(t)$$

の形に表されるとき，これを曲線 C の**媒介変数表示**またはパラメータ表示といい，t を**媒介変数**またはパラメータという。媒介変数を消去することにより，曲線の方程式を求めることができる。

解答 (1) $t=\dfrac{x}{2}$ であるから，変数 t を消去すると，

$$y=4\left(\frac{x}{2}\right)^2+\frac{x}{2}=x^2+\frac{x}{2}$$

t が実数全体を動くとき，x も実数全体を動くから，求める曲線は，**放物線** $\boldsymbol{y=x^2+\dfrac{x}{2}}$ である。

(2) $\sqrt{t}=x+1$ であるから，変数 t を消去すると，

$$y=-3(x+1)^2$$

$x+1=\sqrt{t}\geqq 0$ より，$x\geqq -1$ であるから，求める曲線は，**放物線の一部** $\boldsymbol{y=-3(x+1)^2\ (x\geqq -1)}$ である。

☑問 16　円 $x^2+y^2=25$ の媒介変数表示を求めよ。

教科書 p.80

ガイド　点 $\mathrm{P}(x,\ y)$ が円 $x^2+y^2=a^2$ の円周上を動くとき，x 軸の正の部分を始線とする動径 OP の表す一般角を θ とすると，x，y は次のように表される。

$$\boldsymbol{x=a\cos\theta,\quad y=a\sin\theta}$$

解答　$\boldsymbol{x=5\cos\theta,\ y=5\sin\theta}$

注意　曲線 C の媒介変数による表示の仕方は１通りではない。

問 17　x の関数 y が，媒介変数 t によって，次の式で表されるとき，導関数 $\dfrac{dy}{dx}$ を t の式で表せ。

教科書 p.81

(1)　$\begin{cases} x=2t^2 \\ y=3t \end{cases}$ $(t\geqq 0)$　　　(2)　$\begin{cases} x=\sqrt{t} \\ y=t+3 \end{cases}$

ガイド

ここがポイント　［媒介変数表示された関数の導関数］

$\begin{cases} x=f(t) \\ y=g(t) \end{cases}$ のとき，$\boldsymbol{\dfrac{dy}{dx}=\dfrac{\frac{dy}{dt}}{\frac{dx}{dt}}=\dfrac{g'(t)}{f'(t)}}$

解答　(1)　$\dfrac{dx}{dt}=4t$，$\dfrac{dy}{dt}=3$ であるから，

$t\neq 0$ のとき，

$$\boldsymbol{\frac{dy}{dx}}=\frac{\frac{dy}{dt}}{\frac{dx}{dt}}=\boldsymbol{\frac{3}{4t}}$$

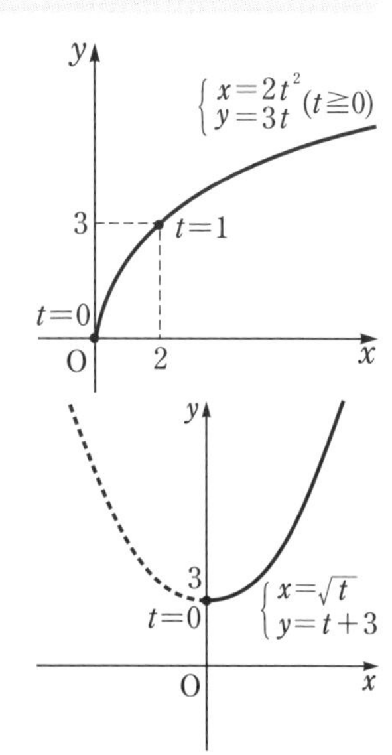

(2)　$t\neq 0$ のとき，$\dfrac{dx}{dt}=\dfrac{1}{2\sqrt{t}}$，$\dfrac{dy}{dt}=1$

であるから，

$$\boldsymbol{\frac{dy}{dx}}=\frac{\frac{dy}{dt}}{\frac{dx}{dt}}=\frac{1}{\frac{1}{2\sqrt{t}}}=\boldsymbol{2\sqrt{t}}$$

節末問題　第1節　微分と導関数

1 教科書 p.82

関数 $f(x)=|x(x-1)^2|$ について，x が次の値で微分可能かどうか調べよ。

(1)　$x=0$　　(2)　$x=1$

ガイド　$x=a$ のとき微分可能かどうかは $\displaystyle\lim_{h\to+0}\frac{f(a+h)-f(a)}{h}$ と $\displaystyle\lim_{h\to-0}\frac{f(a+h)-f(a)}{h}$ を調べて判断する。

解答　(1)

$$\lim_{h\to+0}\frac{f(0+h)-f(0)}{h}=\lim_{h\to+0}\frac{|h(h-1)^2|-|0|}{h}=\lim_{h\to+0}\frac{|h(h-1)^2|}{h}$$
$$=\lim_{h\to+0}\frac{h(h-1)^2}{h}=\lim_{h\to+0}(h-1)^2=1$$

$$\lim_{h\to-0}\frac{f(0+h)-f(0)}{h}=\lim_{h\to-0}\frac{|h(h-1)^2|-|0|}{h}=\lim_{h\to-0}\frac{|h(h-1)^2|}{h}$$
$$=\lim_{h\to-0}\frac{-h(h-1)^2}{h}=\lim_{h\to-0}\{-(h-1)^2\}$$
$$=-1$$

となるから，$\displaystyle\lim_{h\to0}\frac{f(0+h)-f(0)}{h}$ は存在しない。

よって，$f(x)=|x(x-1)^2|$ は $x=0$ で**微分可能でない。**

(2)

$$\lim_{h\to+0}\frac{f(1+h)-f(1)}{h}=\lim_{h\to+0}\frac{|(1+h)h^2|-|0|}{h}=\lim_{h\to+0}\frac{|(1+h)h^2|}{h}$$
$$=\lim_{h\to+0}\frac{(1+h)h^2}{h}=\lim_{h\to+0}(1+h)h=0$$

$$\lim_{h\to-0}\frac{f(1+h)-f(1)}{h}=\lim_{h\to-0}\frac{|(1+h)h^2|-|0|}{h}=\lim_{h\to-0}\frac{|(1+h)h^2|}{h}$$
$$=\lim_{h\to-0}\frac{(1+h)h^2}{h}=\lim_{h\to-0}(1+h)h=0$$

となるから，$\displaystyle\lim_{h\to0}\frac{f(1+h)-f(1)}{h}$ すなわち $f'(1)$ は存在する。

よって，$f(x)=|x(x-1)^2|$ は $x=1$ で**微分可能である。**

2 次の関数を微分せよ。

教科書 p.82

(1) $y=(x+2)(2x-3)^4$

(2) $y=\dfrac{x^2-1}{x^2+1}$

(3) $y=\sqrt[3]{x^2-x+3}$

(4) $y=\dfrac{1}{\sqrt[4]{3x+1}}$

(5) $y=x\sqrt{x+1}$

(6) $y=\sqrt{\dfrac{x-1}{x+1}}$

ガイド (6) $y'=\dfrac{1}{2}\left(\dfrac{x-1}{x+1}\right)^{-\frac{1}{2}}\cdot\dfrac{(x+1)-(x-1)}{(x+1)^2}$ となる。

解答 (1)
$$\boldsymbol{y'}=\{(x+2)(2x-3)^4\}'=(x+2)'(2x-3)^4+(x+2)\{(2x-3)^4\}'$$
$$=1\cdot(2x-3)^4+(x+2)\cdot4(2x-3)^3\cdot(2x-3)'$$
$$=(2x-3)^4+8(x+2)(2x-3)^3=\boldsymbol{(2x-3)^3(10x+13)}$$

(2)
$$\boldsymbol{y'}=\left(\frac{x^2-1}{x^2+1}\right)'=\frac{(x^2-1)'(x^2+1)-(x^2-1)(x^2+1)'}{(x^2+1)^2}$$
$$=\frac{2x(x^2+1)-(x^2-1)\cdot2x}{(x^2+1)^2}=\boldsymbol{\frac{4x}{(x^2+1)^2}}$$

(3)
$$\boldsymbol{y'}=\{\sqrt[3]{x^2-x+3}\}'=\{(x^2-x+3)^{\frac{1}{3}}\}'$$
$$=\frac{1}{3}(x^2-x+3)^{-\frac{2}{3}}\cdot(x^2-x+3)'=\frac{1}{3}(x^2-x+3)^{-\frac{2}{3}}\cdot(2x-1)$$
$$=\boldsymbol{\frac{2x-1}{3\sqrt[3]{(x^2-x+3)^2}}}$$

(4)
$$\boldsymbol{y'}=\left(\frac{1}{\sqrt[4]{3x+1}}\right)'=\{(3x+1)^{-\frac{1}{4}}\}'=-\frac{1}{4}(3x+1)^{-\frac{5}{4}}\cdot(3x+1)'$$
$$=-\frac{3}{4}(3x+1)^{-\frac{5}{4}}=\boldsymbol{-\frac{3}{4(3x+1)\sqrt[4]{3x+1}}}$$

(5)
$$\boldsymbol{y'}=(x\sqrt{x+1})'=(x)'\sqrt{x+1}+x(\sqrt{x+1})'$$
$$=\sqrt{x+1}+x\{(x+1)^{\frac{1}{2}}\}'=\sqrt{x+1}+x\cdot\frac{1}{2}(x+1)^{-\frac{1}{2}}\cdot(x+1)'$$
$$=\sqrt{x+1}+\frac{x}{2\sqrt{x+1}}=\boldsymbol{\frac{3x+2}{2\sqrt{x+1}}}$$

(6)
$$\boldsymbol{y'}=\left(\sqrt{\frac{x-1}{x+1}}\right)'=\left\{\left(\frac{x-1}{x+1}\right)^{\frac{1}{2}}\right\}'=\frac{1}{2}\left(\frac{x-1}{x+1}\right)^{-\frac{1}{2}}\cdot\left(\frac{x-1}{x+1}\right)'$$
$$=\frac{1}{2}\left(\frac{x-1}{x+1}\right)^{-\frac{1}{2}}\cdot\frac{(x-1)'(x+1)-(x-1)(x+1)'}{(x+1)^2}$$

$$=\frac{1}{2}\left(\frac{x-1}{x+1}\right)^{-\frac{1}{2}}\cdot\frac{(x+1)-(x-1)}{(x+1)^2}=\left(\frac{x+1}{x-1}\right)^{\frac{1}{2}}\cdot\frac{1}{(x+1)^2}$$

$$=\boldsymbol{\frac{1}{(x+1)\sqrt{(x-1)(x+1)}}}$$

☐ **3** 教科書 p.82

3つの関数 $f(x)$, $g(x)$, $h(x)$ がいずれも微分可能であるとき，関数 $y=f(x)g(x)h(x)$ の導関数は，次のようになることを示せ。

$$y'=f'(x)g(x)h(x)+f(x)g'(x)h(x)+f(x)g(x)h'(x)$$

また，これを用いて，関数 $y=(x+1)(x+2)(x+3)$ を微分せよ。

ガイド 公式の証明は，

$$\{f(x)g(x)h(x)\}'=\{f(x)(g(x)h(x))\}'$$

と考えて，積の導関数の公式を 2 回利用する。

解答 まず，公式の証明をする。

$$\begin{aligned}y'&=\{f(x)g(x)h(x)\}'\\&=\{f(x)(g(x)h(x))\}'\\&=f'(x)(g(x)h(x))+f(x)\{g(x)h(x)\}'\\&=f'(x)g(x)h(x)+f(x)\{g'(x)h(x)+g(x)h'(x)\}\\&=f'(x)g(x)h(x)+f(x)g'(x)h(x)+f(x)g(x)h'(x)\end{aligned}$$

この公式から，

$$\begin{aligned}\boldsymbol{y'}&=\{(x+1)(x+2)(x+3)\}'\\&=(x+1)'(x+2)(x+3)+(x+1)(x+2)'(x+3)\\&\qquad+(x+1)(x+2)(x+3)'\\&=(x+2)(x+3)+(x+1)(x+3)+(x+1)(x+2)\\&=\boldsymbol{3x^2+12x+11}\end{aligned}$$

☐ **4** 教科書 p.82

n を自然数とすると，$x\neq1$ のとき，

$1+x+x^2+\cdots\cdots+x^n=\dfrac{x^{n+1}-1}{x-1}$ である。この両辺を x で微分することによって，$x\neq1$ のとき，次の和を求めよ。

$$1+2x+3x^2+\cdots\cdots+nx^{n-1}$$

ガイド $1+x+x^2+x^3+\cdots\cdots+x^n$ を x で微分すると，

$1+2x+3x^2+\cdots\cdots+nx^{n-1}$ となり，それは $\dfrac{x^{n+1}-1}{x-1}$ を x で微分したものに等しい。

解答 与えられた等式の左辺を x で微分すると，

$$(1+x+x^2+x^3+\cdots\cdots+x^n)'=1+2x+3x^2+\cdots\cdots+nx^{n-1}$$

右辺を x で微分すると，

$$\left(\frac{x^{n+1}-1}{x-1}\right)'=\frac{(x^{n+1}-1)'(x-1)-(x^{n+1}-1)(x-1)'}{(x-1)^2}$$

$$=\frac{(n+1)x^n\cdot(x-1)-(x^{n+1}-1)\cdot 1}{(x-1)^2}$$

$$=\frac{(n+1)x^{n+1}-(n+1)x^n-x^{n+1}+1}{(x-1)^2}$$

$$=\frac{nx^{n+1}-(n+1)x^n+1}{(x-1)^2}$$

よって，　$1+2x+3x^2+\cdots\cdots+nx^{n-1}=\boldsymbol{\dfrac{nx^{n+1}-(n+1)x^n+1}{(x-1)^2}}$

5 教科書 p.82

次の方程式が定める x の関数 y について，$\dfrac{dy}{dx}$ を求めよ。

(1) $\dfrac{x^2}{2}+y^2=1$　　(2) $\dfrac{x^2}{9}-\dfrac{y^2}{3}=1$

ガイド 曲線の方程式の両辺を x で微分する。

解答 (1) $\dfrac{x^2}{2}+y^2=1$ の両辺を x で微分すると，

$$x+2y\frac{dy}{dx}=0$$

よって，$y\neq 0$ のとき，$\boldsymbol{\dfrac{dy}{dx}=-\dfrac{x}{2y}}$

(2) $\dfrac{x^2}{9}-\dfrac{y^2}{3}=1$ の両辺を x で微分すると，

$$\frac{2x}{9}-\frac{2y}{3}\cdot\frac{dy}{dx}=0$$

よって，$y\neq 0$ のとき，$\boldsymbol{\dfrac{dy}{dx}=\dfrac{x}{3y}}$

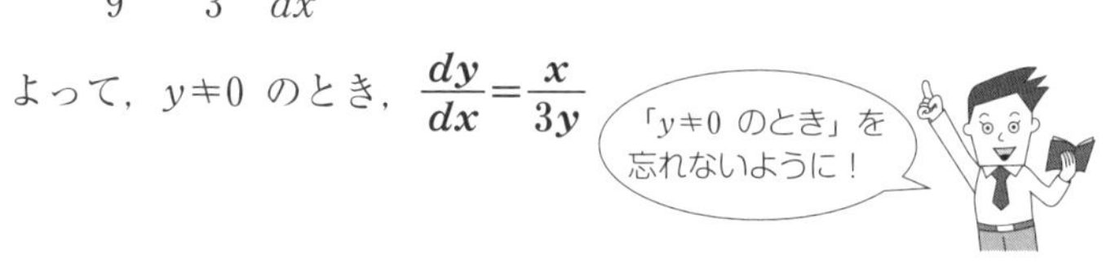

6　教科書 p.82

x の関数 y が，媒介変数 t によって，$x=\dfrac{1-t^2}{1+t^2}$，$y=\dfrac{2t}{1+t^2}$ $(t\geqq 0)$ と表されるとき，導関数 $\dfrac{dy}{dx}$ を t の式で表せ。

ガイド　$\dfrac{dy}{dx}$ の分母が0になる t の値を除くことを忘れないようにする。

解答

$$\frac{dx}{dt}=\left(\frac{1-t^2}{1+t^2}\right)'=\frac{(1-t^2)'(1+t^2)-(1-t^2)(1+t^2)'}{(1+t^2)^2}$$

$$=\frac{-2t(1+t^2)-(1-t^2)\cdot 2t}{(1+t^2)^2}=-\frac{4t}{(1+t^2)^2}$$

$$\frac{dy}{dt}=\left(\frac{2t}{1+t^2}\right)'=\frac{(2t)'(1+t^2)-2t(1+t^2)'}{(1+t^2)^2}$$

$$=\frac{2(1+t^2)-2t\cdot 2t}{(1+t^2)^2}=-\frac{2t^2-2}{(1+t^2)^2}$$

であるから，$t\neq 0$ のとき，

$$\boldsymbol{\frac{dy}{dx}}=\frac{\frac{dy}{dt}}{\frac{dx}{dt}}=\frac{-\frac{2t^2-2}{(1+t^2)^2}}{-\frac{4t}{(1+t^2)^2}}=\boldsymbol{\frac{t^2-1}{2t}}$$

1つ1つ着実に
計算していこう。

第2節　いろいろな関数の導関数

1　三角関数の導関数

問 18　次の関数を微分せよ。

教科書 p.84

(1) $y=\cos(3x-1)$　　(2) $y=\tan(x^2+3x)$

(3) $y=\sin^2 x$　　(4) $y=\dfrac{1}{\sin x}$

(5) $y=\sin x\cos x$　　(6) $y=x^2\cos x$

ガイド

ここがポイント [三角関数の導関数]

$$(\sin x)'=\cos x \qquad (\cos x)'=-\sin x \qquad (\tan x)'=\frac{1}{\cos^2 x}$$

合成関数の微分法の公式，積の導関数の公式を利用する。

解答

(1) $y'=\{\cos(3x-1)\}'=-\sin(3x-1)\cdot(3x-1)'=\mathbf{-3\sin(3x-1)}$

(2) $y'=\{\tan(x^2+3x)\}'=\dfrac{(x^2+3x)'}{\cos^2(x^2+3x)}=\mathbf{\dfrac{2x+3}{\cos^2(x^2+3x)}}$

(3) $y'=(\sin^2 x)'=2\sin x\cdot(\sin x)'=\mathbf{2\sin x\cos x}\ (=\mathbf{\sin 2x})$

(4) $y'=\left(\dfrac{1}{\sin x}\right)'=-\dfrac{(\sin x)'}{\sin^2 x}=\mathbf{-\dfrac{\cos x}{\sin^2 x}}$

(5) $y'=(\sin x\cos x)'=(\sin x)'\cos x+\sin x(\cos x)'$
$=\mathbf{\cos^2 x-\sin^2 x}\ (=\mathbf{\cos 2x})$

(6) $y'=(x^2\cos x)'=(x^2)'\cos x+x^2(\cos x)'=\mathbf{2x\cos x-x^2\sin x}$

問 19　次の等式が成り立つことを示せ。

教科書 p.84

$$\left(\frac{1}{\tan x}\right)'=-\frac{1}{\sin^2 x}$$

ガイド　$\dfrac{1}{\tan x}=\dfrac{\cos x}{\sin x}$ として，商の導関数の公式を利用する。

解答

$$\left(\frac{1}{\tan x}\right)'=\left(\frac{\cos x}{\sin x}\right)'=\frac{(\cos x)'\sin x-\cos x(\sin x)'}{\sin^2 x}$$

$$=\frac{-\sin^2 x-\cos^2 x}{\sin^2 x}=-\frac{\sin^2 x+\cos^2 x}{\sin^2 x}=-\frac{1}{\sin^2 x}$$

2 対数関数・指数関数の導関数

☑問 20 次の関数を微分せよ。

教科書 p.86

(1) $y=\log(4x-3)$ (2) $y=\log_5(x^2+1)$

(3) $y=\dfrac{\log x}{x^2}$ (4) $y=(\log x)^3$

ガイド

ここがポイント

$$e=\lim_{h\to 0}(1+h)^{\frac{1}{h}}$$

e は無理数で，その値は，2.718281828459045…… である。

e を底とする対数 $\log_e x$ を，x の**自然対数**という。自然対数 $\log_e x$ は，底の e を省略して $\log x$ と書くことが多い。

ここがポイント **[対数関数の導関数]**

$$(\log x)'=\frac{1}{x} \qquad (\log_a x)'=\frac{1}{x\log a}$$

解答

(1) $y'=\{\log(4x-3)\}'=\dfrac{1}{4x-3}\cdot(4x-3)'=\boldsymbol{\dfrac{4}{4x-3}}$

(2) $y'=\{\log_5(x^2+1)\}'=\dfrac{1}{(x^2+1)\log 5}\cdot(x^2+1)'=\boldsymbol{\dfrac{2x}{(x^2+1)\log 5}}$

(3) $y'=\dfrac{\dfrac{1}{x}\cdot x^2-\log x\cdot 2x}{x^4}=\dfrac{x-2x\log x}{x^4}=\boldsymbol{\dfrac{1-2\log x}{x^3}}$

(4) $y'=3(\log x)^2\cdot(\log x)'=\boldsymbol{\dfrac{3(\log x)^2}{x}}$

⚠注意 対数関数の底 a が e でない場合，$\log a$ を忘れないように注意する。

☑問 21 次の公式を示せ。ただし，$a>0$，$a\neq 1$ とする。

教科書 p.87

$$(\log_a|x|)'=\frac{1}{x\log a}$$

ガイド

ここがポイント **[絶対値を含む対数関数の導関数]**

$$(\log|x|)'=\frac{1}{x}$$

底の変換公式を利用して底を e に変換してから，絶対値を含む対数関数の導関数の公式を利用する。

解答 左辺$=\left(\dfrac{\log|x|}{\log a}\right)'=\left(\dfrac{1}{\log a}\cdot\log|x|\right)'=\dfrac{1}{\log a}\cdot\dfrac{1}{x}=$右辺

よって，$(\log_a|x|)'=\dfrac{1}{x\log a}$

問22 次の関数を微分せよ。

教科書 p.87

(1) $y=\log|4x+1|$　(2) $y=\log|\sin x|$　(3) $y=\log_3|x^2-1|$

ガイド 一般に，関数 $f(x)$ について次の公式が成り立つ。

$$\{\log|f(x)|\}'=\frac{f'(x)}{f(x)}$$

解答 (1) $y'=(\log|4x+1|)'=\dfrac{(4x+1)'}{4x+1}=\dfrac{4}{4x+1}$

(2) $y'=\dfrac{(\sin x)'}{\sin x}=\dfrac{\cos x}{\sin x}$

(3) $y'=\dfrac{(x^2-1)'}{(x^2-1)\log 3}=\dfrac{2x}{(x^2-1)\log 3}$

問23 次の関数を微分せよ。

教科書 p.88

(1) $y=e^{x^2}+3$　(2) $y=3^{2x+1}$

(3) $y=x^2e^x$　(4) $y=\dfrac{\sin x}{e^x}$

ガイド

ここがポイント **[指数関数の導関数]**

$$(e^x)'=e^x \qquad (a^x)'=a^x\log a$$

解答 (1) $y'=e^{x^2}\cdot(x^2)'=2xe^{x^2}$

(2) $y'=3^{2x+1}\log 3\cdot(2x+1)'=2\cdot 3^{2x+1}\log 3$

(3) $y'=2x\cdot e^x+x^2\cdot e^x=(2+x)xe^x$

(4) $y'=\dfrac{(\sin x)'\cdot e^x-\sin x\cdot(e^x)'}{e^{2x}}=\dfrac{e^x(\cos x-\sin x)}{e^{2x}}$

$=\dfrac{\cos x-\sin x}{e^x}$

3 高次導関数

問 24 次の関数の第1次から第3次までの導関数をすべて求めよ。

教科書 p.89

(1) $y=\dfrac{1}{x}$　(2) $y=\sin x$　(3) $y=\cos 2x$　(4) $y=e^{-3x}$

ガイド 関数 $y=f(x)$ において，その導関数 $f'(x)$ が微分可能であるとき，$f'(x)$ をさらに微分して得られる導関数を，$y=f(x)$ の**第2次導関数**といい，y''，$f''(x)$，$\dfrac{d^2y}{dx^2}$，$\dfrac{d^2}{dx^2}f(x)$ などの記号で表す。

同様に，$f''(x)$ をさらに微分して得られる導関数を，$y=f(x)$ の**第3次導関数**といい，y'''，$f'''(x)$，$\dfrac{d^3y}{dx^3}$，$\dfrac{d^3}{dx^3}f(x)$ などの記号で表す。

解答 (1) $y'=\left(\dfrac{1}{x}\right)'=(x^{-1})'=-x^{-2}=-\dfrac{1}{x^2}$

$y''=\left(-\dfrac{1}{x^2}\right)'=(-x^{-2})'=2x^{-3}=\dfrac{2}{x^3}$

$y'''=\left(\dfrac{2}{x^3}\right)'=(2x^{-3})'=-6x^{-4}=-\dfrac{6}{x^4}$

(2) $y'=(\sin x)'=\cos x$

$y''=(\cos x)'=-\sin x$

$y'''=(-\sin x)'=-\cos x$

(3) $y'=(\cos 2x)'=-\sin 2x\cdot(2x)'=-2\sin 2x$

$y''=(-2\sin 2x)'=-2\cos 2x\cdot(2x)'=-4\cos 2x$

$y'''=(-4\cos 2x)'=-4(-\sin 2x)\cdot(2x)'=8\sin 2x$

(4) $y'=(e^{-3x})'=e^{-3x}\cdot(-3x)'=-3e^{-3x}$

$y''=(-3e^{-3x})'=-3e^{-3x}\cdot(-3x)'=9e^{-3x}$

$y'''=(9e^{-3x})'=9e^{-3x}\cdot(-3x)'=-27e^{-3x}$

問 25 関数 $y=3^x$ の第 n 次導関数を求めよ。

教科書 p.89

ガイド 一般に，関数 $y=f(x)$ を n 回微分して得られる関数を，$y=f(x)$ の**第 n 次導関数**といい，$y^{(n)}$，$f^{(n)}(x)$，$\dfrac{d^ny}{dx^n}$，$\dfrac{d^n}{dx^n}f(x)$ などの記号で表す。$y^{(1)}$，$y^{(2)}$，$y^{(3)}$ は，それぞれ y'，y''，y''' を表す。

また，第２次以上の導関数を**高次導関数**という。

解答
$$y'=(3^x)'=3^x\log 3$$
$$y''=(3^x\log 3)'=3^x(\log 3)^2$$
$$y'''=\{3^x(\log 3)^2\}'=3^x(\log 3)^3$$
であるから，同様にして，第 n 次導関数は，$\boldsymbol{y^{(n)}=3^x(\log 3)^n}$ となる。

節末問題　第２節　いろいろな関数の導関数

1　教科書 p.90

次の関数を微分せよ。

(1)　$y=\tan(2x+1)$　　(2)　$y=\sin^2 x+2\cos^2 x$

(3)　$y=e^x\log x$　　(4)　$y=\dfrac{2-\sin x}{2+\sin x}$

(5)　$y=\dfrac{e^x-e^{-x}}{e^x+e^{-x}}$　　(6)　$y=\log\left|\dfrac{x-2}{x+2}\right|$

ガイド　(1)，(2)　合成関数の微分法を利用する。

(3)　積の導関数の公式を利用する。

(4)，(5)　商の導関数の公式を利用する。

(6)　$y=\log|x-2|-\log|x+2|$ としてから微分する。

解答　(1)　$y'=\{\tan(2x+1)\}'=\dfrac{1}{\cos^2(2x+1)}\cdot(2x+1)'=\boldsymbol{\dfrac{2}{\cos^2(2x+1)}}$

(2)　$y'=(\sin^2 x+2\cos^2 x)'=2\sin x\cdot(\sin x)'+2\cdot 2\cos x\cdot(\cos x)'$
$$=2\sin x\cos x-4\sin x\cos x=\boldsymbol{-2\sin x\cos x}$$

(3)　$y'=(e^x\log x)'=(e^x)'\log x+e^x(\log x)'$
$$=e^x\cdot\log x+e^x\cdot\frac{1}{x}=\boldsymbol{\left(\log x+\frac{1}{x}\right)e^x}$$

(4)　$y'=\left(\dfrac{2-\sin x}{2+\sin x}\right)'$
$$=\frac{(2-\sin x)'(2+\sin x)-(2-\sin x)(2+\sin x)'}{(2+\sin x)^2}$$
$$=\frac{-\cos x(2+\sin x)-(2-\sin x)\cos x}{(2+\sin x)^2}=\boldsymbol{-\frac{4\cos x}{(2+\sin x)^2}}$$

(5)　$y'=\left(\dfrac{e^x-e^{-x}}{e^x+e^{-x}}\right)'=\dfrac{(e^x-e^{-x})'(e^x+e^{-x})-(e^x-e^{-x})(e^x+e^{-x})'}{(e^x+e^{-x})^2}$

$$=\frac{(e^x+e^{-x})(e^x+e^{-x})-(e^x-e^{-x})(e^x-e^{-x})}{(e^x+e^{-x})^2}$$

$$=\frac{(e^x+e^{-x})^2-(e^x-e^{-x})^2}{(e^x+e^{-x})^2}=\boldsymbol{\frac{4}{(e^x+e^{-x})^2}}$$

(6)　$y=\log\left|\frac{x-2}{x+2}\right|=\log|x-2|-\log|x+2|$ であるから，

$$\boldsymbol{y'}=(\log|x-2|-\log|x+2|)'$$

$$=\frac{(x-2)'}{x-2}-\frac{(x+2)'}{x+2}$$

$$=\frac{1}{x-2}-\frac{1}{x+2}=\boldsymbol{\frac{4}{(x-2)(x+2)}}$$

2　教科書 p.90

a を定数とするとき，次のことを示せ。

$$\frac{d}{dx}\log(x+\sqrt{x^2+a})=\frac{1}{\sqrt{x^2+a}}$$

ガイド　$\{\log f(x)\}'=\frac{f'(x)}{f(x)}$ を利用する。

解答　$\frac{d}{dx}\log(x+\sqrt{x^2+a})=\frac{(x+\sqrt{x^2+a})'}{x+\sqrt{x^2+a}}=\frac{1+\frac{2x}{2\sqrt{x^2+a}}}{x+\sqrt{x^2+a}}$

$$=\frac{1+\frac{x}{\sqrt{x^2+a}}}{x+\sqrt{x^2+a}}=\frac{\frac{1}{\sqrt{x^2+a}}(\sqrt{x^2+a}+x)}{x+\sqrt{x^2+a}}$$

$$=\frac{1}{\sqrt{x^2+a}}$$

よって，　$\frac{d}{dx}\log(x+\sqrt{x^2+a})=\frac{1}{\sqrt{x^2+a}}$

3　教科書 p.90

次の関数の第2次導関数を求めよ。

(1)　$y=\frac{x-1}{x+1}$　　(2)　$y=x^2\log x$

ガイド　(1)　$y=1-\frac{2}{x+1}$ と変形してから微分する。

解答 (1) $y=\dfrac{x-1}{x+1}=1-\dfrac{2}{x+1}=1-2(x+1)^{-1}$

より，$y'=2(x+1)^{-2}$

$$\boldsymbol{y''}=-4(x+1)^{-3}=\boldsymbol{-\dfrac{4}{(x+1)^3}}$$

(2) $y'=2x\log x+x$ より，

$\boldsymbol{y''}=2(\log x+1)+1=\boldsymbol{2\log x+3}$

4 教科書 p.90

$y=e^x\sin x$ のとき，次の等式が成り立つことを示せ。

$$y''-2y'+2y=0$$

ガイド y'，y'' を求めて，与えられた等式の左辺に代入する。

解答

$y'=(e^x\sin x)'=(e^x)'\sin x+e^x\cdot(\sin x)'$

$=e^x\sin x+e^x\cos x=e^x(\sin x+\cos x)$

$y''=\{e^x(\sin x+\cos x)\}'$

$=(e^x)'(\sin x+\cos x)+e^x(\sin x+\cos x)'$

$=e^x(\sin x+\cos x)+e^x(\cos x-\sin x)$

$=2e^x\cos x$

したがって，

左辺$=2e^x\cos x-2e^x(\sin x+\cos x)+2e^x\sin x=0$

よって，　$y''-2y'+2y=0$

5 教科書 p.90

関数 $y=xe^x$ の第 n 次導関数を求めよ。

ガイド y'，y''，y''' を順に求め，規則性を見つける。

解答

$y'=(xe^x)'=(x)'e^x+x(e^x)'$

$=1\cdot e^x+xe^x=(x+1)e^x$

$y''=\{(x+1)e^x\}'=(x+1)'e^x+(x+1)\cdot(e^x)'$

$=1\cdot e^x+(x+1)e^x=(x+2)e^x$

$y'''=\{(x+2)e^x\}'=(x+2)'e^x+(x+2)\cdot(e^x)'$

$=1\cdot e^x+(x+2)e^x=(x+3)e^x$

であるから，同様にして，第 n 次導関数は，$\boldsymbol{y^{(n)}=(x+n)e^x}$ となる。

第3節 導関数の応用

1 接線・法線の方程式

問 26 次の曲線上の点Aにおける接線の方程式を求めよ。

教科書 p.91

(1) $y=\log x$, A(1, 0)

(2) $y=\sin x$, $\mathrm{A}\left(\dfrac{\pi}{6}, \dfrac{1}{2}\right)$

(3) $y=e^{2x}$, A(1, e^2)

ガイド

ここがポイント [接線の方程式]

曲線 $y=f(x)$ 上の点 $(a, f(a))$ における接線の方程式は,

$$y-f(a)=f'(a)(x-a)$$

解答 (1) $f(x)=\log x$ とおくと, $f'(x)=\dfrac{1}{x}$

より,

$$f'(1)=\frac{1}{1}=1$$

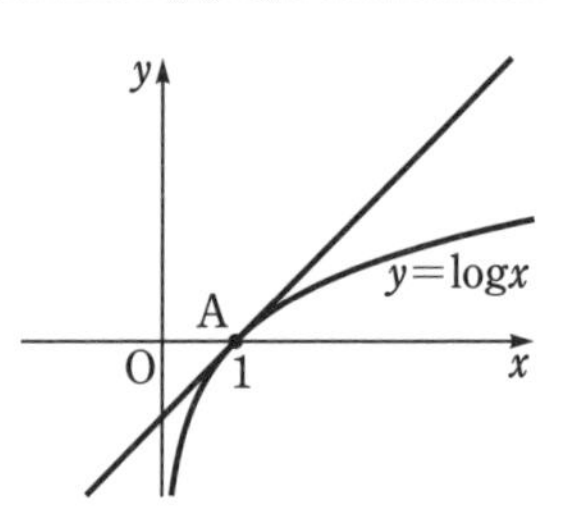

よって, 点A(1, 0)における接線の方程式は, $y-0=1\cdot(x-1)$

すなわち, $\boldsymbol{y=x-1}$

(2) $f(x)=\sin x$ とおくと,

$f'(x)=\cos x$ より,

$$f'\left(\frac{\pi}{6}\right)=\frac{\sqrt{3}}{2}$$

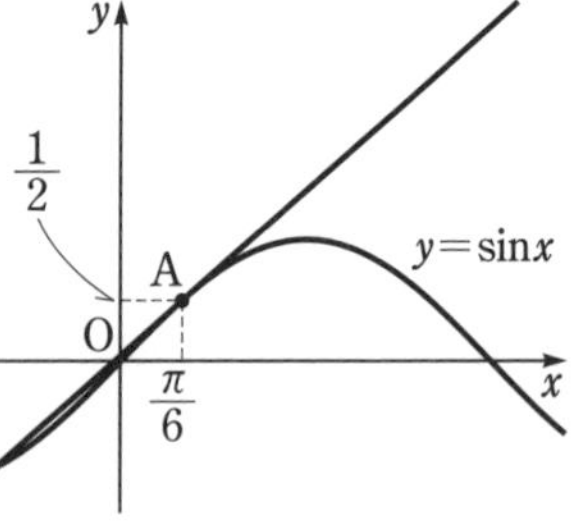

よって, 点$\mathrm{A}\left(\dfrac{\pi}{6}, \dfrac{1}{2}\right)$における接線の方程式は,

$$y-\frac{1}{2}=\frac{\sqrt{3}}{2}\left(x-\frac{\pi}{6}\right)$$

すなわち, $\boldsymbol{y=\dfrac{\sqrt{3}}{2}x-\dfrac{\sqrt{3}}{12}\pi+\dfrac{1}{2}}$

(3)　$f(x)=e^{2x}$ とおくと，$f'(x)=2e^{2x}$ より，

$$f'(1)=2e^2$$

よって，点 $\mathrm{A}(1,\ e^2)$ における接線の方程式は，　$y-e^2=2e^2(x-1)$

すなわち，　$\boldsymbol{y=2e^2x-e^2}$

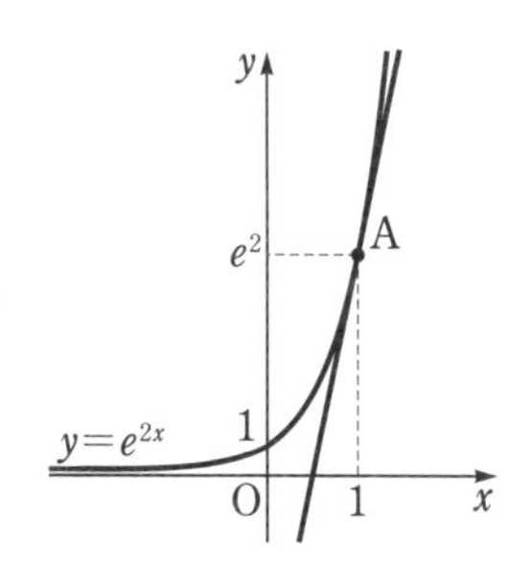

問 27　曲線 $y=e^{3x}$ について，次の接線の方程式を求めよ。

教科書 p.92

(1)　傾きが $3e$ である接線　　(2)　点 $(1,\ 0)$ を通る接線

ガイド　接点の座標を $(a,\ e^{3a})$ として接線の方程式を作り，与えられた条件から a の値を求める。

解答　接点の座標を $(a,\ e^{3a})$ とすると，$y'=3e^{3x}$ であるから，接線の方程式は，

$$y-e^{3a}=3e^{3a}(x-a) \quad \cdots\cdots ①$$

(1)　接線①の傾きが $3e$ であるから，

$3e^{3a}=3e$ より，　$a=\dfrac{1}{3}$

よって，①より，求める接線の方程式は，　$y-e=3e\left(x-\dfrac{1}{3}\right)$

すなわち，　$\boldsymbol{y=3ex}$

(2)　接線①が点 $(1,\ 0)$ を通るから，

$$0-e^{3a}=3e^{3a}(1-a)$$

$e^{3a}\neq 0$ より，$-1=3(1-a)$ であるから，　$a=\dfrac{4}{3}$

よって，①より，求める接線の方程式は，　$y-e^4=3e^4\left(x-\dfrac{4}{3}\right)$

すなわち，　$\boldsymbol{y=3e^4x-3e^4}$

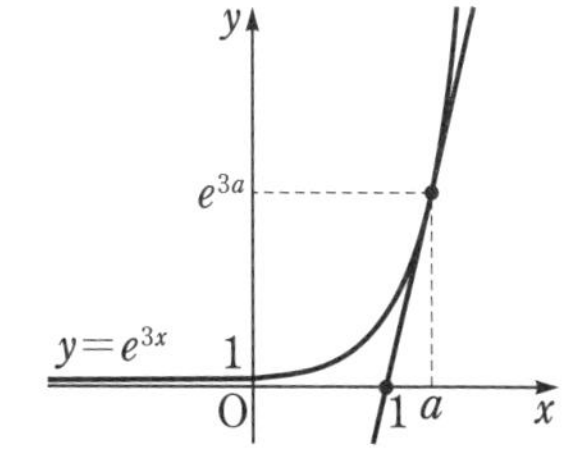

接線の方程式を求めてから，
実際に点 (1，0) を通るか
確かめておくとバッチリだね。

問28 次の曲線上の点Aにおける法線の方程式を求めよ。

教科書 p.93

(1) $y=\dfrac{2}{x}$, A(2, 1)　　(2) $y=\log(3x+4)$, A(−1, 0)

ガイド 曲線上の点Aを通り，その曲線のAにおける接線に直交する直線を，その曲線の点Aにおける**法線**という。

ここがポイント [法線の方程式]
曲線 $y=f(x)$ 上の点 $(a,\ f(a))$ における法線の方程式は，
$f'(a)\neq 0$ のとき，　$\boldsymbol{y-f(a)=-\dfrac{1}{f'(a)}(x-a)}$

$f'(a)=0$ のとき，法線の方程式は，$x=a$ である。

解答 (1) $f(x)=\dfrac{2}{x}$ とおくと，

$f'(x)=-\dfrac{2}{x^2}$ より，$f'(2)=-\dfrac{1}{2}$

よって，点 A(2, 1) における法線の方程式は，　$y-1=2(x-2)$

すなわち，　$\boldsymbol{y=2x-3}$

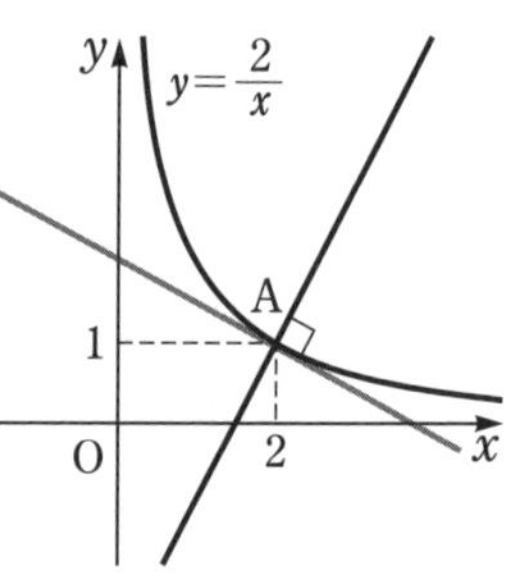

(2) $f(x)=\log(3x+4)$ とおくと，

$f'(x)=\dfrac{3}{3x+4}$ より，　$f'(-1)=3$

よって，点 A(−1, 0) における法線の方程式は，　$y-0=-\dfrac{1}{3}\{x-(-1)\}$

すなわち，　$\boldsymbol{y=-\dfrac{1}{3}x-\dfrac{1}{3}}$

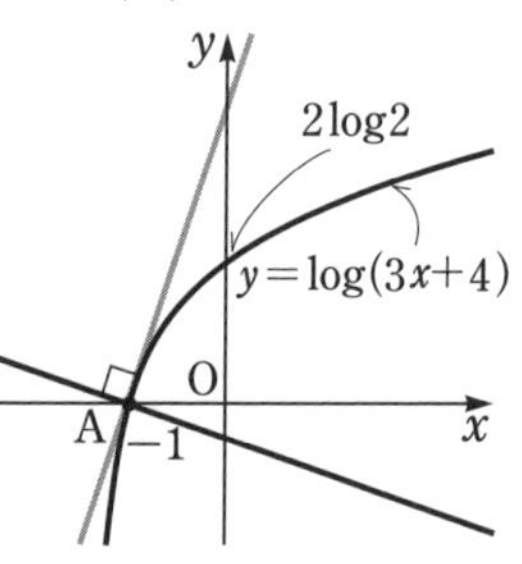

問29 次の曲線上の点Aにおける接線の方程式を求めよ。

教科書 p.94

(1) $2x^2+y^2=4$, A$(1,\ \sqrt{2})$　　(2) $x^2-y^2=1$, A$(-\sqrt{2},\ 1)$

(3) $y^2=4x$, A(1, 2)

ガイド 曲線の方程式から y' を求めて，接線の方程式の公式を利用する。

解答　(1)　両辺を x について微分すると，

$4x+2yy'=0$ より，$y'=-\dfrac{2x}{y}$

したがって，点Aにおける接線の傾きは，

$$-\frac{2\cdot1}{\sqrt{2}}=-\sqrt{2}$$

よって，求める接線の方程式は，

$$y-\sqrt{2}=-\sqrt{2}(x-1)$$

すなわち，

$$\boldsymbol{y=-\sqrt{2}x+2\sqrt{2}}$$

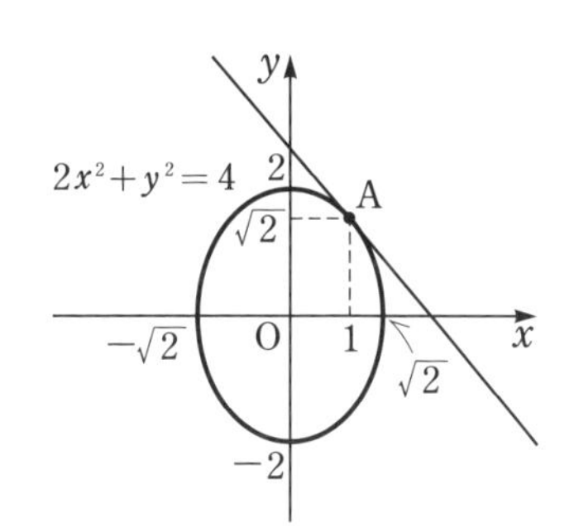

(2)　両辺を x について微分すると，

$2x-2yy'=0$ より，$y'=\dfrac{x}{y}$

したがって，点Aにおける接線の傾きは，

$$\frac{-\sqrt{2}}{1}=-\sqrt{2}$$

よって，求める接線の方程式は，

$$y-1=-\sqrt{2}(x+\sqrt{2})$$

すなわち，

$$\boldsymbol{y=-\sqrt{2}x-1}$$

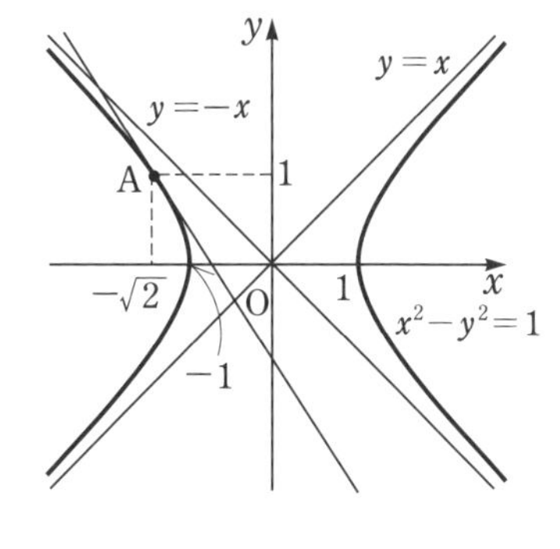

(3)　両辺を x について微分すると，

$2yy'=4$ より，$y'=\dfrac{2}{y}$

したがって，点Aにおける接線の傾きは，

$$\frac{2}{2}=1$$

よって，求める接線の方程式は，

$$y-2=1\cdot(x-1)$$

すなわち，

$$\boldsymbol{y=x+1}$$

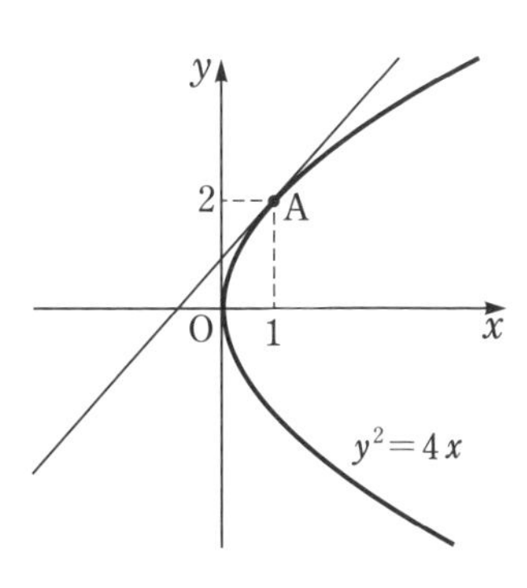

☑問 30 楕円 $\dfrac{x^2}{a^2}+\dfrac{y^2}{b^2}=1$ 上の点 $\mathrm{A}(x_1,\ y_1)$ について，次のことを示せ。

教科書 p.94

(1) $y_1 \neq 0$ のとき，点Aにおける接線の傾きは，　$-\dfrac{b^2x_1}{a^2y_1}$

(2) 点Aにおける接線の方程式は，　$\dfrac{x_1x}{a^2}+\dfrac{y_1y}{b^2}=1$

ガイド (2) $y_1 \neq 0$ のときと $y_1=0$ のときに場合分けする。

解答 (1) 方程式 $\dfrac{x^2}{a^2}+\dfrac{y^2}{b^2}=1$ の両辺を x で微分すると，

$$\frac{2x}{a^2}+\frac{2yy'}{b^2}=0 \qquad y \neq 0 \text{ のとき，} \qquad y'=-\frac{b^2x}{a^2y}$$

よって，$y_1 \neq 0$ のとき，点Aにおける接線の傾きは，

$$-\frac{b^2x_1}{a^2y_1}$$

(2) (i) $y_1 \neq 0$ のとき

点Aにおける接線の方程式は，

$$y-y_1=-\frac{b^2x_1}{a^2y_1}(x-x_1)$$

$$a^2y_1(y-y_1)=-b^2x_1(x-x_1)$$

$$b^2x_1x+a^2y_1y=b^2{x_1}^2+a^2{y_1}^2$$

$$\frac{x_1x}{a^2}+\frac{y_1y}{b^2}=\frac{{x_1}^2}{a^2}+\frac{{y_1}^2}{b^2}$$

点Aは楕円上の点であるから，　$\dfrac{{x_1}^2}{a^2}+\dfrac{{y_1}^2}{b^2}=1$

よって，点Aにおける接線の方程式は，

$$\frac{x_1x}{a^2}+\frac{y_1y}{b^2}=1 \quad \cdots\cdots①$$

(ii) $y_1=0$ のとき

点Aは楕円上の点であるから，　${x_1}^2=a^2$

すなわち，　$x_1=\pm a$

$\mathrm{A}(a,\ 0)$ のとき，接線は $x=a$ であり，これは①を満たす。

$\mathrm{A}(-a,\ 0)$ のとき，接線は $x=-a$ であり，これは①を満たす。

(i), (ii)より，点Aにおける接線の方程式は，　$\dfrac{x_1x}{a^2}+\dfrac{y_1y}{b^2}=1$

問 31 次の媒介変数表示をもつ曲線において，(　)内に示された値に対応する点における接線の方程式を求めよ。

教科書 p.95

(1) $\begin{cases} x=\cos^3\theta \\ y=\sin^3\theta \end{cases}$ $\left(\theta=\dfrac{\pi}{3}\right)$　　(2) $\begin{cases} x=\dfrac{1}{\cos\theta} \\ y=\tan\theta \end{cases}$ $\left(\theta=\dfrac{5}{4}\pi\right)$

ガイド 媒介変数表示された関数の導関数の公式 $\dfrac{dy}{dx}=\dfrac{\dfrac{dy}{d\theta}}{\dfrac{dx}{d\theta}}$ を用いて，接線の傾きを求める。

解答 (1) $\dfrac{dx}{d\theta}=-3\cos^2\theta\sin\theta$, $\dfrac{dy}{d\theta}=3\sin^2\theta\cos\theta$ であるから，

$$\frac{dy}{dx}=\frac{3\sin^2\theta\cos\theta}{-3\cos^2\theta\sin\theta}=-\frac{\sin\theta}{\cos\theta}=-\tan\theta$$

したがって，この曲線上の $\theta=\dfrac{\pi}{3}$ に対応する点 $\left(\dfrac{1}{8},\ \dfrac{3\sqrt{3}}{8}\right)$ における接線の傾きは，　$-\tan\dfrac{\pi}{3}=-\sqrt{3}$

よって，求める接線の方程式は，

$$y-\frac{3\sqrt{3}}{8}=-\sqrt{3}\left(x-\frac{1}{8}\right)$$

すなわち，　$\boldsymbol{y=-\sqrt{3}x+\dfrac{\sqrt{3}}{2}}$

(2) $\dfrac{dx}{d\theta}=\dfrac{\sin\theta}{\cos^2\theta}$, $\dfrac{dy}{d\theta}=\dfrac{1}{\cos^2\theta}$ であるから，

$$\frac{dy}{dx}=\frac{1}{\cos^2\theta}\cdot\frac{\cos^2\theta}{\sin\theta}=\frac{1}{\sin\theta}$$

したがって，この曲線上の $\theta=\dfrac{5}{4}\pi$ に対応する点 $(-\sqrt{2},\ 1)$ における接線の傾きは，　$\dfrac{1}{-\dfrac{1}{\sqrt{2}}}=-\sqrt{2}$

よって，求める接線の方程式は，　$y-1=-\sqrt{2}(x+\sqrt{2})$

すなわち，$\boldsymbol{y=-\sqrt{2}x-1}$

プラスワン (1) 正の定数 a に対して，媒介変数表示

$$\boldsymbol{x=a\cos^3\theta,\ y=a\sin^3\theta}$$

で表される曲線を**アステロイド**または**星芒**(せいぼう)**形**という。

$$x=\cos^3\theta,\ y=\sin^3\theta$$

のグラフは右の図のようになる。

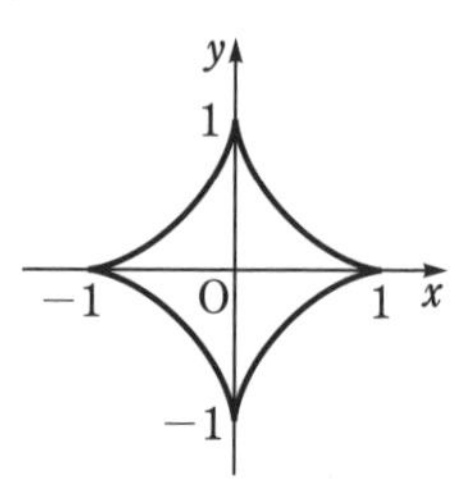

2 平均値の定理

問 32 次の関数と区間において，平均値の定理の式を満たす c の値を求めよ。

教科書 p.97

(1) $f(x)=e^x$ $[0,\ 1]$　　(2) $f(x)=x^3+3x^2$ $[-1,\ 2]$

ガイド

ここがポイント [平均値の定理]

関数 $f(x)$ が閉区間 $[a,\ b]$ で連続で，開区間 $(a,\ b)$ で微分可能ならば，$\boldsymbol{\dfrac{f(b)-f(a)}{b-a}=f'(c),\ a<c<b}$ を満たす実数 c が存在する。

解答 (1) $\dfrac{f(1)-f(0)}{1-0}=e-1$

一方，$f'(x)=e^x$ であるから，

$$f'(c)=e^c$$

したがって，　$e^c=e-1$

$0<c<1$ より，$\boldsymbol{c=\log(e-1)}$

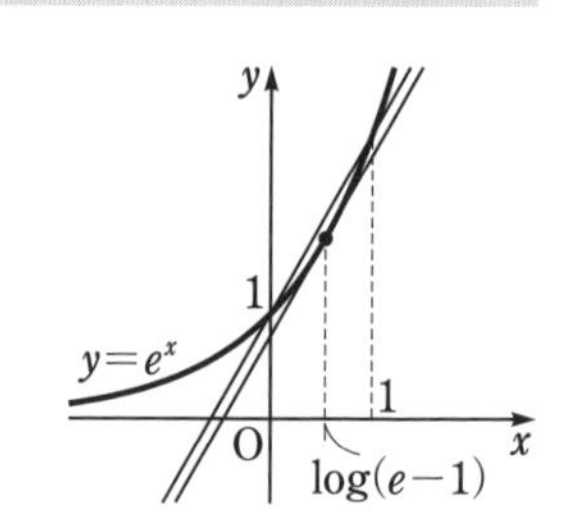

(2) $\dfrac{f(2)-f(-1)}{2-(-1)}=\dfrac{20-2}{3}=6$

一方，$f'(x)=3x^2+6x$ であるから，

$$f'(c)=3c^2+6c$$

したがって，$3c^2+6c=6$

$$c^2+2c-2=0$$

$-1<c<2$ より，$\boldsymbol{c=-1+\sqrt{3}}$

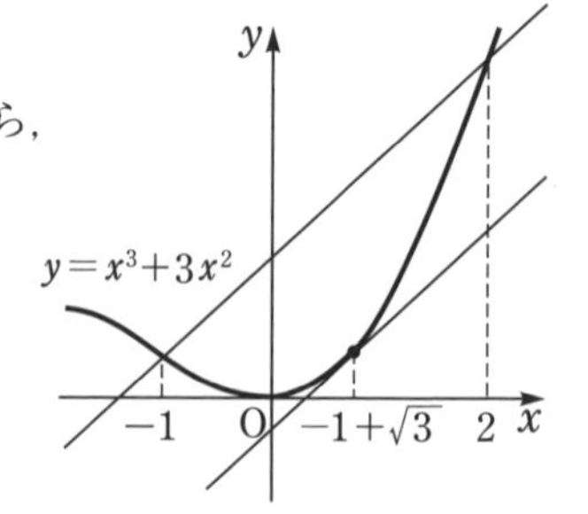

問 33　$a<b$ のとき，次の不等式を証明せよ。

教科書 p.97

$$e^a<\frac{e^b-e^a}{b-a}<e^b$$

ガイド　$f(x)=e^x$ とおいて，閉区間 $[a,\ b]$ において平均値の定理を用いる。

解答　関数 $f(x)=e^x$ はすべての実数において微分可能で，　$f'(x)=e^x$
閉区間 $[a,\ b]$ において平均値の定理を用いると，

$$\begin{cases} \dfrac{e^b-e^a}{b-a}=e^c & \cdots\cdots① \\ a<c<b & \cdots\cdots② \end{cases}$$

を満たす実数 c が存在する。$f'(x)=e^x$ は，すべての実数において増加するから，②より，　$e^a<e^c<e^b$

よって，①より，　$e^a<\dfrac{e^b-e^a}{b-a}<e^b$

3　関数の増減

問 34　下の②，③を証明せよ。

教科書 p.98

ガイド　関数 $f(x)$ は閉区間 $[a,\ b]$ で連続，開区間 $(a,\ b)$ で微分可能とする。このとき，平均値の定理から次のことが成り立つ。

ここがポイント **[導関数の符号と関数の増減]**

① 開区間 $(a,\ b)$ でつねに $f'(x)>0$ ならば，
$f(x)$ は閉区間 $[a,\ b]$ で**増加**する。

② 開区間 $(a,\ b)$ でつねに $f'(x)<0$ ならば，
$f(x)$ は閉区間 $[a,\ b]$ で**減少**する。

③ 開区間 $(a,\ b)$ でつねに $f'(x)=0$ ならば，
$f(x)$ は閉区間 $[a,\ b]$ で**定数**である。

解答　② $a\leqq x_1<x_2\leqq b$ である任意の数 x_1，x_2 に対して，平均値の定理により，　$\dfrac{f(x_2)-f(x_1)}{x_2-x_1}=f'(c)$　$\cdots\cdots①$，　$x_1<c<x_2$

を満たす実数 c が存在する。

開区間 $(a,\ b)$ でつねに $f'(x)<0$ であるから，　$f'(c)<0$

また，$x_2-x_1>0$ より，①から，

$$f(x_2)-f(x_1)<0 \quad \text{すなわち，} \quad f(x_1)>f(x_2)$$

よって，$f(x)$ は閉区間 $[a,\ b]$ で減少する。

③　$a \leqq x_1 < x_2 \leqq b$ である任意の数 x_1，x_2 に対して，平均値の定理により，

$$\frac{f(x_2)-f(x_1)}{x_2-x_1}=f'(c) \quad \cdots\cdots②, \quad x_1<c<x_2$$

を満たす実数 c が存在する。

開区間 $(a,\ b)$ でつねに $f'(x)=0$ であるから，　$f'(c)=0$

②より，　$f(x_2)-f(x_1)=0$　　すなわち，　$f(x_1)=f(x_2)$

よって，$f(x)$ は閉区間 $[a,\ b]$ で定数である。

☑問 35

関数 $f(x)=\cos 3x-4x$ は $0 \leqq x \leqq \pi$ で減少することを示せ。

教科書 p.98

ガイド　$0 \leqq x \leqq \pi$ で $f'(x)<0$ となることを示す。

解答　$f(x)=\cos 3x-4x$ より，　$f'(x)=-3\sin 3x-4$

$0 \leqq x \leqq \pi$ で $-1 \leqq \sin 3x \leqq 1$ であるから，

$-7 \leqq f'(x) \leqq -1$ すなわち $f'(x)<0$

よって，$0 \leqq x \leqq \pi$ で $f(x)$ は減少する。

☑問 36

次の関数の増減を調べよ。

教科書 p.99

(1)　$f(x)=e^x-x$　　(2)　$f(x)=x-\log x$

(3)　$f(x)=x-2\sin x \quad (0 \leqq x \leqq \pi)$

ガイド　$f(x)$ を微分して，符号を調べる。

解答　(1)　$f'(x)=e^x-1$

$f'(x)=0$ となるのは，$x=0$

増減表は，次のようになる。

x	$\cdots\cdots$	0	$\cdots\cdots$
$f'(x)$	$-$	0	$+$
$f(x)$	↘	1	↗

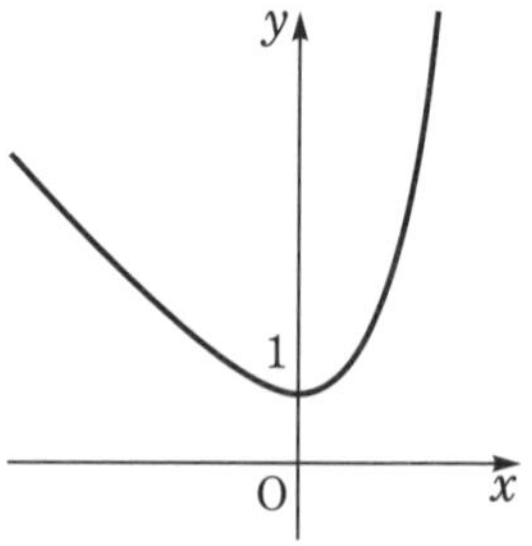

よって，$f(x)$ は，**$x \leqq 0$ で減少し，$0 \leqq x$ で増加する**。

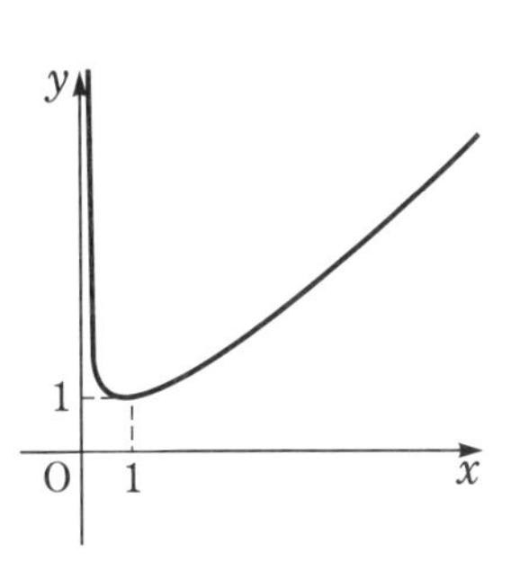

(2)　$f'(x)=1-\dfrac{1}{x}=\dfrac{x-1}{x}$

$f'(x)=0$ となるのは，$x=1$

$f(x)$ の定義域は $x>0$ であるから，

増減表は次のようになる。

x	0	……	1	……
$f'(x)$	／	$-$	0	$+$
$f(x)$	／	↘	1	↗

よって，$f(x)$ は，**$0<x\leqq 1$ で減少し，$1\leqq x$ で増加する**。

(3)　$f'(x)=1-2\cos x$

$f'(x)=0$ となるのは，$\cos x=\dfrac{1}{2}$

$0\leqq x\leqq\pi$ より，$x=\dfrac{\pi}{3}$

増減表は次のようになる。

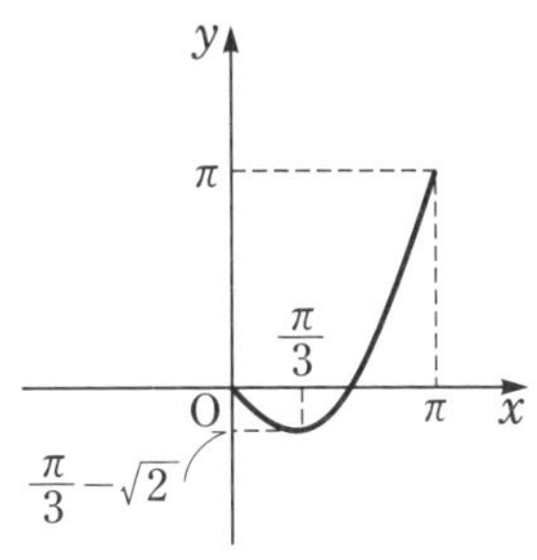

x	0	……	$\dfrac{\pi}{3}$	……	π
$f'(x)$		$-$	0	$+$	
$f(x)$	0	↘	$\dfrac{\pi}{3}-\sqrt{3}$	↗	π

よって，$f(x)$ は，**$0\leqq x\leqq\dfrac{\pi}{3}$ で減少し，$\dfrac{\pi}{3}\leqq x\leqq\pi$ で増加する**。

問 37　次の関数の極値を調べよ。

教科書 p.101

(1)　$f(x)=\cos x(1-\sin x)$　$(0\leqq x\leqq 2\pi)$

(2)　$f(x)=x^2\log x$

ガイド　連続な関数 $f(x)$ が $x=a$ を境にして，増加から減少に変わるとき，関数 $f(x)$ は $x=a$ で**極大**になるといい，そのときの値 $f(a)$ を**極大値**という。

また，連続な関数 $f(x)$ が $x=a$ を境にして，減少から増加に変わるとき，関数 $f(x)$ は $x=a$ で**極小**になるといい，そのときの値 $f(a)$ を**極小値**という。極大値と極小値をまとめて**極値**という。

ここがポイント **[極値をとるための必要条件]**

関数 $f(x)$ が $x=a$ で微分可能であるとする。

$f(x)$ が $x=a$ で極値をとるならば，$f'(a)=0$ である。

逆に，$f'(a)=0$ であっても，$f(a)$ が極値であるとは限らない。導関数の符号と関数の増減との関係から，次のことがわかる。

ここがポイント **[$f(x)$ の極大・極小]**

$f'(a)=0$ となる $x=a$ の前後で，

$f'(x)$ の符号が**正から負に変わる**とき，$f(x)$ は $x=a$ で**極大**

$f'(x)$ の符号が**負から正に変わる**とき，$f(x)$ は $x=a$ で**極小**

となる。

解答 (1)
$$f'(x)=-\sin x(1-\sin x)-\cos^2 x=\sin^2 x-\cos^2 x-\sin x$$
$$=2\sin^2 x-\sin x-1=(2\sin x+1)(\sin x-1)$$

$f'(x)=0$ とすると，　$\sin x=-\dfrac{1}{2}$，1

$0\leqq x\leqq 2\pi$ より，　$x=\dfrac{\pi}{2}$，$\dfrac{7}{6}\pi$，$\dfrac{11}{6}\pi$

したがって，$f(x)$ の増減表は次のようになる。

x	0	……	$\dfrac{\pi}{2}$	……	$\dfrac{7}{6}\pi$	……	$\dfrac{11}{6}\pi$	……	2π
$f'(x)$		$-$	0	$-$	0	$+$	0	$-$	
$f(x)$	1	↘	0	↘	極小 $-\dfrac{3\sqrt{3}}{4}$	↗	極大 $\dfrac{3\sqrt{3}}{4}$	↘	1

よって，$f(x)$ は，

$x=\dfrac{11}{6}\pi$ のとき，極大値 $\dfrac{3\sqrt{3}}{4}$，

$x=\dfrac{7}{6}\pi$ のとき，極小値 $-\dfrac{3\sqrt{3}}{4}$ をとる。

(2) この関数の定義域は $x>0$ である。
$$f'(x)=2x\log x+x=x(2\log x+1)$$

$f'(x)=0$ とすると，$x>0$ より，　$\log x=-\dfrac{1}{2}$

よって，　$x=\dfrac{1}{\sqrt{e}}$

したがって，$f(x)$ の増減表は次のようになる。

x	0	……	$\frac{1}{\sqrt{e}}$	……
$f'(x)$	／	$-$	0	$+$
$f(x)$	／	↘	極小 $-\frac{1}{2e}$	↗

よって，$f(x)$ は，

$x=\frac{1}{\sqrt{e}}$ のとき，極小値 $-\frac{1}{2e}$ をとる。

第3章 微分法

問 38　関数 $f(x)=|x|\sqrt{x+2}$ の極値を調べよ。

教科書 p.102

ガイド　この関数の定義域は $x\geqq-2$ である。$-2\leqq x\leqq 0$ のときと $x>0$ のときに場合分けする。

解答　この関数の定義域は $x\geqq-2$ である。

(i)　$-2\leqq x\leqq 0$ のとき，$f(x)=-x\sqrt{x+2}$ であるから，

$-2<x<0$ において，

$$f'(x)=-\sqrt{x+2}-\frac{x}{2\sqrt{x+2}}=-\frac{3x+4}{2\sqrt{x+2}}$$

$f'(x)=0$ とすると，　$x=-\frac{4}{3}$

(ii)　$x>0$ のとき，$f(x)=x\sqrt{x+2}$ であるから，

$x>0$ において，　$f'(x)=\frac{3x+4}{2\sqrt{x+2}}>0$

したがって，$f(x)$ の増減表は次のようになる。

x	-2	……	$-\frac{4}{3}$	……	0	……
$f'(x)$	／	$+$	0	$-$	／	$+$
$f(x)$	0	↗	極大 $\frac{4\sqrt{6}}{9}$	↘	極小 0	↗

よって，$f(x)$ は，

$x=-\dfrac{4}{3}$ のとき，極大値 $\dfrac{4\sqrt{6}}{9}$，

$x=0$ のとき，極小値 0 をとる。

注意 関数によっては，微分可能でない点において極値をとることがある。$f(x)$ は $x=0$ で微分可能ではないが，$f'(x)$ の符号が負から正に変わるので，$x=0$ で極小になる。

問 39 関数 $f(x)=(kx-1)e^x$ が $x=2$ で極値をとるような定数 k の値を求めよ。

教科書 p.103

ガイド $x=2$ で極値をとるならば $f'(2)=0$ であるが，逆はいえないから，求めた k の値が条件を満たすか，増減表をかいて確認する。

解答 $f'(x)=ke^x+(kx-1)e^x=(kx+k-1)e^x$

$f(x)$ が $x=2$ で極値をとるならば，$f'(2)=0$ であるから，

$(2k+k-1)e^2=0$

これを解いて，　$k=\dfrac{1}{3}$

このとき，

$$f(x)=\left(\frac{1}{3}x-1\right)e^x$$

$$f'(x)=\left(\frac{1}{3}x-\frac{2}{3}\right)e^x=\frac{1}{3}(x-2)e^x$$

$f(x)$ の増減表は次のようになる。

x	……	2	……
$f'(x)$	$-$	0	$+$
$f(x)$	↘	極小	↗

定数の値を求めた後に，極値をとるかを確かめるのは数学Ⅱでもやったね。

したがって，$f(x)$ は確かに $x=2$ で極値をとり，条件を満たす。

よって，　$\boldsymbol{k=\dfrac{1}{3}}$

4　第2次導関数とグラフ

問 40　次の関数のグラフの凹凸を調べ，変曲点を求めよ。

教科書 p.105

(1)　$y=x^4-x^3$　(2)　$y=3x^5-5x^4$

(3)　$y=x-\cos x$　$(0\leqq x\leqq 2\pi)$　(4)　$y=(2x-3)e^x$

ガイド

ここがポイント **[$f''(x)$ の符号と $y=f(x)$ のグラフの凹凸]**

関数 $f(x)$ が第2次導関数 $f''(x)$ をもつとき，

1　**$f''(x)>0$** となる区間では，

$y=f(x)$ のグラフは **下に凸**

2　**$f''(x)<0$** となる区間では，

$y=f(x)$ のグラフは **上に凸**

グラフの凹凸が入れ替わる境の点を**変曲点**という。

ここがポイント **[変曲点]**

関数 $f(x)$ は第2次導関数 $f''(x)$ をもつとする。

1　点 $(a,\ f(a))$ が曲線 $y=f(x)$ の変曲点ならば，$f''(a)=0$ である。

2　$f''(a)=0$ であり，$x=a$ の前後で $f''(x)$ の符号が変わるならば，点 $(a,\ f(a))$ は曲線 $y=f(x)$ の変曲点である。

解答　(1)　$y'=4x^3-3x^2$，　$y''=12x^2-6x=6x(2x-1)$

グラフの凹凸は次の表のようになる。

x	……	0	……	$\frac{1}{2}$	……
y''	$+$	0	$-$	0	$+$
y	下に凸	0	上に凸	$-\frac{1}{16}$	下に凸

よって，$x<0$ **のとき**，**下に凸**，$0<x<\frac{1}{2}$ **のとき**，**上に凸**，

$x>\frac{1}{2}$ **のとき**，**下に凸**である。

変曲点は，点 $(0,\ 0)$，$\left(\dfrac{1}{2},\ -\dfrac{1}{16}\right)$

(2) $y'=15x^4-20x^3$，$y''=60x^3-60x^2=60x^2(x-1)$

グラフの凹凸は次の表のようになる。

x	……	0	……	1	……
y''	$-$	0	$-$	0	$+$
y	上に凸	0	上に凸	-2	下に凸

よって，$x<0$ **のとき，上に凸**，$0<x<1$ **のとき，上に凸**，$x>1$ **のとき，下に凸**である。

変曲点は，点 $(1,\ -2)$

(3) $y'=1+\sin x$　　$y''=\cos x$

グラフの凹凸は次の表のようになる。

x	0	……	$\dfrac{\pi}{2}$	……	$\dfrac{3}{2}\pi$	……	2π
y''		$+$	0	$-$	0	$+$	
y	-1	下に凸	$\dfrac{\pi}{2}$	上に凸	$\dfrac{3}{2}\pi$	下に凸	$2\pi-1$

よって，$0<x<\dfrac{\pi}{2}$ **のとき，下に凸**，

$\dfrac{\pi}{2}<x<\dfrac{3}{2}\pi$ **のとき，上に凸**，

$\dfrac{3}{2}\pi<x<2\pi$ **のとき，下に凸**である。

変曲点は，点 $\left(\dfrac{\pi}{2},\ \dfrac{\pi}{2}\right)$，$\left(\dfrac{3}{2}\pi,\ \dfrac{3}{2}\pi\right)$

(4) $y'=2e^x+(2x-3)e^x=(2x-1)e^x$

$y''=2e^x+(2x-1)e^x=(2x+1)e^x$

グラフの凹凸は右の表のようになる。

x	……	$-\dfrac{1}{2}$	……
y''	$-$	0	$+$
y	上に凸	$-\dfrac{4}{\sqrt{e}}$	下に凸

よって，　$x<-\dfrac{1}{2}$ **のとき，上に凸**，$x>-\dfrac{1}{2}$ **のとき，下に凸**である。

変曲点は，点 $\left(-\dfrac{1}{2},\ -\dfrac{4}{\sqrt{e}}\right)$

注意　$f''(a)=0$ であっても，点 $(a,\ f(a))$ が変曲点になるとは限らない。(2)の関数では，$x=0$ のとき $y''=0$ であるが，$x=0$ の前後で y' の符号は負のまま変わらない。したがって，$x=0$ の点は変曲点ではない。

問 41　次の関数のグラフをかけ。

教科書 p.106　(1)　$y=\dfrac{1}{x^2+1}$　　(2)　$y=x\sqrt{1-x^2}$　　(3)　$y=\log(1+x^2)$

ガイド　(1)　$\displaystyle\lim_{x\to\infty} y=0$，$\displaystyle\lim_{x\to-\infty} y=0$ より，x 軸は漸近線である。

解答　(1)　定義域は実数全体である。

$$y'=-\frac{2x}{(x^2+1)^2},\quad y''=\frac{2(3x^2-1)}{(x^2+1)^3}$$

グラフの増減や凹凸は次の表のようになる。

x	……	$-\frac{\sqrt{3}}{3}$	……	0	……	$\frac{\sqrt{3}}{3}$	……
y'	$+$	$+$	$+$	0	$-$	$-$	$-$
y''	$+$	0	$-$	$-$	$-$	0	$+$
y	↗	$\frac{3}{4}$	↗	極大 1	↘	$\frac{3}{4}$	↘

$x=0$ で極大値 1 をとる。

変曲点は，

点 $\left(-\dfrac{\sqrt{3}}{3},\ \dfrac{3}{4}\right)$，$\left(\dfrac{\sqrt{3}}{3},\ \dfrac{3}{4}\right)$

また，$\displaystyle\lim_{x\to-\infty} y=0$，$\displaystyle\lim_{x\to\infty} y=0$ であるから，漸近線は x 軸である。

グラフは y 軸に関して対称で，右の図のようになる。

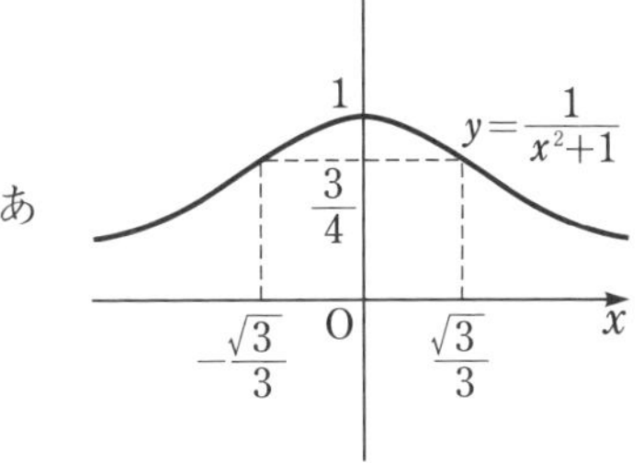

(2)　定義域は，$1-x^2\geqq 0$ つまり，$-1\leqq x\leqq 1$

$$y'=-\frac{2x^2-1}{\sqrt{1-x^2}},\quad y''=\frac{x(2x^2-3)}{(1-x^2)\sqrt{1-x^2}}$$

グラフの増減や凹凸は，次の表のようになる。

第3章　微分法

x	-1	……	$-\frac{\sqrt{2}}{2}$	……	0	……	$\frac{\sqrt{2}}{2}$	……	1
y'	／	$-$	0	$+$	$+$	$+$	0	$-$	／
y''	／	$+$	$+$	$+$	0	$-$	$-$	$-$	／
y	0	↘	極小 $-\frac{1}{2}$	↗	0	↗	極大 $\frac{1}{2}$	↘	0

$x=\frac{\sqrt{2}}{2}$ で極大値 $\frac{1}{2}$,

$x=-\frac{\sqrt{2}}{2}$ で極小値 $-\frac{1}{2}$ をとる。

変曲点は，点 $(0,\ 0)$ である。

グラフは，原点に関して対称で，右の図のようになる。

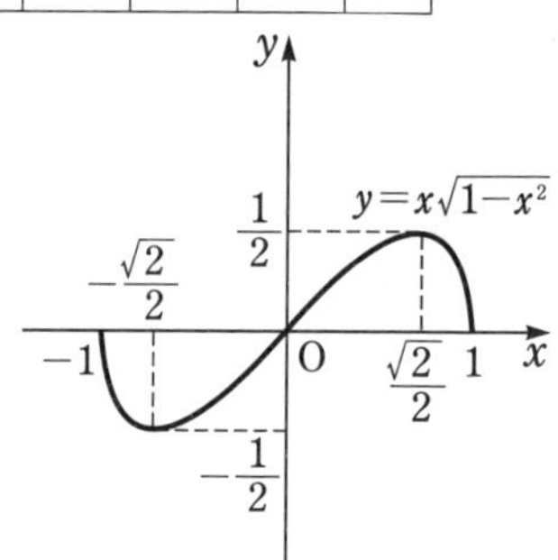

(3) 定義域は実数全体である。

$$y'=\frac{2x}{1+x^2},\quad y''=-\frac{2(x+1)(x-1)}{(1+x^2)^2}$$

グラフの増減や凹凸は，次の表のようになる。

x	……	-1	……	0	……	1	……
y'	$-$	$-$	$-$	0	$+$	$+$	$+$
y''	$-$	0	$+$	$+$	$+$	0	$-$
y	↘	$\log 2$	↘	極小 0	↗	$\log 2$	↗

$x=0$ で極小値 0 をとる。

変曲点は，点 $(-1,\ \log 2)$, $(1,\ \log 2)$ である。

$$\lim_{x\to-\infty} y=\infty,\quad \lim_{x\to\infty} y=\infty$$

グラフは，y 軸に関して対称で，右の図のようになる。

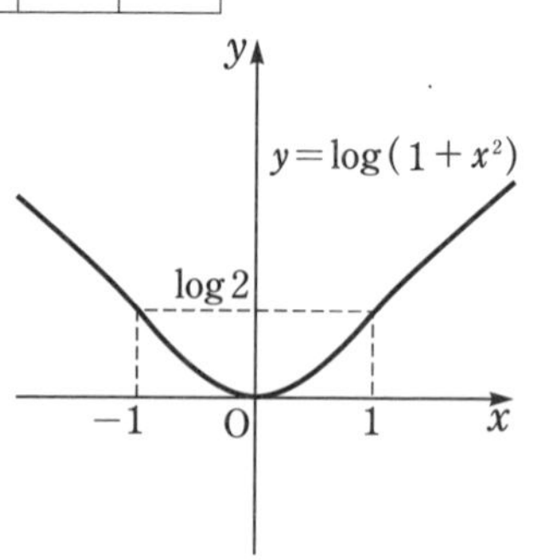

注意 上の表で，↗は下に凸で増加，↗は上に凸で増加，↘は上に凸で減少，↘は下に凸で減少の状態であることを表す。

問 42

教科書 p.107

関数 $y=\dfrac{x^2-4x+8}{x-2}$ のグラフをかけ。

ガイド $y=x-2+\dfrac{4}{x-2}$ と変形すると，y'，y'' や漸近線を求めやすい。

解答 定義域は，$x\neq2$ である。

$$y=x-2+\frac{4}{x-2}$$

$$y'=1-\frac{4}{(x-2)^2}=\frac{x(x-4)}{(x-2)^2}$$

$$y''=\left\{1-\frac{4}{(x-2)^2}\right\}'=-4\cdot(-2)(x-2)^{-3}=\frac{8}{(x-2)^3}$$

であるから，増減や凹凸は次のようになる。

x	……	0	……	2	……	4	……
y'	$+$	0	$-$	／	$-$	0	$+$
y''	$-$	$-$	$-$	／	$+$	$+$	$+$
y	↗	極大 -4	↘	／	↘	極小 4	↗

よって，y は，$x=0$ で極大値 -4，$x=4$ で極小値 4 をとる。

また，$\displaystyle\lim_{x\to2-0}y=-\infty$，$\displaystyle\lim_{x\to2+0}y=\infty$ であるから，直線 $x=2$ は，この関数のグラフの漸近線である。さらに

$$\lim_{x\to-\infty}\{y-(x-2)\}=\lim_{x\to-\infty}\frac{4}{x-2}=0$$

$$\lim_{x\to\infty}\{y-(x-2)\}=\lim_{x\to\infty}\frac{4}{x-2}=0$$

よって，直線 $y=x-2$ もこの関数のグラフの漸近線である。以上のことから，グラフは右の図のようになる。

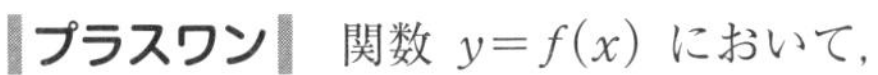

プラスワン 関数 $y=f(x)$ において，

$\displaystyle\lim_{x\to\infty}\{y-(ax+b)\}=0$ または $\displaystyle\lim_{x\to-\infty}\{y-(ax+b)\}=0$ であるとき，直線 $y=ax+b$ は曲線 $y=f(x)$ の漸近線である。

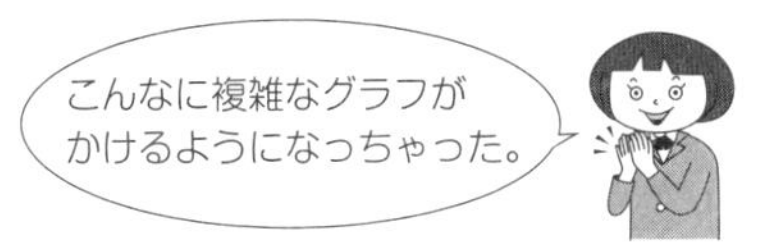

こんなに複雑なグラフが
かけるようになっちゃった。

問 43　関数 $f(x)=2\sin x+\cos 2x$ $(0\leqq x\leqq \pi)$ の極値を，第2次導関数を利用して求めよ。

教科書 p.109

ガイド

ここがポイント **［第2次導関数と極大・極小］**

関数 $f(x)$ の第2次導関数 $f''(x)$ が連続関数であるとする。

① $\boldsymbol{f'(a)=0}$ かつ $\boldsymbol{f''(a)>0}$ ならば，$f(x)$ は $x=a$ で **極小** になる。

② $\boldsymbol{f'(a)=0}$ かつ $\boldsymbol{f''(a)<0}$ ならば，$f(x)$ は $x=a$ で **極大** になる。

$f'(a)=0$ かつ $f''(a)=0$ のときは，$f(x)$ は $x=a$ で極値をとることもあれば，極値をとらないこともある。

解答　$f'(x)=2\cos x-2\sin 2x$，$f''(x)=-2\sin x-4\cos 2x$ で，$f''(x)$ は連続である。

$f'(x)=0$ とすると，

$$2\cos x-2\sin 2x=0$$
$$\cos x-2\sin x\cos x=0$$
$$\cos x(1-2\sin x)=0$$

であるから，　$\cos x=0$ または $\sin x=\dfrac{1}{2}$

$0\leqq x\leqq \pi$ より，　$x=\dfrac{\pi}{6}$，$\dfrac{\pi}{2}$，$\dfrac{5}{6}\pi$

ここで，$f''\left(\dfrac{\pi}{6}\right)=-3<0$，$f''\left(\dfrac{\pi}{2}\right)=2>0$，$f''\left(\dfrac{5}{6}\pi\right)=-3<0$，

$f\left(\dfrac{\pi}{6}\right)=\dfrac{3}{2}$，$f\left(\dfrac{\pi}{2}\right)=1$，$f\left(\dfrac{5}{6}\pi\right)=\dfrac{3}{2}$ であるから，$f(x)$ は，

$x=\dfrac{\pi}{6}$，$\dfrac{5}{6}\pi$ のとき，極大値 $\dfrac{3}{2}$，

$x=\dfrac{\pi}{2}$ のとき，極小値 1 をとる。

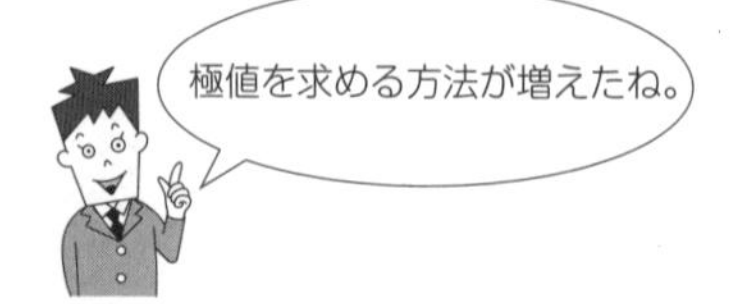

節末問題　第3節　導関数の応用

1 教科書 p.109

関数 $f(x)=x-\log x$ について，次の直線の方程式を求めよ。

(1) 曲線 $y=f(x)$ 上の点 $(e,\ e-1)$ における接線と法線

(2) 曲線 $y=f(x)$ に点 $(0,\ -1)$ から引いた接線

ガイド (2) 接点の座標を $(a,\ a-\log a)$ とする。

解答 $f(x)=x-\log x$ より，　$f'(x)=1-\dfrac{1}{x}$

(1) $f'(e)=1-\dfrac{1}{e}$ より，点 $(e,\ e-1)$ における**接線の方程式**は，

$y-(e-1)=\left(1-\dfrac{1}{e}\right)(x-e)$　すなわち，　$\boldsymbol{y=\left(1-\dfrac{1}{e}\right)x}$

点 $(e,\ e-1)$ における**法線の方程式**は，

$y-(e-1)=-\dfrac{1}{1-\dfrac{1}{e}}(x-e)$　　$y-(e-1)=-\dfrac{e}{e-1}(x-e)$

すなわち，　$\boldsymbol{y=-\dfrac{e}{e-1}x+\dfrac{2e^2-2e+1}{e-1}}$

(2) 接点の座標を $(a,\ a-\log a)$ とすると，接線の方程式は，

$$y-(a-\log a)=\left(1-\frac{1}{a}\right)(x-a)\quad \cdots\cdots ①$$

接線①が点 $(0,\ -1)$ を通るから，

$$-1-(a-\log a)=\left(1-\frac{1}{a}\right)(0-a)$$

整理すると，　$\log a=2$　　よって，　$a=e^2$

①より，求める接線の方程式は，$y-(e^2-2)=\left(1-\dfrac{1}{e^2}\right)(x-e^2)$

すなわち，　$\boldsymbol{y=\left(1-\dfrac{1}{e^2}\right)x-1}$

2 教科書 p.109

次の関数の極値を調べよ。

(1) $f(x)=e^{-x}\cos x\quad (0\leqq x\leqq 2\pi)$

(2) $f(x)=x^3-3|x^2-4|$

ガイド (2) $-2\leqq x\leqq 2$ のとき，$f(x)=x^3+3(x^2-4)$

$x\leqq -2,\ 2\leqq x$ のとき，$f(x)=x^3-3(x^2-4)$

第3章　微分法

解答 (1) $f'(x)=-e^{-x}\cos x-e^{-x}\sin x=-e^{-x}(\cos x+\sin x)$

$f'(x)=0$ とすると，$e^{-x}\neq 0$ より，　$\sin x+\cos x=0$

$x=\dfrac{\pi}{2}$，$\dfrac{3}{2}\pi$ は方程式を満たさないから，

$\tan x+1=0$　　$\tan x=-1$

$0\leqq x\leqq 2\pi$ より，　$x=\dfrac{3}{4}\pi$，$\dfrac{7}{4}\pi$

したがって，$f(x)$ の増減表は次のようになる。

x	0	……	$\frac{3}{4}\pi$	……	$\frac{7}{4}\pi$	……	2π
$f'(x)$		$-$	0	$+$	0	$-$	
$f(x)$	1	↘	極小 $-\frac{\sqrt{2}}{2}e^{-\frac{3}{4}\pi}$	↗	極大 $\frac{\sqrt{2}}{2}e^{-\frac{7}{4}\pi}$	↘	$e^{-2\pi}$

よって，$f(x)$ は，

$x=\dfrac{3}{4}\pi$ のとき，極小値 $-\dfrac{\sqrt{2}}{2}e^{-\frac{3}{4}\pi}$，

$x=\dfrac{7}{4}\pi$ のとき，極大値 $\dfrac{\sqrt{2}}{2}e^{-\frac{7}{4}\pi}$ をとる。

(2) (i) $-2\leqq x\leqq 2$ のとき，

$f(x)=x^3+3(x^2-4)=x^3+3x^2-12$ であるから，

$-2<x<2$ において，　$f'(x)=3x^2+6x=3x(x+2)$

$f'(x)=0$ とすると，　$x=0$

(ii) $x\leqq -2$，$2\leqq x$ のとき，

$f(x)=x^3-3(x^2-4)=x^3-3x^2+12$ であるから，

$x<-2$，$2<x$ において，　$f'(x)=3x^2-6x=3x(x-2)>0$

したがって，$f(x)$ の増減表は次のようになる。

x	……	-2	……	0	……	2	……
$f'(x)$	$+$	／	$-$	0	$+$	／	$+$
$f(x)$	↗	極大 -8	↘	極小 -12	↗	8	↗

よって，$f(x)$ は，

$x=-2$ のとき，極大値 -8，

$x=0$ のとき，極小値 -12 をとる。

3 教科書 p.109

関数 $f(x)=(ax^2-3)e^x$ が極値をもつような定数 a の値の範囲を求めよ。

ガイド $f'(x)=0$ が実数解をもち，その解の前後で $f'(x)$ の符号が変わればよい。

解答 $f'(x)=2axe^x+(ax^2-3)e^x=(ax^2+2ax-3)e^x$

$e^x>0$ より，$ax^2+2ax-3=0$ が実数解をもち，その解の前後で $ax^2+2ax-3$ の符号が変わればよい。

(i) $a=0$ のとき，$-3=0$ となり，不適

(ii) $a\neq0$ のとき，2次方程式 $ax^2+2ax-3=0$ ……① が異なる2つの実数解をもてばよい。

①の判別式を D とすると，

$$\frac{D}{4}=a^2+3a=a(a+3)>0 \qquad よって，\quad a<-3,\ 0<a$$

(i)，(ii)より，　$\boldsymbol{a<-3,\ 0<a}$

4 教科書 p.109

曲線 $y=x^4-4(a^2+a)x^3+24a^3x^2$ が $x=2$ で変曲点をもつような定数 a の値を求めよ。

ガイド $y=f(x)$ とすると，$f''(2)=0$ であることが必要条件である。

解答 $f(x)=x^4-4(a^2+a)x^3+24a^3x^2$ とする。

$$f'(x)=4x^3-12(a^2+a)x^2+48a^3x$$

$$f''(x)=12x^2-24(a^2+a)x+48a^3$$

$f''(2)=0$ であることが必要条件であるから，

$$f''(2)=48-48(a^2+a)+48a^3=0 \qquad よって，a=\pm1$$

$a=1$ のとき，　$f''(x)=12(x^2-4x+4)=12(x-2)^2$

したがって，$f''(x)$ の符号とグラフの凹凸を調べると次の表のようになる。

x	……	2	……
$f''(x)$	$+$	0	$+$
$f(x)$	下に凸	48	下に凸

よって，変曲点をもたない。

$a=-1$ のとき，　$f''(x)=12(x^2-4)=12(x+2)(x-2)$

したがって，$f''(x)$ の符号とグラフの凹凸を調べると次の表のようになる。

x	……	-2	……	2	……
$f''(x)$	$+$	0	$-$	0	$+$
$f(x)$	下に凸	変曲点	上に凸	変曲点	下に凸

よって，$x=2$ で変曲点をもつ。

以上より，$\boldsymbol{a=-1}$

5 教科書 p.109

次の関数のグラフをかけ。ただし，(1)では $\displaystyle\lim_{x\to\infty}\frac{\log x}{x}=0$ は用いてもよい。

(1) $y=\dfrac{\log x}{x}$　　(2) $y=\dfrac{x^3+4}{3x^2}$

ガイド 関数の増減，グラフの凹凸，漸近線を調べてグラフの概形をかく。

(1) $\displaystyle\lim_{x\to+0}y$，$\displaystyle\lim_{x\to\infty}y$ も調べる。

(2) y 軸，直線 $y=\dfrac{1}{3}x$ が漸近線である。

解答 (1) 定義域は $x>0$　　$y'=\dfrac{1-\log x}{x^2}$

$$y''=\frac{-x-(1-\log x)\cdot 2x}{x^4}=\frac{2x\log x-3x}{x^4}=\frac{2\log x-3}{x^3}$$

この関数の増減やグラフの凹凸は，次の表のようになる。

x	0	……	e	……	$e^{\frac{3}{2}}$	……
y'		$+$	0	$-$	$-$	$-$
y''		$-$	$-$	$-$	0	$+$
y		↗(上に凸)	極大 $\dfrac{1}{e}$	↘(上に凸)	$\dfrac{3}{2}e^{-\frac{3}{2}}$	↘(下に凸)

よって，y は，$x=e$ で極大値 $\dfrac{1}{e}$ をとる。

また，変曲点は $\left(e^{\frac{3}{2}},\ \dfrac{3}{2}e^{-\frac{3}{2}}\right)$ である。

$\displaystyle\lim_{x\to+0}y=-\infty$ より，直線 $x=0$，すなわち y 軸は漸近線である。

また，$\displaystyle\lim_{x\to\infty}y=0$ より，x 軸は漸近線である。

よって，グラフは右のようになる。

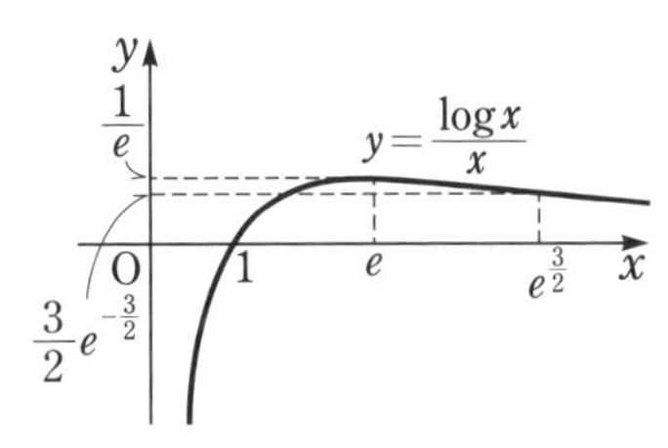

(2)　定義域は，$x \neq 0$　　$y=\frac{1}{3}x+\frac{4}{3x^2}$

$$y'=\frac{1}{3}+\frac{4}{3}\cdot\frac{-2}{x^3}=\frac{x^3-8}{3x^3}=\frac{(x-2)(x^2+2x+4)}{3x^3}$$

$$y''=\left(\frac{1}{3}-\frac{8}{3x^3}\right)'=-\frac{8}{3}\cdot\frac{-3}{x^4}=\frac{8}{x^4}$$

この関数の増減やグラフの凹凸は，次の表のようになる。

x	……	0	……	2	……
y'	$+$	／	$-$	0	$+$
y''	$+$	／	$+$	$+$	$+$
y	⤴	／	⤵	極小 1	⤴

よって，y は，$x=2$ で極小値 1 をとる。

$\lim_{x\to -0} y=\infty$，$\lim_{x\to +0} y=\infty$ より，直線 $x=0$，すなわち y 軸は漸近線である。

また，$\lim_{x\to\infty}\left(y-\frac{1}{3}x\right)=0$，

$\lim_{x\to -\infty}\left(y-\frac{1}{3}x\right)=0$ より，直線

$y=\frac{1}{3}x$ も漸近線である。

よって，グラフの概形は右の図のようになる。

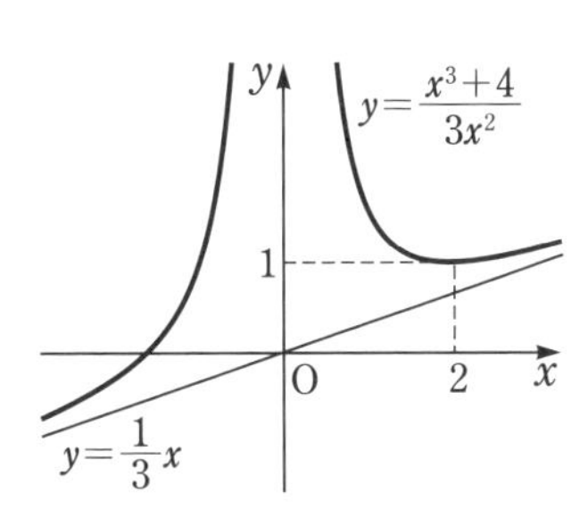

分数関数の分子の次数が分母の次数と同じかそれより大きいときは，分子の次数が小さくなるように変形しよう。

第３章　微分法

第4節　いろいろな応用

1　最大・最小

問44　次の関数の最大値と最小値を求めよ。

教科書 p.110

(1)　$y=x\sqrt{2-x^2}$　　(2)　$y=x\log x-x$　$\left(\dfrac{1}{e}\leqq x\leqq e\right)$

ガイド　(1)　定義域に注意する。

解答　(1)　定義域は $2-x^2\geqq 0$ より，　$-\sqrt{2}\leqq x\leqq\sqrt{2}$

$$y'=\sqrt{2-x^2}+x\cdot\left(-\frac{x}{\sqrt{2-x^2}}\right)=\frac{2(1-x^2)}{\sqrt{2-x^2}}$$

$$=\frac{2(1+x)(1-x)}{\sqrt{2-x^2}}$$

$y'=0$ とすると，　$x=\pm 1$

したがって，$-\sqrt{2}\leqq x\leqq\sqrt{2}$ における y の増減表は次のようになる。

x	$-\sqrt{2}$	……	-1	……	1	……	$\sqrt{2}$
y'	／	$-$	0	$+$	0	$-$	／
y	0	↘	極小 -1	↗	極大 1	↘	0

よって，

$x=1$ のとき，最大値 1，

$x=-1$ のとき，最小値 -1 をとる。

(2)　$y'=\log x+1-1=\log x$

$y'=0$ とすると，　$x=1$

これは $\dfrac{1}{e}\leqq x\leqq e$ を満たす。

したがって，$\dfrac{1}{e}\leqq x\leqq e$ における y の増減表は右のようになる。

x	$\dfrac{1}{e}$	……	1	……	e
y'		$-$	0	$+$	
y	$-\dfrac{2}{e}$	↘	極小 -1	↗	0

よって，

$x=e$ のとき，最大値 0，

$x=1$ のとき，最小値 -1 をとる。

問 45　金属板を使って円柱形でふたのない缶を作る。缶の容積を $27\pi\,\mathrm{cm}^3$ とする場合，金属板の使用量を最小にするには，底面の半径と高さをそれぞれ何 cm にすればよいか。ただし，金属板の厚さは無視して考えるものとする。

教科書 p.111

ガイド　底面の半径を r cm，高さを h cm として，容器の表面積 $S\,\mathrm{cm}^2$ を r と h で表す。

解答　底面の半径を r cm，高さを h cm とすると，容積が $27\pi\,\mathrm{cm}^3$ であるから，

$$\pi r^2h=27\pi \quad \cdots\cdots①$$

また，使用する金属板の面積を $S\,\mathrm{cm}^2$ とすると，

$$S=\pi r^2+2\pi rh \quad \cdots\cdots②$$

①より，$h=\dfrac{27}{r^2}$ ……③

③を②に代入して，$S=\pi r^2+\dfrac{54}{r}\pi$ ……④

④を r について微分すると，

$$\frac{dS}{dr}=2\pi r-\frac{54}{r^2}\pi=\frac{2\pi}{r^2}(r^3-27)=\frac{2\pi}{r^2}(r-3)(r^2+3r+9)$$

$\dfrac{dS}{dr}=0$ とすると，　$r=3$

$r>0$ であるから右の増減表より，$r=3$ のとき S は最小で，このとき③より，

$$h=3$$

r	0	……	3	……
$\dfrac{dS}{dr}$	／	$-$	0	$+$
S	／	↘	極小 27π	↗

よって，容器の表面積を最小にする**底面の半径**は **3 cm**，**高さ**は **3 cm** である。

2　方程式・不等式への応用

問 46　$x>1$ のとき，次の不等式を証明せよ。

$$x-1>\log x$$

教科書 p.112

ガイド　$f(x)=x-1-\log x$ とおき，$x>1$ で $f(x)>0$ であることを示す。

解答　$f(x)=x-1-\log x$ とおくと，　$f'(x)=1-\dfrac{1}{x}=\dfrac{x-1}{x}$

$x>1$ のとき， $f'(x)>0$
したがって，$f(x)$ は $x\geqq 1$ のとき増加する。
$f(1)=0$ であるから，
$x>1$ のとき， $f(x)>0$
よって，$x>1$ のとき， $x-1>\log x$

☑問 47 $x>0$ のとき，次の不等式を証明せよ。

教科書 p.112

$$e^x>1+x+\frac{1}{2}x^2$$

ガイド $f(x)=e^x-\left(1+x+\frac{1}{2}x^2\right)$ とおき，$x>0$ で $f(x)>0$ であることを示す。

解答 $f(x)=e^x-\left(1+x+\frac{1}{2}x^2\right)$ とおくと，

$f'(x)=e^x-(1+x)$
$f''(x)=e^x-1$

$x>0$ のとき，$e^x>1$ より，$f''(x)>0$
したがって，$f'(x)$ は $x\geqq 0$ のとき増加する。
$f'(0)=0$ であるから，$x>0$ のとき，$f'(x)>0$
したがって，$f(x)$ は $x\geqq 0$ のとき増加する。
$f(0)=0$ であるから，$x>0$ のとき，$f(x)>0$
よって，$x>0$ のとき，$e^x>1+x+\frac{1}{2}x^2$

プラスワン 一般に，自然数 n に対して次のことが成り立つ。

$$\lim_{x\to\infty}\frac{e^x}{x^n}=\infty, \quad \lim_{x\to\infty}\frac{x^n}{e^x}=0$$

☑問 48 k を定数とするとき，x についての方程式 $x=ke^{-x}$ の異なる実数解の個数を調べよ。

教科書 p.113

ガイド $f(x)=k$ の形に変形して，$y=f(x)$ のグラフと直線 $y=k$ の共有点の個数を調べればよい。

解答 方程式を変形すると，　$xe^x=k$

$f(x)=xe^x$ とおくと，

$f'(x)=e^x(1+x)$ であるから，$f(x)$ の増減表は右のようになる。

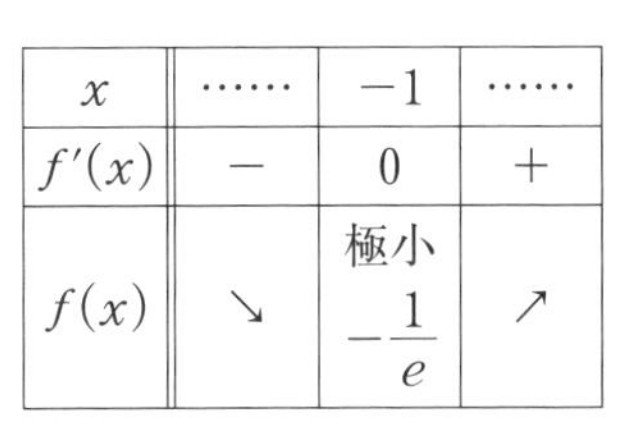

x	……	-1	……
$f'(x)$	$-$	0	$+$
$f(x)$	↘	極小 $-\frac{1}{e}$	↗

また，

$$\lim_{x\to\infty} f(x)=\infty$$

$$\lim_{x\to-\infty} f(x)=\lim_{t\to\infty}\left(-\frac{t}{e^t}\right)=0$$

したがって，$y=f(x)$ のグラフは，右の図のようになる。

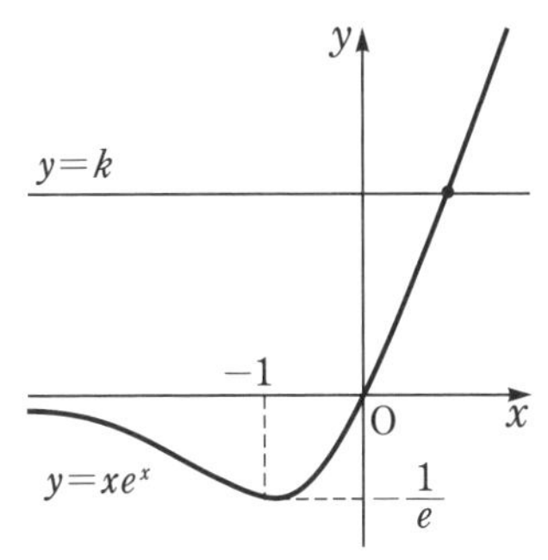

このグラフと直線 $y=k$ との共有点の個数が求める実数解の個数と一致するから，

$\boldsymbol{k<-\frac{1}{e}}$　**のとき，　0 個**

$\boldsymbol{k\geqq 0,\ k=-\frac{1}{e}}$　**のとき，　1 個**

$\boldsymbol{-\frac{1}{e}<k<0}$　**のとき，　2 個**

3　速度と加速度

問 49　数直線上を運動する点Pの座標 x が，時刻 t の関数として，$x=3\sin(\pi t+2)$ で表されるとき，時刻 t における点Pの速度と加速度を求めよ。また，速さの最大値はいくらか。

教科書 p.114

ガイド

ここがポイント **[直線上を動く点の速度と加速度]**

数直線上を動く点Pの座標 x が，時刻 t の関数として，$x=f(t)$ と表されるとき，時刻 t における点Pの速度 v，加速度 α は，

$$\boldsymbol{v=\frac{dx}{dt}=f'(t)}\qquad \boldsymbol{\alpha=\frac{dv}{dt}=\frac{d^2x}{dt^2}=f''(t)}$$

解答 **速度**　$v=\dfrac{dx}{dt}=3\pi\cos(\pi t+2)$

加速度 $\alpha=\dfrac{d^2x}{dt^2}=\boldsymbol{-3\pi^2\sin(\pi t+2)}$

速さは，$|v|=|3\pi\cos(\pi t+2)|\leqq 3\pi$

よって，**速さの最大値**は $\boldsymbol{3\pi}$ である。

問 50 座標平面のサイクロイド上を動く点 $\mathrm{P}(x,\ y)$ の時刻 t における座標が，$x=t-\sin t$，$y=1-\cos t$ と表されるとき，次の時刻における点Pの速度 $\vec{v}$，加速度 $\vec{\alpha}$ と，それらの大きさ $|\vec{v}|$，$|\vec{\alpha}|$ を求めよ。

教科書 p.116

(1) $t=0$　　(2) $t=\dfrac{\pi}{3}$　　(3) $t=\dfrac{\pi}{2}$

ガイド

ここがポイント [平面上を動く点の速度と加速度]

座標平面上を動く点 $\mathrm{P}(x,\ y)$ について，x，y が時刻 t の関数であるとき，時刻 t における点Pの速度 $\vec{v}$，速さ $|\vec{v}|$，加速度 $\vec{\alpha}$，加速度の大きさ $|\vec{\alpha}|$ は，

$$\vec{v}=\left(\frac{dx}{dt},\ \frac{dy}{dt}\right)\qquad |\vec{v}|=\sqrt{\left(\frac{dx}{dt}\right)^2+\left(\frac{dy}{dt}\right)^2}$$

$$\vec{\alpha}=\left(\frac{d^2x}{dt^2},\ \frac{d^2y}{dt^2}\right)\qquad |\vec{\alpha}|=\sqrt{\left(\frac{d^2x}{dt^2}\right)^2+\left(\frac{d^2y}{dt^2}\right)^2}$$

解答 $\dfrac{dx}{dt}=1-\cos t$，$\dfrac{dy}{dt}=\sin t$ より，

$\vec{v}=(1-\cos t,\ \sin t)$

$|\vec{v}|=\sqrt{(1-\cos t)^2+\sin^2 t}=\sqrt{2(1-\cos t)}$

また，$\dfrac{d^2x}{dt^2}=\sin t$，$\dfrac{d^2y}{dt^2}=\cos t$ より，　$\vec{\alpha}=(\sin t,\ \cos t)$

$|\vec{\alpha}|=\sqrt{\sin^2 t+\cos^2 t}=1$

(1) $t=0$ のとき，　$\boldsymbol{\vec{v}=(0,\ 0)}$，$\boldsymbol{\vec{\alpha}=(0,\ 1)}$，$\boldsymbol{|\vec{v}|=0}$，$\boldsymbol{|\vec{\alpha}|=1}$

(2) $t=\dfrac{\pi}{3}$ のとき，　$\boldsymbol{\vec{v}=\left(\dfrac{1}{2},\ \dfrac{\sqrt{3}}{2}\right)}$，$\boldsymbol{\vec{\alpha}=\left(\dfrac{\sqrt{3}}{2},\ \dfrac{1}{2}\right)}$，

$\boldsymbol{|\vec{v}|=1}$，$\boldsymbol{|\vec{\alpha}|=1}$

(3) $t=\dfrac{\pi}{2}$ のとき，　$\boldsymbol{\vec{v}=(1,\ 1)}$，$\boldsymbol{\vec{\alpha}=(1,\ 0)}$，$\boldsymbol{|\vec{v}|=\sqrt{2}}$，$\boldsymbol{|\vec{\alpha}|=1}$

4　関数の近似式

問 51　$h \fallingdotseq 0$ のときの $\cos(a+h)$ の1次の近似式を作り，$\cos 44°$ の近似値を求めよ。

教科書 p.117

ガイド

ここがポイント　**[1次の近似式]**

$h \fallingdotseq 0$ のとき，　$\boldsymbol{f(a+h) \fallingdotseq f(a)+f'(a)h}$

解答　$(\cos x)'=-\sin x$ であるから，$h \fallingdotseq 0$ のとき，

$$\boldsymbol{\cos(a+h) \fallingdotseq \cos a - h\sin a}$$

よって，$-\dfrac{\pi}{180}$ が0に十分近いと考え，

$$\cos 44° = \cos\left(\frac{\pi}{4}-\frac{\pi}{180}\right) \fallingdotseq \cos\frac{\pi}{4}+\frac{\pi}{180}\sin\frac{\pi}{4}$$

$$=\frac{\sqrt{2}}{2}+\frac{\pi}{180}\times\frac{\sqrt{2}}{2} \fallingdotseq \boldsymbol{0.7193}$$

問 52　$x \fallingdotseq 0$ のとき，次の近似式が成り立つことを示せ。

教科書 p.118

(1)　$e^x \fallingdotseq 1+x$　　(2)　$\log(1+x) \fallingdotseq x$

ガイド　$x \fallingdotseq 0$ のとき，$\boldsymbol{f(x) \fallingdotseq f(0)+f'(0)x}$ である。

解答　(1)　$f(x)=e^x$ とおくと，　$f'(x)=e^x$

よって，$f(0)=1$，$f'(0)=1$ より，$x \fallingdotseq 0$ のとき，　$e^x \fallingdotseq 1+x$

(2)　$f(x)=\log(1+x)$ とおくと，　$f'(x)=\dfrac{1}{1+x}$

よって，$f(0)=0$，$f'(0)=1$ より，

$x \fallingdotseq 0$ のとき，　$\log(1+x) \fallingdotseq 0+x=x$

問 53　次の数の近似値を求めよ。

教科書 p.118

(1)　$e^{0.01}$　　(2)　$\log 1.01$

ガイド　問 52 で示した近似式を利用する。

解答　(1)　$x \fallingdotseq 0$ のとき，$e^x \fallingdotseq 1+x$ であるから，　$e^{0.01} \fallingdotseq 1+0.01=\boldsymbol{1.01}$

(2)　$x \fallingdotseq 0$ のとき，$\log(1+x) \fallingdotseq x$ であるから，

$$\log 1.01 = \log(1+0.01) \fallingdotseq \boldsymbol{0.01}$$

第3章　微分法

節末問題 第4節 いろいろな応用

1 教科書 p.119

次の関数の最大値と最小値を求めよ。

(1) $y=x\sqrt{2x-x^2}$ (2) $y=\sin^3 x-\cos^3 x \quad (0\leqq x\leqq \pi)$

ガイド (1) 定義域に注意する。

(2) $y'=\dfrac{3\sqrt{2}}{2}\sin 2x\sin\left(x+\dfrac{\pi}{4}\right)$ となる。

解答 (1) 定義域は $2x-x^2\geqq 0$ より, $0\leqq x\leqq 2$

$$y'=\sqrt{2x-x^2}+x\cdot\frac{2-2x}{2\sqrt{2x-x^2}}=-\frac{x(2x-3)}{\sqrt{2x-x^2}}$$

$y'=0$ とすると, $0<x<2$ であるから, $x=\dfrac{3}{2}$

したがって, $0\leqq x\leqq 2$ における y の増減表は次のようになる。

x	0	……	$\frac{3}{2}$	……	2
y'	／	+	0	−	／
y	0	↗	極大 $\frac{3\sqrt{3}}{4}$	↘	0

よって,

$x=\dfrac{3}{2}$ のとき, 最大値 $\dfrac{3\sqrt{3}}{4}$,

$x=0$, 2 のとき, 最小値 0 をとる。

(2) $y'=3\sin^2 x\cos x+3\sin x\cos^2 x$

$$=3\sin x\cos x(\sin x+\cos x)=\frac{3\sqrt{2}}{2}\sin 2x\sin\left(x+\frac{\pi}{4}\right)$$

$y'=0$ とすると, $\sin 2x=0$ または $\sin\left(x+\dfrac{\pi}{4}\right)=0$

$0\leqq x\leqq \pi$ より, $0\leqq 2x\leqq 2\pi$, $\dfrac{\pi}{4}\leqq x+\dfrac{\pi}{4}\leqq\dfrac{5}{4}\pi$ であるから,

$$2x=0,\ \pi,\ 2\pi \text{ または } x+\frac{\pi}{4}=\pi$$

よって, $x=0,\ \dfrac{\pi}{2},\ \dfrac{3}{4}\pi,\ \pi$

したがって, $0\leqq x\leqq \pi$ における y の増減表は次のようになる。

x	0	……	$\dfrac{\pi}{2}$	……	$\dfrac{3}{4}\pi$	……	π
y'	0	$+$	0	$-$	0	$+$	0
y	-1	↗	極大 1	↘	極小 $\dfrac{\sqrt{2}}{2}$	↗	1

よって，

$x=\dfrac{\pi}{2}$，π のとき，最大値 1，

$x=0$ のとき，最小値 -1 をとる。

第3章　微分法

□ **2** 教科書 p.119

原点をOとし，定点 A(1, 2) を通る直線が，x 軸，y 軸の正の部分と交わる点を，それぞれ P，Q とする。

このとき，△OPQ の面積の最小値を求めよ。

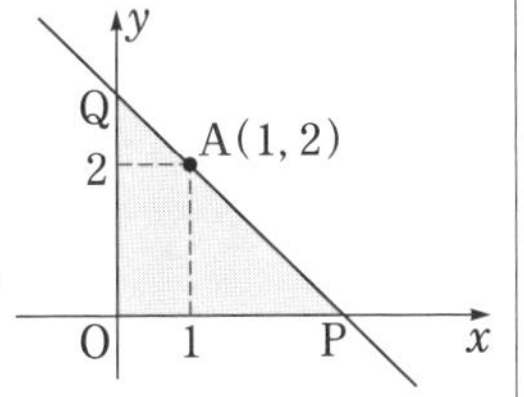

ガイド　点Aを通る直線の方程式は，$y=m(x-1)+2$ とおける。

△OPQ の面積を m で表し，m の関数と考えて最小値を求める。

解答　点Aを通り，x 軸，y 軸の正の部分と交わる直線の方程式は，

$$y=m(x-1)+2\quad(m<0)$$

とおける。

$m\neq0$ より，　$\mathrm{P}\left(-\dfrac{2}{m}+1,\ 0\right)$，$\mathrm{Q}(0,\ -m+2)$

△OPQ の面積を S とすると，

$$S=\frac{1}{2}\left(-\frac{2}{m}+1\right)(-m+2)=\frac{1}{2}\left(4-m-\frac{4}{m}\right)$$

よって，

$$\frac{dS}{dm}=\frac{1}{2}\left(-1+\frac{4}{m^2}\right)$$
$$=-\frac{(m+2)(m-2)}{2m^2}$$

m	……	-2	……	0
$\dfrac{dS}{dm}$	$-$	0	$+$	／
S	↘	極小 4	↗	／

したがって，S の増減表は右のようになる。

よって，△OPQ の面積の最小値は，　**4**

3 教科書 p.119

$x>1$ のとき，不等式 $x^2+2x-3>(3x+1)\log x$ を証明せよ。

ガイド $f(x)=x^2+2x-3-(3x+1)\log x$ $(x>1)$ とおいて，$f'(x)$，$f''(x)$ を調べて，$f(x)>0$ を示す。

解答 $f(x)=x^2+2x-3-(3x+1)\log x$ $(x>1)$ とおく。

$$f'(x)=2x+2-3\log x-(3x+1)\cdot\frac{1}{x}=2x-1-3\log x-\frac{1}{x}$$

$$f''(x)=2-\frac{3}{x}+\frac{1}{x^2}=\frac{2x^2-3x+1}{x^2}=\frac{(2x-1)(x-1)}{x^2}$$

$x>1$ のとき，$f''(x)>0$ より，$f'(x)$ は $x\geqq 1$ で増加する。

$f'(1)=0$ より，　$x>1$ のとき，　$f'(x)>0$

したがって，$x\geqq 1$ のとき，$f(x)$ は増加する。

$f(1)=0$ より，　$x>1$ のとき，　$f(x)>0$

よって，$x>1$ のとき，　$x^2+2x-3>(3x+1)\log x$

4 教科書 p.119

k を定数とするとき，x についての方程式 $4x^3+1=kx$ の異なる実数解の個数を調べよ。

ガイド $x=0$ は解ではないから，方程式は，$\dfrac{4x^3+1}{x}=k$ と変形できる。

解答 $x=0$ は $4x^3+1=kx$ の解ではないから，$x\neq 0$ としてよい。

方程式を変形すると，　$\dfrac{4x^3+1}{x}=k$

そこで，$f(x)=\dfrac{4x^3+1}{x}=4x^2+\dfrac{1}{x}$ とおくと，

$$f'(x)=8x-\frac{1}{x^2}=\frac{8x^3-1}{x^2}=\frac{(2x-1)(4x^2+2x+1)}{x^2}$$

であるから，$f(x)$ の増減表は次のようになる。

x	……	0	……	$\frac{1}{2}$	……
$f'(x)$	$-$	／	$-$	0	$+$
$f(x)$	↘	／	↘	極小 3	↗

また，

$$\lim_{x\to+0}\left(4x^2+\frac{1}{x}\right)=\infty,\quad \lim_{x\to-0}\left(4x^2+\frac{1}{x}\right)=-\infty,\quad \lim_{x\to\infty}\left(4x^2+\frac{1}{x}\right)=\infty,$$

$$\lim_{x\to-\infty}\left(4x^2+\frac{1}{x}\right)=\infty$$

したがって，$y=f(x)$ のグラフは，右の図のようになる。

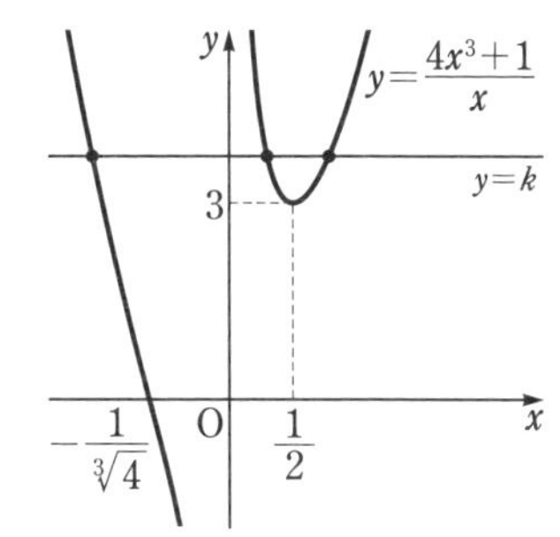

このグラフと直線 $y=k$ との共有点の個数が求める実数解の個数と一致するから，

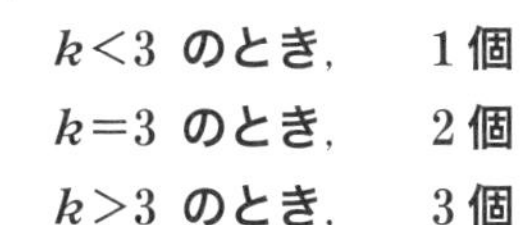

$k<3$ のとき，　1個
$k=3$ のとき，　2個
$k>3$ のとき，　3個

□ **5**　教科書 p.119

座標平面上を動く点 $\mathrm{P}(x,\ y)$ の時刻 t における座標が，

$$x=\sin t+\cos t,\quad y=\sin t\cos t$$

と表されている。$0\leqq t\leqq \pi$ のとき，点Pの速さの最大値を求めよ。

ガイド　速さは0以上の値をとるから，速さの2乗の最大値を求めて，その正の平方根を考える。

解答　$\dfrac{dx}{dt}=\cos t-\sin t$，$\dfrac{dy}{dt}=\cos^2 t-\sin^2 t=\cos 2t$ より，速度 $\vec{v}$ は，

$$\vec{v}=(\cos t-\sin t,\ \cos 2t)$$

これより，速さ $|\vec{v}|$ の2乗は，

$$|\vec{v}|^2=(\cos t-\sin t)^2+\cos^2 2t=1-\sin 2t+\cos^2 2t$$

$$=-\sin^2 2t-\sin 2t+2=-\left(\sin 2t+\frac{1}{2}\right)^2+\frac{9}{4}$$

$0\leqq t\leqq \pi$ のとき，$0\leqq 2t\leqq 2\pi$

したがって，$\sin 2t=-\dfrac{1}{2}$，すなわち，$2t=\dfrac{7}{6}\pi$，$\dfrac{11}{6}\pi$ のとき，$|\vec{v}|^2$ は最大値 $\dfrac{9}{4}$ をとる。

よって，　**$t=\dfrac{7}{12}\pi$，$\dfrac{11}{12}\pi$ のとき**，点Pの速さは**最大値 $\dfrac{3}{2}$** をとる。

6 教科書 p.119

右の図のような，上面の半径が 10 cm，高さが 15 cm の円錐（すい）の容器に，$8\text{ cm}^3/\text{s}$ の割合で水を注いでいく。このとき，次の問いに答えよ。

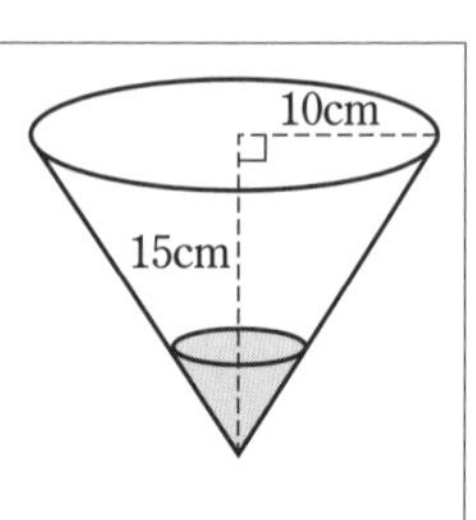

(1) 水を注ぎ始めてから t 秒後の水面の高さを h cm，注いだ水の量を $V\text{ cm}^3$ とするとき，V を h の式で表せ。

(2) 水面の高さが 6 cm になった瞬間における水面の上昇する速度は何 cm/s か。

ガイド (2) $8\text{ cm}^3/\text{s}$ の割合で水を注いでいくから，$\dfrac{dV}{dt}=8$ である。

V は h の関数で，h は t の関数であるから，合成関数の微分法を用いて，$\dfrac{dh}{dt}$ を求める。

解答 (1) 水を注ぎ始めてから t 秒後の水面の半径を r cm，高さを h cm とすると，

$r:h=10:15$ より，　$r=\dfrac{2}{3}h$

注いだ水の量を $V\text{cm}^3$ とすると，

$$\boldsymbol{V}=\frac{1}{3}\pi r^2h=\frac{1}{3}\pi\left(\frac{2}{3}h\right)^2h=\boldsymbol{\frac{4}{27}\pi h^3}$$

(2) V は h の関数で，h は t の関数であるから，

$$\frac{dV}{dt}=\frac{dV}{dh}\cdot\frac{dh}{dt}=\frac{d}{dh}\left(\frac{4}{27}\pi h^3\right)\cdot\frac{dh}{dt}=\frac{4}{9}\pi h^2\cdot\frac{dh}{dt}$$

V は $8\text{ cm}^3/\text{s}$ の割合で増えるから，　$\dfrac{dV}{dt}=8$

したがって，$8=\dfrac{4}{9}\pi h^2\cdot\dfrac{dh}{dt}$ より，　$\dfrac{dh}{dt}=\dfrac{18}{\pi h^2}$

$h=6$ のとき，　$\dfrac{dh}{dt}=\dfrac{18}{\pi\cdot 6^2}=\dfrac{1}{2\pi}$

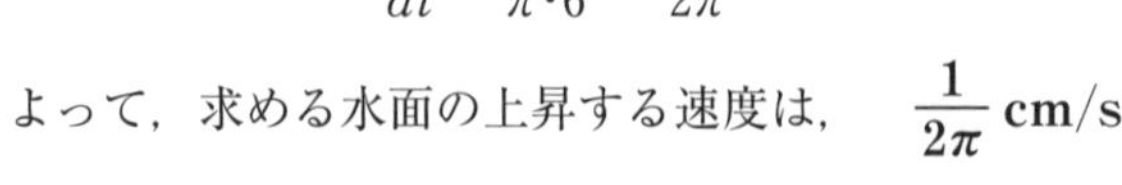

よって，求める水面の上昇する速度は，　$\boldsymbol{\dfrac{1}{2\pi}}$ **cm/s**

章末問題

A

☐ **1** 教科書 p.120

次の関数 $f(x)$ が $x=1$ で微分可能になるような定数 a, b の値を求めよ。

$$f(x)=\begin{cases} x^2+1 & (x\leqq 1 \text{ のとき}) \\ -2x^2+ax+b & (x>1 \text{ のとき}) \end{cases}$$

ガイド $\displaystyle\lim_{x\to 1-0} f(x)=\lim_{x\to 1+0} f(x)$ であり，$x=1$ における微分係数が存在すればよい。

解答 $x=1$ で微分可能であるとき，$x=1$ で連続であるから，　$f(1)=2$

$$\lim_{x\to 1+0} f(x)=\lim_{x\to 1+0}(-2x^2+ax+b)=-2+a+b$$

より，　$2=-2+a+b$　　すなわち，　$b=4-a$　……①

また，

$$\lim_{h\to -0}\frac{f(1+h)-f(1)}{h}=\lim_{h\to -0}\frac{\{(1+h)^2+1\}-2}{h}$$

$$=\lim_{h\to -0}\frac{2h+h^2}{h}=\lim_{h\to -0}(2+h)=2$$

$$\lim_{h\to +0}\frac{f(1+h)-f(1)}{h}=\lim_{h\to +0}\frac{\{-2(1+h)^2+a(1+h)+b\}-2}{h}$$

$$=\lim_{h\to +0}\frac{\{-2(1+h)^2+a(1+h)+4-a\}-2}{h}$$

$$=\lim_{h\to +0}\frac{-4h-2h^2+ah}{h}=\lim_{h\to +0}(-4-2h+a)=-4+a$$

$x=1$ における微分係数が存在するから，　$2=-4+a$

よって，　$\boldsymbol{a=6}$　　①より，　$\boldsymbol{b=-2}$

☐ **2** 教科書 p.120

次の関数を微分せよ。

(1)　$y=xe^{x^2}$　　　　(2)　$y=\cos^3(2x+1)$

ガイド (2)は，合成関数の微分法を 2 回用いる。

解答 (1)　$\boldsymbol{y'}=e^{x^2}+x\cdot(e^{x^2})'=e^{x^2}+x\cdot 2x\cdot e^{x^2}=\boldsymbol{e^{x^2}(1+2x^2)}$

(2)　$\boldsymbol{y'}=3\cos^2(2x+1)\cdot\{\cos(2x+1)\}'$

$=3\cos^2(2x+1)\cdot\{-\sin(2x+1)\}\cdot 2$

$=-6\cos^2(2x+1)\sin(2x+1)$

3 教科書 p.120

関数 $y=\sin x$ の第 n 次導関数は，$y^{(n)}=\sin\left(x+\frac{n}{2}\pi\right)$ であることを示せ。

ガイド 数学的帰納法を用いて示す。

解答 $y^{(n)}=\sin\left(x+\frac{n}{2}\pi\right)$ ……① とする。

(I) $n=1$ のとき，

$(①の左辺)=y^{(1)}=y'=(\sin x)'=\cos x$

$(①の右辺)=\sin\left(x+\frac{\pi}{2}\right)=\cos x$

よって，①が成り立つ。

(II) $n=k$ $(k\geqq 1)$ のときの①，すなわち，

$y^{(k)}=\sin\left(x+\frac{k}{2}\pi\right)$ ……②

が成り立つと仮定する。

②を用いて，$n=k+1$ のときの①の左辺を変形すると，

$y^{(k+1)}=\{y^{(k)}\}'=\left\{\sin\left(x+\frac{k}{2}\pi\right)\right\}'=\cos\left(x+\frac{k}{2}\pi\right)\cdot\left(x+\frac{k}{2}\pi\right)'$

$=\cos\left(x+\frac{k}{2}\pi\right)=\cos\left\{\left(x+\frac{k+1}{2}\pi\right)-\frac{\pi}{2}\right\}=\sin\left(x+\frac{k+1}{2}\pi\right)$

となり，$n=k+1$ のときの①の右辺と一致する。

(I)，(II)より，①はすべての自然数 n について成り立つ。

4 教科書 p.120

2つの曲線 $y=e^x$ と $y=\sqrt{ax}$ が共有点をもち，その点における2つの曲線の接線が一致するとき，定数 a の値とその共有点の座標を求めよ。ただし，$a\neq 0$ とする。

ガイド 共有点の x 座標を t とすると，$x=t$ における2つの曲線の y 座標と接線の傾きが，それぞれ一致する。

解答 $f(x)=e^x$ とすると，　$f'(x)=e^x$

$g(x)=\sqrt{ax}$ とすると，　$g'(x)=\frac{a}{2\sqrt{ax}}$

共有点の x 座標を t とすると，

$f(t)=g(t)$ より，

$$e^t=\sqrt{at} \quad \cdots\cdots①$$

$f'(t)=g'(t)$ より，

$$e^t=\frac{a}{2\sqrt{at}} \quad \cdots\cdots②$$

①，②より，　$\sqrt{at}=\dfrac{a}{2\sqrt{at}}$

$$at=\frac{a}{2}$$

$a \neq 0$ であるから，　$t=\dfrac{1}{2}$

①に代入して，　$e^{\frac{1}{2}}=\sqrt{\dfrac{1}{2}a}$　　$e=\dfrac{1}{2}a$

よって，　$\boldsymbol{a=2e}$　　また，**共有点の座標**は，　$\left(\boldsymbol{\dfrac{1}{2}},\ \boldsymbol{\sqrt{e}}\right)$

5　教科書 p.120

曲線 $xy=1$ 上の点Pにおける接線が x 軸，y 軸と交わる点を，それぞれQ，Rとし，原点をOとする。このとき，△OQRの面積は一定であることを示せ。

ガイド　点Pの座標を $(x_1,\ y_1)$ とおくと，Pにおける接線の方程式は，

$$y-y_1=-\frac{y_1}{x_1}(x-x_1)$$

である。

解答　点Pの座標を $(x_1,\ y_1)$ とすると，　$x_1 \neq 0$

$xy=1$ の両辺を x について微分すると，　$y+x\cdot y'=0$

$x \neq 0$ より，　$y'=-\dfrac{y}{x}$

点Pにおける接線の方程式は，

$$y-y_1=-\frac{y_1}{x_1}(x-x_1)$$

$$y=-\frac{y_1}{x_1}x+2y_1$$

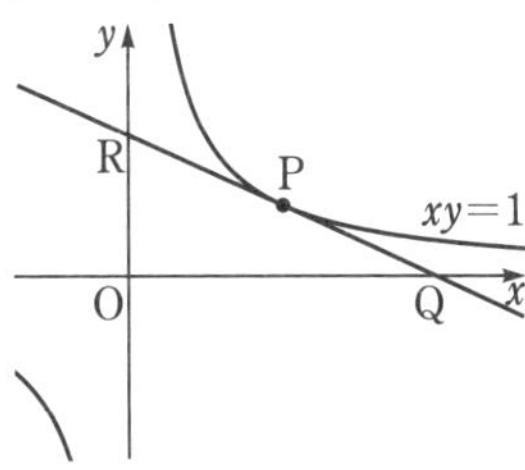

x 軸との交点Qの座標は，$y=0$ として，　$(2x_1,\ 0)$

y 軸との交点Rの座標は，$x=0$ として，　$(0,\ 2y_1)$

したがって，　$\triangle \mathrm{OQR}=\dfrac{1}{2}\mathrm{OQ}\cdot\mathrm{OR}=\dfrac{1}{2}|2x_1||2y_1|=2|x_1y_1|$

点Pは曲線 $xy=1$ 上にあるから，　$x_1y_1=1$

よって，$\triangle \mathrm{OQR}=2$ で，面積は一定である。

6　教科書 p.120

円に内接する二等辺三角形の中で，周の長さが最大となるのはどのような場合か。円の半径を a，二等辺三角形の頂角の大きさを 2θ として調べよ。

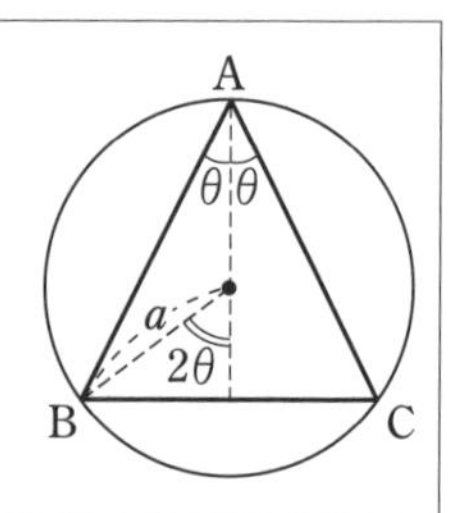

ガイド　二等辺三角形の周の長さを θ で表し，θ の関数として増減を調べる。

解答　BC を底辺とする二等辺三角形 ABC が半径 a の円に内接しているとき，

$$\mathrm{AB}=\mathrm{AC}=2a\cos\theta,\quad \mathrm{BC}=2a\sin 2\theta$$

$\triangle \mathrm{ABC}$ の周の長さを ℓ とすると，

$$\ell=2a(2\cos\theta+\sin 2\theta)\quad \left(0<\theta<\frac{\pi}{2}\right)$$

$$\frac{d\ell}{d\theta}=2a(-2\sin\theta+2\cos 2\theta)$$

$$=-4a\{\sin\theta-(1-2\sin^2\theta)\}=-4a(2\sin\theta-1)(\sin\theta+1)$$

$\dfrac{d\ell}{d\theta}=0$ のとき，　$\sin\theta=\dfrac{1}{2}$，-1

$0<\theta<\dfrac{\pi}{2}$ より，　$\theta=\dfrac{\pi}{6}$

$0<\theta<\dfrac{\pi}{2}$ の範囲における ℓ の増減表は，次のようになる。

θ	0	……	$\dfrac{\pi}{6}$	……	$\dfrac{\pi}{2}$
$\dfrac{d\ell}{d\theta}$	／	$+$	0	$-$	／
ℓ	／	↗	極大 $3\sqrt{3}\,a$	↘	／

よって，ℓは，$\theta=\dfrac{\pi}{6}$ のとき，最大値 $3\sqrt{3}a$

したがって，周の長さが最大になるのは，頂角の大きさが $\dfrac{\pi}{3}$ すなわち，**正三角形**のときである。

7 教科書 p.120

xの方程式 $a\sin^2x-4\sin x+2a-2=0$ が実数解をもつような定数aの値の範囲を求めよ。

ガイド $\sin x=t$ とおくと，方程式は，　$at^2-4t+2a-2=0$　$(-1\leqq t\leqq 1)$

より，$a=\dfrac{4t+2}{t^2+2}$

解答 $\sin x=t$ とおくと，$-1\leqq t\leqq 1$ であり，方程式は，

$$at^2-4t+2a-2=0$$
$$(t^2+2)a=4t+2$$

$t^2+2\neq 0$ より，　$a=\dfrac{4t+2}{t^2+2}$

$f(t)=\dfrac{4t+2}{t^2+2}$ $(-1\leqq t\leqq 1)$ とすると，

$$f'(t)=\frac{4(t^2+2)-(4t+2)\cdot 2t}{(t^2+2)^2}=\frac{-4t^2-4t+8}{(t^2+2)^2}$$
$$=-\frac{4(t+2)(t-1)}{(t^2+2)^2}$$

この関数の増減表は次のようになる。

t	-1	……	1
$f'(t)$		$+$	
$f(t)$	$-\dfrac{2}{3}$	↗	2

したがって，$y=f(t)$ のグラフは，右の図のようになる。

このグラフと直線 $y=a$ が共有点をもつ範囲を考えて，求める定数aの値の範囲は，

$$-\frac{2}{3}\leqq a\leqq 2$$

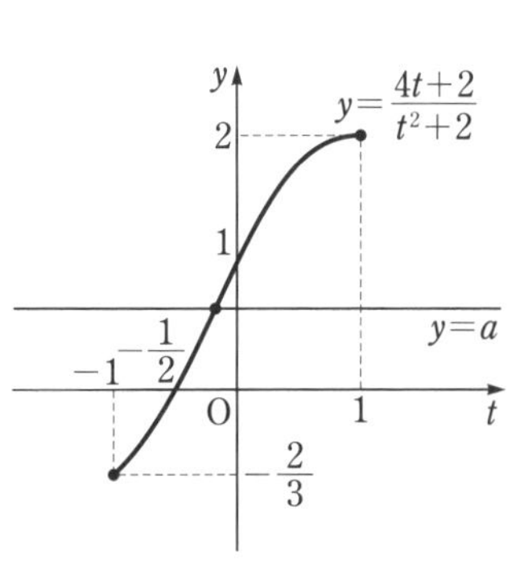

B

8 教科書 p.121

微分可能な関数 $f(x)$ について，次の等式を示せ。

(1) $\displaystyle\lim_{h\to 0}\frac{f(-h)-f(0)}{h}=-f'(0)$

(2) $\displaystyle\lim_{h\to 0}\frac{f(a+2h)-f(a)}{h}=2f'(a)$

(3) $\displaystyle\lim_{h\to 0}\frac{f(a+5h)-f(a-3h)}{h}=8f'(a)$

ガイド $\displaystyle\lim_{h\to 0}\frac{f(a+h)-f(a)}{h}=f'(a)$ であることを利用する。

解答 (1) $\displaystyle\lim_{h\to 0}\frac{f(-h)-f(0)}{h}=\lim_{h\to 0}\frac{f(0-h)-f(0)}{-h}\cdot(-1)=-f'(0)$

(2) $\displaystyle\lim_{h\to 0}\frac{f(a+2h)-f(a)}{h}=\lim_{h\to 0}\frac{f(a+2h)-f(a)}{2h}\cdot 2=2f'(a)$

(3) $\displaystyle\lim_{h\to 0}\frac{f(a+5h)-f(a-3h)}{h}$

$\displaystyle=\lim_{h\to 0}\frac{f(a+5h)-f(a)+f(a)-f(a-3h)}{h}$

$\displaystyle=\lim_{h\to 0}\frac{f(a+5h)-f(a)}{5h}\cdot 5-\lim_{h\to 0}\frac{f(a-3h)-f(a)}{-3h}\cdot(-3)$

$=5f'(a)+3f'(a)=8f'(a)$

9 教科書 p.121

$\displaystyle\lim_{t\to 0}(1+t)^{\frac{1}{t}}=e$ を用いて，次の極限値を求めよ。

(1) $\displaystyle\lim_{x\to\infty}\left(1+\frac{1}{x}\right)^x$　　(2) $\displaystyle\lim_{x\to 0}\frac{\log(1+x)}{x}$　　(3) $\displaystyle\lim_{x\to\infty}\left(1+\frac{1}{2x}\right)^x$

ガイド (1)は $\dfrac{1}{x}=t$，(3)は $\dfrac{1}{2x}=t$ とおき換えて考える。

解答 (1) $\dfrac{1}{x}=t$ とおくと，　$x\to\infty$ のとき，$t\to +0$

$$\lim_{x\to\infty}\left(1+\frac{1}{x}\right)^x=\lim_{t\to +0}(1+t)^{\frac{1}{t}}=e$$

(2) $\lim_{x\to 0}\frac{\log(1+x)}{x}=\lim_{x\to 0}\log(1+x)^{\frac{1}{x}}=\log e=\mathbf{1}$

(3) $\frac{1}{2x}=t$ とおくと，$x\to\infty$ のとき $t\to +0$

よって，

$$\lim_{x\to\infty}\left(1+\frac{1}{2x}\right)^x=\lim_{t\to +0}(1+t)^{\frac{1}{2t}}=\lim_{t\to +0}\{(1+t)^{\frac{1}{t}}\}^{\frac{1}{2}}=e^{\frac{1}{2}}=\sqrt{e}$$

10 教科書 p.121

x 軸上の点 $P(a,\ 0)$ から曲線 $y=xe^{-x}$ に2本の接線が引けるような定数 a の値の範囲を求めよ。

ガイド 接点の座標を $(t,\ te^{-t})$ とおいて接線の方程式を求める。その方程式に点Pの座標を代入したときにできる t についての方程式が，2つの異なる実数解をもてばよい。

解答 $y'=e^{-x}-xe^{-x}=(1-x)e^{-x}$

接点の座標を $(t,\ te^{-t})$ とおくと，接線の方程式は，

$y-te^{-t}=(1-t)e^{-t}(x-t)$

これが点 $P(a,\ 0)$ を通るから，　$-te^{-t}=(1-t)e^{-t}(a-t)$

$e^{-t}\neq 0$ であるから，両辺を e^{-t} で割ると，　$-t=(1-t)(a-t)$

$t^2-at+a=0$ ……①

点Pから2本の接線が引けるためには，t の2次方程式①が異なる2つの実数解をもてばよいから，①の判別式を D とすると，

$D=a^2-4a=a(a-4)>0$

よって，求める a の値の範囲は，　$\boldsymbol{a<0,\ 4<a}$

11 教科書 p.121

関数 $y=\sin e^x\ (x\geqq 0)$ の極大値をとる点を，x 座標が小さいものから順に $A_1,\ A_2,\ A_3,\ A_4,\ A_5,\ \cdots\cdots$ とするとき，次の問いに答えよ。

(1) $A_1,\ A_2$ の座標を求めよ。

(2) 線分 A_1A_5 の長さを求めよ。

ガイド $y'=e^x\cos e^x$ より，$y'=0$ となるのは，$e^x=\frac{\pi}{2},\ \frac{3}{2}\pi,\ \frac{5}{2}\pi,\ \cdots\cdots$ のときである。そのうち，極大値をとるのは，$e^x=\frac{\pi}{2},\ \frac{5}{2}\pi,\ \frac{9}{2}\pi,\ \cdots\cdots$ のときである。

解答 (1)　　$y'=e^x\cos e^x$

$e^x>0$ より，$e^x=\dfrac{\pi}{2},\ \dfrac{3}{2}\pi,\ \dfrac{5}{2}\pi,\ \cdots\cdots$ のとき $y'=0$ である。

n を 0 以上の整数とすると，この関数の増減表は次のようになる。

e^x	$\cdots\cdots$	$2n\pi+\dfrac{\pi}{2}$	$\cdots\cdots$	$2n\pi+\dfrac{3}{2}\pi$	$\cdots\cdots$
y'	$+$	0	$-$	0	$+$
y	↗	極大	↘	極小	↗

また，$e^x=\dfrac{\pi}{2},\ \dfrac{3}{2}\pi,\ \dfrac{5}{2}\pi,\ \cdots\cdots$のとき，$x=\log\dfrac{\pi}{2},\ \log\dfrac{3}{2}\pi,\ \log\dfrac{5}{2}\pi,\ \cdots\cdots$であり，これらは $x\geqq0$ を満たす。

A_1 は $e^x=\dfrac{\pi}{2}$ のときの点，A_2 は $e^x=\dfrac{5}{2}\pi$ のときの点であるから，　$\mathbf{A_1\left(\log\dfrac{\pi}{2},\ 1\right),\ A_2\left(\log\dfrac{5}{2}\pi,\ 1\right)}$

(2) A_5 は $e^x=\dfrac{17}{2}\pi$ のときの点であるから，その座標は，

$A_5\left(\log\dfrac{17}{2}\pi,\ 1\right)$

よって，　$A_1A_5=\log\dfrac{17}{2}\pi-\log\dfrac{\pi}{2}=\mathbf{\log 17}$

12 教科書 p.121

a を 2 より大きい定数とするとき，関数 $f(x)=\dfrac{x^3}{(x-1)^2}$ $(2\leqq x\leqq a)$ の最大値と最小値を求めよ。

ガイド $y=f(x)$ のグラフをかいて考える。

解答　　$f(x)=\dfrac{x^3}{(x-1)^2}$　　$f'(x)=\dfrac{x^2(x-3)}{(x-1)^3}$

この関数の増減表は次のようになる。

x	2	$\cdots\cdots$	3	$\cdots\cdots$
$f'(x)$	$-$	$-$	0	$+$
$f(x)$	8	↘	$\dfrac{27}{4}$	↗

よって，関数 $y=\dfrac{x^3}{(x-1)^2}$ のグラフの概形は図のようになる。

$f(2)=8$ であり，$x>2$ で $f(x)=8$ となる x は，　$x^3=8(x-1)^2$

$(x-2)(x^2-6x+4)=0$ より，

$x=3+\sqrt{5}$

よって，

$2<a<3$ のとき，$x=2$ で最大値 8

$x=a$ で最小値 $\dfrac{a^3}{(a-1)^2}$

$3\leqq a<3+\sqrt{5}$ のとき，$x=2$ で最大値 8

$x=3$ で最小値 $\dfrac{27}{4}$

$a=3+\sqrt{5}$ のとき，$x=2,\ 3+\sqrt{5}$ で最大値 8

$x=3$ で最小値 $\dfrac{27}{4}$

$3+\sqrt{5}<a$ のとき，$x=a$ で最大値 $\dfrac{a^3}{(a-1)^2}$

$x=3$ で最小値 $\dfrac{27}{4}$

13 教科書 p.121

次の問いに答えよ。

(1) 不等式 $2\sqrt{x}>\log x$ を証明せよ。

(2) 不等式 $2\sqrt{x}>\log x$ を用いて，極限値 $\displaystyle\lim_{x\to\infty}\frac{\log x}{x}$ を求めよ。

(3) すべての正の数 x について，不等式 $ax\geqq\log x$ が成り立つとき，定数 a の値の範囲を求めよ。

ガイド (1) $f(x)=2\sqrt{x}-\log x$ とおいて，$x>0$ のとき，$f(x)>0$ を示す。

(3) $ax\geqq\log x$ で $x>0$ より，$a\geqq\dfrac{\log x}{x}$ となる。

解答 (1) $f(x)=2\sqrt{x}-\log x$ とおくと，定義域は $x>0$ で，

$$f'(x)=\frac{1}{\sqrt{x}}-\frac{1}{x}=\frac{\sqrt{x}-1}{x}$$

$f(x)$ の増減表は右のようになるから，$x>0$ のとき，

$f(x)>0$

よって，　$2\sqrt{x}>\log x$

x	0	……	1	……
$f'(x)$		$-$	0	$+$
$f(x)$		↘	極小 2	↗

(2) (1)より，$x>1$ のとき，$2\sqrt{x}>\log x>0$ であるから，

$$\frac{2\sqrt{x}}{x}>\frac{\log x}{x}>0$$

$\displaystyle\lim_{x\to\infty}\frac{2\sqrt{x}}{x}=\lim_{x\to\infty}\frac{2}{\sqrt{x}}=0$ より，　$\displaystyle\lim_{x\to\infty}\frac{\log x}{x}=\mathbf{0}$

(3) $ax\geqq\log x$ より，$x>0$ であるから，　$a\geqq\dfrac{\log x}{x}$

$y=\dfrac{\log x}{x}$ とすると，　$y'=\dfrac{1-\log x}{x^2}$

y の増減表は右のようになる。

また，$\displaystyle\lim_{x\to+0}y=-\infty$ であるから，直線 $x=0$，すなわち y 軸は漸近線である。

x	0	……	e	……
y'		$+$	0	$-$
y		↗	極大 $\frac{1}{e}$	↘

(2)より，$\displaystyle\lim_{x\to\infty}y=0$ であるから，直線 $y=0$，すなわち x 軸は漸近線である。

以上から，グラフの概形は右の図のようになる。

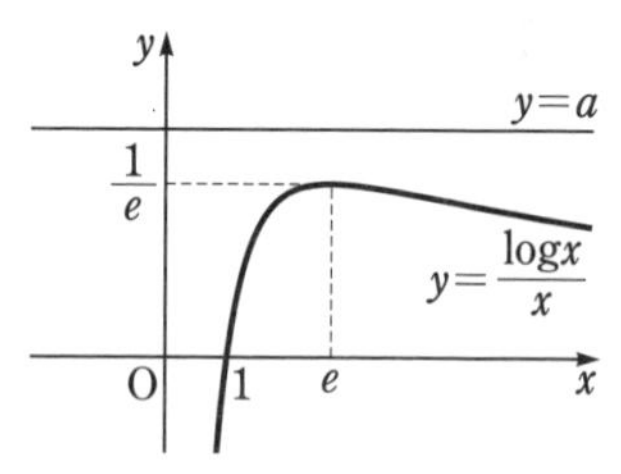

よって，すべての正の数 x について，不等式 $ax\geqq\log x$ が成り立つとき，　$\boldsymbol{a\geqq\frac{1}{e}}$

14 教科書 p.121

次の問いに答えよ。

(1) $\displaystyle\lim_{x\to\infty}\frac{x}{e^x}=0$ を用いて，極限値 $\displaystyle\lim_{x\to+0}x\log x$ を求めよ。

(2) k を定数とする。x についての方程式 $x\log x=k$ が1より小さい解をもつとき，k の値の範囲を求めよ。

ガイド (1) $\log x=-t$ とおく。

(2) $y=x\log x$ のグラフから考える。

解答 (1) $\log x=-t$ とおくと，$x\to+0$ のとき $t\to\infty$ であるから，

$$\lim_{x\to+0}x\log x=\lim_{t\to\infty}e^{-t}\cdot(-t)=\lim_{t\to\infty}\left(-\frac{t}{e^t}\right)=\mathbf{0}$$

(2) $y=x\log x$ とすると，定義域は，　$x>0$

$y'=\log x+1$

この関数の増減表は右のようになる。

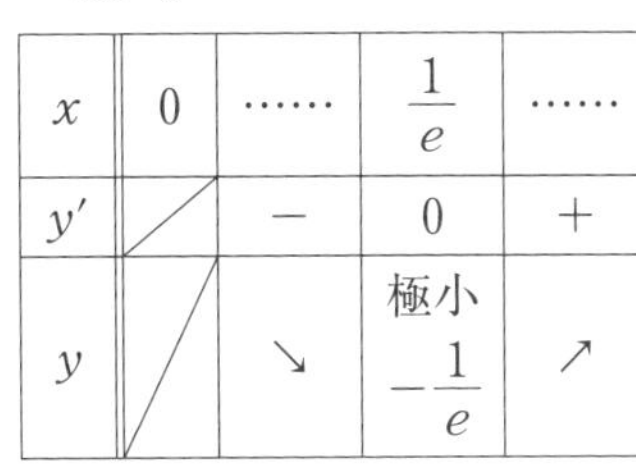

x	0	……	$\frac{1}{e}$	……
y'	／	$-$	0	$+$
y	／	↘	極小 $-\frac{1}{e}$	↗

また，$\displaystyle\lim_{x\to\infty}y=\infty$

(1)より，$\displaystyle\lim_{x\to+0}y=0$

したがって，グラフの概形は右の図のようになる。

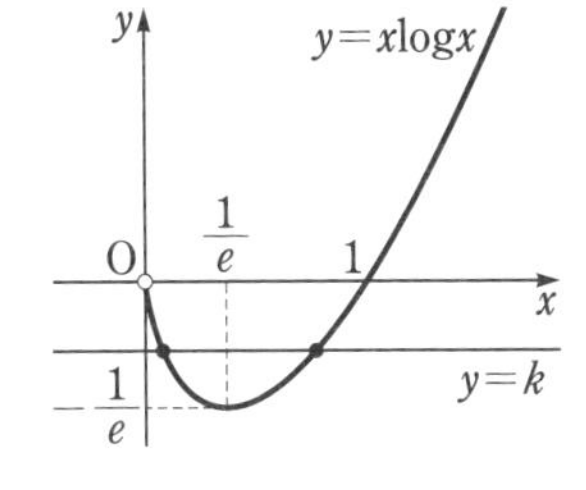

図より，$x\log x=k$ が1より小さい解をもつとき，　$\boldsymbol{-\frac{1}{e}\leqq k<0}$

第4章　積分法

第1節　不定積分

1　不定積分

問 1　次の不定積分を求めよ。

教科書 p.125　(1) $\displaystyle\int\frac{dx}{x^2}$　(2) $\displaystyle\int x\sqrt{x}\,dx$　(3) $\displaystyle\int\frac{dt}{\sqrt[4]{t}}$

ガイド

ここがポイント　[x^α の不定積分]

$$\int x^\alpha dx=\frac{1}{\alpha+1}x^{\alpha+1}+C \qquad (\alpha\neq-1)$$

$$\int\frac{1}{x}dx=\log|x|+C$$

今後，とくに断らなくても，C は積分定数を表すものとする。

解答

(1) $\displaystyle\int\frac{dx}{x^2}=\int x^{-2}dx=\frac{1}{-2+1}x^{-2+1}+C=-x^{-1}+C=\boldsymbol{-\frac{1}{x}+C}$

(2) $\displaystyle\int x\sqrt{x}\,dx=\int x^{\frac{3}{2}}dx=\frac{1}{\frac{3}{2}+1}x^{\frac{3}{2}+1}+C=\frac{2}{5}x^{\frac{5}{2}}+C$

$\displaystyle=\boldsymbol{\frac{2}{5}x^2\sqrt{x}+C}$

(3) $\displaystyle\int\frac{dt}{\sqrt[4]{t}}=\int t^{-\frac{1}{4}}dt=\frac{1}{-\frac{1}{4}+1}t^{-\frac{1}{4}+1}+C=\frac{4}{3}t^{\frac{3}{4}}+C=\boldsymbol{\frac{4}{3}\sqrt[4]{t^3}+C}$

注意　実際に問題を解く際には，答えの後ろに「(Cは積分定数)」などと書かなければならない。忘れやすいから，注意しよう。

問 2　次の不定積分を求めよ。

教科書 p.126　(1) $\displaystyle\int\frac{(x-1)^2}{x}dx$　(2) $\displaystyle\int\frac{\sqrt{x}+2}{x}dx$

ガイド

ここがポイント [不定積分の性質]

1 $\int kf(x)\,dx=k\int f(x)\,dx$　(k は定数)

2 $\int\{f(x)+g(x)\}\,dx=\int f(x)\,dx+\int g(x)\,dx$

$\int\{f(x)-g(x)\}\,dx=\int f(x)\,dx-\int g(x)\,dx$

解答 (1) $\int\frac{(x-1)^2}{x}dx=\int\left(x-2+\frac{1}{x}\right)dx$

$$=\frac{1}{2}x^2-2x+\log|x|+C$$

(2) $\int\frac{\sqrt{x}+2}{x}dx=\int\left(\frac{1}{\sqrt{x}}+\frac{2}{x}\right)dx$

$$=2\sqrt{x}+2\log|x|+C$$

問 3 次の不定積分を求めよ。

教科書 p.126

(1) $\int(4\cos x-\sin x)\,dx$　(2) $\int\frac{3-\cos^3x}{\cos^2x}dx$　(3) $\int\frac{dx}{\tan^2x}$

ガイド

ここがポイント [三角関数の不定積分]

$\int\sin x\,dx=-\cos x+C$　$\int\cos x\,dx=\sin x+C$

$\int\frac{dx}{\cos^2x}=\tan x+C$　$\int\frac{dx}{\sin^2x}=-\frac{1}{\tan x}+C$

解答 (1) $\int(4\cos x-\sin x)\,dx=4\sin x+\cos x+C$

(2) $\int\frac{3-\cos^3x}{\cos^2x}dx=\int\left(\frac{3}{\cos^2x}-\cos x\right)dx=3\tan x-\sin x+C$

(3) $\int\frac{1}{\tan^2x}dx=\int\frac{\cos^2x}{\sin^2x}dx=\int\frac{1-\sin^2x}{\sin^2x}dx=\int\left(\frac{1}{\sin^2x}-1\right)dx$

$$=-\frac{1}{\tan x}-x+C$$

問 4 次の不定積分を求めよ。

教科書 p.127

(1) $\int(2e^x-3^x)\,dx$　(2) $\int(5^x+x^4)\,dx$

ガイド

ここがポイント **[指数関数の不定積分]**

$$\int e^x dx = e^x + C \qquad \int a^x dx = \frac{a^x}{\log a} + C$$

解答

(1) $\int (2e^x - 3^x)\,dx = 2e^x - \frac{3^x}{\log 3} + C$

(2) $\int (5^x + x^4)\,dx = \frac{5^x}{\log 5} + \frac{1}{5}x^5 + C$

問 5 次の不定積分を求めよ。

教科書 p.127

(1) $\int (-4x+2)^5 dx$ (2) $\int \frac{dx}{2x+1}$ (3) $\int \sqrt{1-5t}\,dt$

ガイド

ここがポイント **[$f(ax+b)$ の不定積分]**

$F'(x) = f(x)$，$a \neq 0$ のとき，

$$\int f(ax+b)\,dx = \frac{1}{a}F(ax+b) + C$$

解答

(1) $\int (-4x+2)^5 dx = -\frac{1}{4}\cdot\frac{1}{6}(-4x+2)^6 + C = -\frac{1}{24}(-4x+2)^6 + C$

(2) $\int \frac{dx}{2x+1} = \frac{1}{2}\log|2x+1| + C$

(3) $\int \sqrt{1-5t}\,dt = -\frac{1}{5}\cdot\frac{2}{3}(1-5t)^{\frac{3}{2}} + C = -\frac{2}{15}(1-5t)\sqrt{1-5t} + C$

問 6 次の不定積分を求めよ。

教科書 p.128

(1) $\int \sin\frac{x+1}{2}\,dx$ (2) $\int e^{-2x+1}dx$ (3) $\int \frac{dx}{3^x}$

ガイド (3)は $\frac{1}{3^x}$ を 3^{-x} と考える。

解答

(1) $\int \sin\frac{x+1}{2}\,dx = -2\cos\frac{x+1}{2} + C$

(2) $\int e^{-2x+1}dx = -\frac{1}{2}e^{-2x+1} + C$

(3) $\int \frac{dx}{3^x} = \int 3^{-x}dx = -\frac{3^{-x}}{\log 3} + C = -\frac{1}{3^x \log 3} + C$

問 7　次の不定積分を求めよ。

教科書 p.128

(1) $\displaystyle\int\frac{x^2+3x-4}{x+2}dx$　(2) $\displaystyle\int\frac{1}{x^2-1}dx$　(3) $\displaystyle\int\frac{3x+4}{x^2+3x+2}dx$

ガイド　$\dfrac{x-5}{x^2-x-2}=\dfrac{2}{x+1}-\dfrac{1}{x-2}$ のように式変形することを**部分分数に分解する**という。

(1) 被積分関数の分子の次数を分母の次数より小さくする。

(2), (3) 被積分関数を部分分数に分解する。

解答　(1) $\displaystyle\int\frac{x^2+3x-4}{x+2}dx=\int\frac{(x+2)(x+1)-6}{x+2}dx=\int\left(x+1-\frac{6}{x+2}\right)dx$

$$=\boldsymbol{\frac{1}{2}x^2+x-6\log|x+2|+C}$$

(2) $\dfrac{1}{x^2-1}=\dfrac{1}{(x-1)(x+1)}$ より，$\dfrac{1}{(x-1)(x+1)}=\dfrac{a}{x-1}+\dfrac{b}{x+1}$

とおき，分母を払うと，

$1=a(x+1)+b(x-1)$　　$1=(a+b)x+a-b$

係数を比較して，　$a+b=0$，$a-b=1$

これより，　$a=\dfrac{1}{2}$，$b=-\dfrac{1}{2}$

よって，　$\displaystyle\int\frac{1}{x^2-1}dx=\frac{1}{2}\int\left(\frac{1}{x-1}-\frac{1}{x+1}\right)dx$

$=\dfrac{1}{2}(\log|x-1|-\log|x+1|)+C=\boldsymbol{\dfrac{1}{2}\log\left|\dfrac{x-1}{x+1}\right|+C}$

(3) $\dfrac{3x+4}{x^2+3x+2}=\dfrac{3x+4}{(x+1)(x+2)}$ より，

$\dfrac{3x+4}{(x+1)(x+2)}=\dfrac{a}{x+1}+\dfrac{b}{x+2}$ とおき，分母を払うと，

$3x+4=a(x+2)+b(x+1)$　　$3x+4=(a+b)x+2a+b$

係数を比較して，　$a+b=3$，$2a+b=4$

これより，　$a=1$，$b=2$

よって，　$\displaystyle\int\frac{3x+4}{x^2+3x+2}dx=\int\left(\frac{1}{x+1}+\frac{2}{x+2}\right)dx$

$=\log|x+1|+2\log|x+2|+C=\boldsymbol{\log|x+1|(x+2)^2+C}$

問 8 下の 1～4 が成り立つことを証明せよ。

教科書 p.129

ガイド

ここがポイント [積を和，差に直す公式]

1 $\sin\alpha\cos\beta=\frac{1}{2}\{\sin(\alpha+\beta)+\sin(\alpha-\beta)\}$

2 $\cos\alpha\sin\beta=\frac{1}{2}\{\sin(\alpha+\beta)-\sin(\alpha-\beta)\}$

3 $\cos\alpha\cos\beta=\frac{1}{2}\{\cos(\alpha+\beta)+\cos(\alpha-\beta)\}$

4 $\sin\alpha\sin\beta=-\frac{1}{2}\{\cos(\alpha+\beta)-\cos(\alpha-\beta)\}$

解答

$\sin(\alpha+\beta)=\sin\alpha\cos\beta+\cos\alpha\sin\beta$ ……①

$\sin(\alpha-\beta)=\sin\alpha\cos\beta-\cos\alpha\sin\beta$ ……②

$\cos(\alpha+\beta)=\cos\alpha\cos\beta-\sin\alpha\sin\beta$ ……③

$\cos(\alpha-\beta)=\cos\alpha\cos\beta+\sin\alpha\sin\beta$ ……④

まず，①+② と ①−② を計算すると，それぞれ，

$\sin(\alpha+\beta)+\sin(\alpha-\beta)=2\sin\alpha\cos\beta$

$\sin(\alpha+\beta)-\sin(\alpha-\beta)=2\cos\alpha\sin\beta$

また，③+④ と ③−④ を計算すると，それぞれ，

$\cos(\alpha+\beta)+\cos(\alpha-\beta)=2\cos\alpha\cos\beta$

$\cos(\alpha+\beta)-\cos(\alpha-\beta)=-2\sin\alpha\sin\beta$

したがって，1～4の公式が得られる。

問 9 次の不定積分を求めよ。

教科書 p.129

(1) $\int\sin^2 x\,dx$　　(2) $\int\cos x\cos 2x\,dx$

ガイド (1) 半角の公式 $\sin^2\alpha=\frac{1-\cos 2\alpha}{2}$ を利用する。

(2) 積を和，差に直す公式を利用する。

解答 (1) $\int\sin^2 x\,dx=\int\frac{1-\cos 2x}{2}dx=\boldsymbol{\frac{1}{2}x-\frac{1}{4}\sin 2x+C}$

(2) $\displaystyle\int\cos x\cos 2x\,dx=\frac{1}{2}\int(\cos 3x+\cos x)\,dx$

$\displaystyle=\boldsymbol{\frac{1}{6}\sin 3x+\frac{1}{2}\sin x+C}$

2　置換積分法と部分積分法

問 10　不定積分 $\displaystyle\int x(3x+4)^3dx$ を求めよ。

教科書 p.130

ガイド

ここがポイント [置換積分法]

$\displaystyle\int f(x)\,dx=\int f(g(t))g'(t)\,dt$　　ただし，$x=g(t)$

解答　$3x+4=t$ とおくと，$x=\dfrac{t-4}{3}$，$\dfrac{dx}{dt}=\dfrac{1}{3}$ であるから，

$\displaystyle\int x(3x+4)^3dx=\int\frac{t-4}{3}\cdot t^3\cdot\frac{1}{3}dt$

$\displaystyle=\frac{1}{9}\int(t^4-4t^3)\,dt=\frac{1}{9}\left(\frac{1}{5}t^5-t^4\right)+C$

$\displaystyle=\frac{1}{45}t^4(t-5)+C=\boldsymbol{\frac{1}{45}(3x+4)^4(3x-1)+C}$

問 11　次の不定積分を求めよ。

教科書 p.131

(1) $\displaystyle\int(x-2)\sqrt{3-x}\,dx$　　(2) $\displaystyle\int\frac{dx}{(\sqrt{x}+1)^2}$

ガイド　(1)は $\sqrt{3-x}=t$ とおき，(2)は $\sqrt{x}+1=t$ とおく。

解答　(1) $\sqrt{3-x}=t$ とおくと，$x=3-t^2$，$\dfrac{dx}{dt}=-2t$ であるから，

$\displaystyle\int(x-2)\sqrt{3-x}\,dx=\int(1-t^2)\cdot t\cdot(-2t)\,dt$

$\displaystyle=2\int(t^4-t^2)\,dt=2\left(\frac{1}{5}t^5-\frac{1}{3}t^3\right)+C$

$\displaystyle=\frac{2}{15}t^3(3t^2-5)+C=\boldsymbol{\frac{2}{15}(4-3x)(3-x)\sqrt{3-x}+C}$

(2) $\sqrt{x}+1=t$ とおくと，$x=(t-1)^2$，$\dfrac{dx}{dt}=2(t-1)$ であるから，

$$\int\frac{dx}{(\sqrt{x}+1)^2}=\int\frac{1}{t^2}\cdot 2(t-1)\,dt$$
$$=2\int\left(\frac{1}{t}-\frac{1}{t^2}\right)dt=2\left(\log|t|+\frac{1}{t}\right)+C$$
$$=2\left(\log|\sqrt{x}+1|+\frac{1}{\sqrt{x}+1}\right)+C=\boldsymbol{2\left\{\log(\sqrt{x}+1)+\frac{1}{\sqrt{x}+1}\right\}+C}$$

問 12 次の不定積分を求めよ。

教科書 p.132

(1) $\displaystyle\int(3x^2+1)\sqrt{x^3+x}\,dx$ (2) $\displaystyle\int\sin^4x\cos x\,dx$

(3) $\displaystyle\int\frac{\log x}{x}\,dx$ (4) $\displaystyle\int x^2e^{x^3}dx$

ガイド

ここがポイント [$f(g(x))g'(x)$ の不定積分]

$\displaystyle\int f(g(x))g'(x)\,dx=\int f(u)\,du$ ただし，$g(x)=u$

解答 (1) $x^3+x=u$ とおくと，$\dfrac{du}{dx}=3x^2+1$ であるから，

$$\int(3x^2+1)\sqrt{x^3+x}\,dx=\int\sqrt{x^3+x}\cdot(3x^2+1)\,dx=\int\sqrt{u}\,du$$
$$=\frac{2}{3}u^{\frac{3}{2}}+C=\boldsymbol{\frac{2}{3}(x^3+x)\sqrt{x^3+x}+C}$$

(2) $\sin x=u$ とおくと，$\dfrac{du}{dx}=\cos x$ であるから，

$$\int\sin^4x\cos x\,dx=\int\sin^4x\cdot\cos x\,dx=\int u^4du$$
$$=\frac{1}{5}u^5+C=\boldsymbol{\frac{1}{5}\sin^5x+C}$$

(3) $\log x=u$ とおくと，$\dfrac{du}{dx}=\dfrac{1}{x}$ であるから，

$$\int\frac{\log x}{x}\,dx=\int\log x\cdot\frac{1}{x}\,dx=\int u\,du=\frac{1}{2}u^2+C=\boldsymbol{\frac{1}{2}(\log x)^2+C}$$

(4) $x^3=u$ とおくと，$\dfrac{du}{dx}=3x^2$ であるから，

$$\int x^2e^{x^3}dx=\frac{1}{3}\int e^{x^3}\cdot 3x^2dx=\frac{1}{3}\int e^u du=\frac{1}{3}e^u+C=\boldsymbol{\frac{1}{3}e^{x^3}+C}$$

問 13　次の不定積分を求めよ。

教科書 p.133

(1) $\displaystyle\int\frac{2x+1}{x^2+x-1}dx$　(2) $\displaystyle\int\frac{e^x-e^{-x}}{e^x+e^{-x}}dx$　(3) $\displaystyle\int\frac{1}{x\log x}dx$

ガイド

ここがポイント $\left[\dfrac{f'(x)}{f(x)}\text{ の不定積分}\right]$

$$\int\frac{f'(x)}{f(x)}dx=\log|f(x)|+C$$

解答

(1) $\displaystyle\int\frac{2x+1}{x^2+x-1}dx=\int\frac{(x^2+x-1)'}{x^2+x-1}dx=\boldsymbol{\log|x^2+x-1|+C}$

(2) $\displaystyle\int\frac{e^x-e^{-x}}{e^x+e^{-x}}dx=\int\frac{(e^x+e^{-x})'}{e^x+e^{-x}}dx=\boldsymbol{\log(e^x+e^{-x})+C}$

(3) $\displaystyle\int\frac{1}{x\log x}dx=\int\frac{\frac{1}{x}}{\log x}dx=\int\frac{(\log x)'}{\log x}dx=\boldsymbol{\log|\log x|+C}$

問 14　不定積分 $\displaystyle\int\frac{dx}{\tan x}$ を求めよ。

教科書 p.133

ガイド　$\dfrac{1}{\tan x}=\dfrac{\cos x}{\sin x}$ と考える。

解答　$\displaystyle\int\frac{dx}{\tan x}=\int\frac{\cos x}{\sin x}dx=\int\frac{(\sin x)'}{\sin x}dx=\boldsymbol{\log|\sin x|+C}$

問 15　次の不定積分を求めよ。

教科書 p.134

(1) $\displaystyle\int x\sin x\,dx$　(2) $\displaystyle\int xe^{2x}dx$

(3) $\displaystyle\int x^2\log x\,dx$　(4) $\displaystyle\int\log(x-2)\,dx$

ガイド

ここがポイント [部分積分法]

$$\int f(x)g'(x)\,dx=f(x)g(x)-\int f'(x)g(x)\,dx$$

(4)　$\log(x-2)=\{\log(x-2)\}\cdot1=\{\log(x-2)\}\cdot(x-2)'$ と考えて，部分積分をする。

解答 (1) $\int x\sin x\,dx=\int x(-\cos x)'dx=x(-\cos x)-\int (x)'(-\cos x)\,dx$

$=-x\cos x+\int\cos x\,dx=\boldsymbol{-x\cos x+\sin x+C}$

(2) $\int xe^{2x}dx=\int x\left(\frac{1}{2}e^{2x}\right)'dx=x\cdot\frac{1}{2}e^{2x}-\int (x)'\cdot\frac{1}{2}e^{2x}dx$

$=\frac{1}{2}xe^{2x}-\frac{1}{2}\int e^{2x}dx=\frac{1}{2}xe^{2x}-\frac{1}{4}e^{2x}+C=\boldsymbol{\frac{1}{4}e^{2x}(2x-1)+C}$

(3) $\int x^2\log x\,dx=\int \log x\left(\frac{1}{3}x^3\right)'dx=\log x\cdot\frac{1}{3}x^3-\int (\log x)'\cdot\frac{1}{3}x^3dx$

$=\frac{1}{3}x^3\log x-\int\frac{1}{x}\cdot\frac{1}{3}x^3\,dx=\frac{1}{3}x^3\log x-\frac{1}{3}\int x^2dx$

$=\frac{1}{3}x^3\log x-\frac{1}{9}x^3+C=\boldsymbol{\frac{1}{9}x^3(3\log x-1)+C}$

(4) $\int\log(x-2)\,dx=\int\{\log(x-2)\}\cdot(x-2)'dx$

$=\{\log(x-2)\}\cdot(x-2)-\int\{\log(x-2)\}'(x-2)\,dx$

$=(x-2)\log(x-2)-\int\frac{1}{x-2}\cdot(x-2)\,dx$

$=(x-2)\log(x-2)-\int dx=\boldsymbol{(x-2)\log(x-2)-x+C}$

節末問題　第1節　不定積分

1 教科書 p.135

次の不定積分を求めよ。

(1) $\int e^{-2x+3}dx$

(2) $\int\sqrt{3x-1}\,dx$

(3) $\int\frac{dx}{x^2+2x-3}$

(4) $\int x\sqrt{1-x^2}\,dx$

(5) $\int\frac{\cos x}{\sin^2 x}dx$

(6) $\int\frac{\sin(\log x)}{x}dx$

(7) $\int\frac{x+1}{x^2+2x-2}dx$

(8) $\int(2x+1)\cos x\,dx$

ガイド (7) 分子は分母の導関数の $\frac{1}{2}$ 倍になっている。

解答 (1) $\int e^{-2x+3}dx=-\boldsymbol{\frac{1}{2}e^{-2x+3}+C}$

(2) $\int\sqrt{3x-1}\,dx=\frac{1}{3}\cdot\frac{2}{3}(3x-1)^{\frac{3}{2}}+C=\boldsymbol{\frac{2}{9}(3x-1)\sqrt{3x-1}+C}$

(3) $\frac{1}{x^2+2x-3}=\frac{1}{(x-1)(x+3)}=\frac{1}{4}\left(\frac{1}{x-1}-\frac{1}{x+3}\right)$ であるから，

$\int\frac{dx}{x^2+2x-3}=\int\frac{1}{4}\left(\frac{1}{x-1}-\frac{1}{x+3}\right)dx$

$=\frac{1}{4}(\log|x-1|-\log|x+3|)+C=\boldsymbol{\frac{1}{4}\log\left|\frac{x-1}{x+3}\right|+C}$

(4) $1-x^2=u$ とおくと，$\frac{du}{dx}=-2x$ であるから，

$\int x\sqrt{1-x^2}\,dx=-\frac{1}{2}\int\sqrt{1-x^2}\,\underset{\sim\sim}{(-2x)dx}=-\frac{1}{2}\int\sqrt{u}\,\underset{\sim}{du}$

$=-\frac{1}{2}\cdot\frac{2}{3}u^{\frac{3}{2}}+C=\boldsymbol{-\frac{1}{3}(1-x^2)\sqrt{1-x^2}+C}$

(5) $\sin x=u$ とおくと，$\frac{du}{dx}=\cos x$ であるから，

$\int\frac{\cos x}{\sin^2 x}dx=\int\frac{1}{\sin^2 x}\cdot\underset{\sim\sim}{\cos x\,dx}=\int\frac{1}{u^2}\underset{\sim}{du}=-\frac{1}{u}+C$

$=\boldsymbol{-\frac{1}{\sin x}+C}$

(6) $\log x=u$ とおくと，$\frac{du}{dx}=\frac{1}{x}$ であるから，

$\int\frac{\sin(\log x)}{x}dx=\int\sin(\log x)\cdot\underset{\sim\sim}{\frac{1}{x}dx}=\int\sin u\,\underset{\sim}{du}$

$=-\cos u+C=\boldsymbol{-\cos(\log x)+C}$

(7) $\int\frac{x+1}{x^2+2x-2}dx=\int\frac{1}{2}\cdot\frac{(x^2+2x-2)'}{x^2+2x-2}dx$

$=\boldsymbol{\frac{1}{2}\log|x^2+2x-2|+C}$

(8) $\int(2x+1)\cos x\,dx=\int(2x+1)(\sin x)'dx$

$=(2x+1)\sin x-\int(2x+1)'\sin x\,dx$

$=(2x+1)\sin x-\int 2\sin x\,dx=\boldsymbol{(2x+1)\sin x+2\cos x+C}$

☐ **2**
教科書 p.135

[　] 内の置換を用いて，次の不定積分を求めよ。

(1) $\displaystyle\int\frac{dx}{e^x+1}$　$[e^x=t]$　　(2) $\displaystyle\int\sin^3 x\,dx$　$[\cos x=t]$

ガイド (1) $e^x=t$ とおくと，$x=\log t$ である。

解答 (1) $e^x=t$ とおくと，$x=\log t$ より，$\dfrac{dx}{dt}=\dfrac{1}{t}$ であるから，

$$\int\frac{dx}{e^x+1}=\int\frac{1}{t+1}\cdot\frac{1}{t}\,dt=\int\frac{dt}{t(t+1)}=\int\left(\frac{1}{t}-\frac{1}{t+1}\right)dt$$

$$=\log|t|-\log|t+1|+C=\log e^x-\log(e^x+1)+C$$

$$=\boldsymbol{x-\log(e^x+1)+C}$$

(2) $\cos x=t$ とおくと，$\dfrac{dt}{dx}=-\sin x$ であるから，

$$\int\sin^3 x\,dx=-\int(1-\cos^2 x)(-\sin x)\,dx$$

$$=-\int(1-t^2)\,dt=-t+\frac{1}{3}t^3+C$$

$$=\frac{1}{3}t^3-t+C=\boldsymbol{\frac{1}{3}\cos^3 x-\cos x+C}$$

☐ **3**
教科書 p.135

次の問いに答えよ。

(1) $\dfrac{1}{\sin x}=\dfrac{\sin x}{\sin^2 x}=\dfrac{\sin x}{1-\cos^2 x}$ を用いて，不定積分 $\displaystyle\int\frac{dx}{\sin x}$ を求めよ。

(2) 不定積分 $\displaystyle\int\frac{dx}{\cos x}$ を求めよ。

ガイド (2) $\dfrac{1}{\cos x}=\dfrac{\cos x}{\cos^2 x}=\dfrac{\cos x}{1-\sin^2 x}$ を用いる。

解答 (1) $\cos x=u$ とおくと，$\dfrac{du}{dx}=-\sin x$ であるから，

$$\int\frac{dx}{\sin x}=\int\frac{\sin x}{1-\cos^2 x}\,dx=\int\frac{1}{\cos^2 x-1}\cdot(-\sin x)\,dx$$

$$=\int\frac{1}{u^2-1}\,du=\int\frac{du}{(u+1)(u-1)}=\int\frac{1}{2}\left(\frac{1}{u-1}-\frac{1}{u+1}\right)du$$

$$=\frac{1}{2}(\log|u-1|-\log|u+1|)+C$$

$$=\frac{1}{2}\log\left|\frac{u-1}{u+1}\right|+C=\frac{1}{2}\log\left|\frac{1-u}{1+u}\right|+C=\boldsymbol{\frac{1}{2}\log\frac{1-\cos x}{1+\cos x}+C}$$

(2)　$\sin x = u$ とおくと，$\dfrac{du}{dx} = \cos x$ であるから，

$$\int \frac{dx}{\cos x} = \int \frac{\cos x}{\cos^2 x}dx = \int \frac{1}{1-\sin^2 x}\cdot\cos x\,dx = \int \frac{1}{1-u^2}du$$

$$= -\int \frac{1}{u^2-1}du = -\int \frac{1}{(u+1)(u-1)}du = \int \frac{1}{2}\left(\frac{1}{u+1} - \frac{1}{u-1}\right)du$$

$$= \frac{1}{2}(\log|u+1| - \log|u-1|) + C$$

$$= \frac{1}{2}\log\left|\frac{u+1}{u-1}\right| + C = \frac{1}{2}\log\left|\frac{1+u}{1-u}\right| + C = \boldsymbol{\frac{1}{2}\log\frac{1+\sin x}{1-\sin x} + C}$$

4　教科書 p.135

不定積分 $\int \sin x \cos x\,dx$ を，次の(1)，(2)の 2 つの方法で求めよ。

(1)　2 倍角の公式を使って，$\sin x \cos x = \dfrac{1}{2}\sin 2x$ と変形する。

(2)　$\sin x = u$ とおいて，置換積分法を用いる。

ガイド　積分の仕方によって，不定積分の結果の表記が異なることがある。

解答　(1)　$\int \sin x \cos x\,dx = \int \frac{1}{2}\sin 2x\,dx = \boldsymbol{-\frac{1}{4}\cos 2x + C}$

(2)　$\sin x = u$ とおくと，$\dfrac{du}{dx} = \cos x$ であるから，

$$\int \sin x \cos x\,dx = \int u\,du = \frac{1}{2}u^2 + C = \boldsymbol{\frac{1}{2}\sin^2 x + C}$$

注意　$-\dfrac{1}{4}\cos 2x + C = -\dfrac{1}{4}(1-2\sin^2 x) + C = \dfrac{1}{2}\sin^2 x - \dfrac{1}{4} + C$ より，

(1)と(2)の答えは定数の違いだけである。

5　教科書 p.135

部分積分法を 2 回用いて，次の不定積分を求めよ。

(1)　$\int x^2 e^x dx$　　(2)　$\int (\log x)^2 dx$

ガイド　(2)　$(\log x)^2 = (\log x)^2 \cdot 1 = (\log x)^2 \cdot (x)'$ と考える。

解答　(1)　$\int x^2 e^x dx = \int x^2 \cdot (e^x)' dx = x^2 e^x - \int 2x \cdot e^x dx$

$$= x^2 e^x - \int 2x \cdot (e^x)' dx = x^2 e^x - \left(2xe^x - \int 2e^x dx\right)$$

$$= x^2 e^x - (2xe^x - 2e^x) + C = \boldsymbol{(x^2 - 2x + 2)e^x + C}$$

第4章　積分法

(2) $\displaystyle\int(\log x)^2 dx=\int(\log x)^2\cdot(x)' dx$

$\displaystyle =(\log x)^2\cdot x-\int 2(\log x)\cdot\frac{1}{x}\cdot x\,dx$

$\displaystyle =x(\log x)^2-2\int\log x\,dx$

$\displaystyle =x(\log x)^2-2\int(\log x)\cdot(x)' dx$

$\displaystyle =x(\log x)^2-2\left\{(\log x)\cdot x-\int\frac{1}{x}\cdot x\,dx\right\}$

$\displaystyle =x(\log x)^2-2\left(x\log x-\int dx\right)$

$=x(\log x)^2-2(x\log x-x)+C$

$\boldsymbol{=x(\log x)^2-2x\log x+2x+C}$

☐ **6** 教科書 p.135

次の条件を満たす関数 $f(x)$ を求めよ。

(1) $f'(x)=\dfrac{\sin x}{2+\cos x}$, $f(0)=0$

(2) $f'(x)=\log 2x$, $f(1)=0$

ガイド $f'(x)$ を積分してから，$f(x)$ についての条件より積分定数を定める。

解答 (1) $\displaystyle f(x)=\int\frac{\sin x}{2+\cos x}dx=-\int\frac{(2+\cos x)'}{2+\cos x}dx$

$=-\log(2+\cos x)+C$

$f(0)=0$ より，　$-\log 3+C=0$

すなわち，　$C=\log 3$

よって，　$\boldsymbol{f(x)=-\log(2+\cos x)+\log 3=\log\dfrac{3}{2+\cos x}}$

(2) $\displaystyle f(x)=\int\log 2x\,dx=x\log 2x-\int x\cdot\frac{1}{2x}\cdot 2\,dx$

$\displaystyle =x\log 2x-\int dx=x\log 2x-x+C$

$f(1)=0$ より，　$\log 2-1+C=0$

すなわち，　$C=1-\log 2$

よって，　$\boldsymbol{f(x)=x\log 2x-x+1-\log 2}$

第2節　定積分

1　定積分

問 16　次の定積分を求めよ。

教科書 p.136

(1) $\displaystyle\int_{-3}^{-1}\frac{dx}{x}$　(2) $\displaystyle\int_{0}^{1}\sqrt{1-x}\,dx$　(3) $\displaystyle\int_{0}^{\pi}\sin 2x\,dx$　(4) $\displaystyle\int_{-1}^{1}e^{2t}dt$

ガイド

ここがポイント [定積分]

ある区間で連続な関数 $f(x)$ の原始関数の1つを $F(x)$ とするとき，区間に属する2つの実数 a，b に対して，

$$\int_a^b f(x)\,dx=\Big[F(x)\Big]_a^b=F(b)-F(a)$$

解答

(1) $\displaystyle\int_{-3}^{-1}\frac{dx}{x}=\Big[\log|x|\Big]_{-3}^{-1}=\log 1-\log 3=\mathbf{-\log 3}$

(2) $\displaystyle\int_{0}^{1}\sqrt{1-x}\,dx=\left[-\frac{2}{3}(1-x)^{\frac{3}{2}}\right]_0^1=-\frac{2}{3}(0-1)=\mathbf{\frac{2}{3}}$

(3) $\displaystyle\int_{0}^{\pi}\sin 2x\,dx=\left[-\frac{1}{2}\cos 2x\right]_0^{\pi}=-\frac{1}{2}(\cos 2\pi-\cos 0)=\mathbf{0}$

(4) $\displaystyle\int_{-1}^{1}e^{2t}dt=\left[\frac{1}{2}e^{2t}\right]_{-1}^{1}=\frac{1}{2}(e^2-e^{-2})=\mathbf{\frac{1}{2}\left(e^2-\frac{1}{e^2}\right)}$

慣れないうちは $F(b)-F(a)$ の計算も1つ1つの項を書いて計算しよう。

注意　定積分は下端 a と上端 b の大小関係に関わらず定義される。

問 17　次の定積分を求めよ。

教科書 p.137

(1) $\displaystyle\int_{1}^{2}\frac{dx}{x(x+1)}$　(2) $\displaystyle\int_{0}^{\pi}\cos^2 x\,dx$　(3) $\displaystyle\int_{0}^{\pi}\cos x\cos 2x\,dx$

ガイド

ここがポイント [定積分の性質]

1 $\displaystyle\int_a^b kf(x)\,dx=k\int_a^b f(x)\,dx$ （k は定数）

2 $\displaystyle\int_a^b \{f(x)+g(x)\}\,dx=\int_a^b f(x)\,dx+\int_a^b g(x)\,dx$

$\displaystyle\int_a^b \{f(x)-g(x)\}\,dx=\int_a^b f(x)\,dx-\int_a^b g(x)\,dx$

3 $\displaystyle\int_a^a f(x)\,dx=0$　4 $\displaystyle\int_b^a f(x)\,dx=-\int_a^b f(x)\,dx$

5 $\displaystyle\int_a^b f(x)\,dx=\int_a^c f(x)\,dx+\int_c^b f(x)\,dx$

解答 (1) $\displaystyle\int_1^2 \frac{dx}{x(x+1)}=\int_1^2\left(\frac{1}{x}-\frac{1}{x+1}\right)dx=\Big[\log|x|-\log|x+1|\Big]_1^2$

$=(\log 2-\log 3)-(\log 1-\log 2)=2\log 2-\log 3=\boldsymbol{\log\frac{4}{3}}$

(2) $\displaystyle\int_0^\pi \cos^2 x\,dx=\int_0^\pi \frac{1+\cos 2x}{2}\,dx=\left[\frac{x}{2}+\frac{\sin 2x}{4}\right]_0^\pi=\boldsymbol{\frac{\pi}{2}}$

(3) $\displaystyle\int_0^\pi \cos x\cos 2x\,dx=\int_0^\pi \frac{1}{2}(\cos 3x+\cos x)\,dx$

$\displaystyle=\frac{1}{2}\left[\frac{1}{3}\sin 3x+\sin x\right]_0^\pi=\boldsymbol{0}$

問 18 次の定積分を求めよ。

教科書 p.137

(1) $\displaystyle\int_0^{2\pi}|\sin x|\,dx$　(2) $\displaystyle\int_{-2}^{3}\sqrt{|x+1|}\,dx$　(3) $\displaystyle\int_{-1}^{1}|e^x-1|\,dx$

ガイド (1) $0\leqq x\leqq \pi$ のとき，　$|\sin x|=\sin x$

$\pi\leqq x\leqq 2\pi$ のとき，　$|\sin x|=-\sin x$

(2) $-2\leqq x\leqq -1$ のとき，$|x+1|=-x-1$

$-1\leqq x\leqq 3$ のとき，　$|x+1|=x+1$

(3) $-1\leqq x\leqq 0$ のとき，　$|e^x-1|=-e^x+1$

$0\leqq x\leqq 1$ のとき，　$|e^x-1|=e^x-1$

解答 (1) $\displaystyle\int_0^{2\pi}|\sin x|\,dx=\int_0^\pi \sin x\,dx+\int_\pi^{2\pi}(-\sin x)\,dx$

$=\Big[-\cos x\Big]_0^\pi+\Big[\cos x\Big]_\pi^{2\pi}=\boldsymbol{4}$

(2) $\displaystyle\int_{-2}^{3}\sqrt{|x+1|}\,dx=\int_{-2}^{-1}\sqrt{-x-1}\,dx+\int_{-1}^{3}\sqrt{x+1}\,dx$

$$=\left[-\frac{2}{3}(-x-1)^{\frac{3}{2}}\right]_{-2}^{-1}+\left[\frac{2}{3}(x+1)^{\frac{3}{2}}\right]_{-1}^{3}=\mathbf{6}$$

(3)　$\int_{-1}^{1}|e^x-1|dx$

$=\int_{-1}^{0}(-e^x+1)dx+\int_{0}^{1}(e^x-1)dx$

$=\left[-e^x+x\right]_{-1}^{0}+\left[e^x-x\right]_{0}^{1}$

$=-1-(-e^{-1}-1)+(e-1)-1$

$=\boldsymbol{e+\frac{1}{e}-2}$

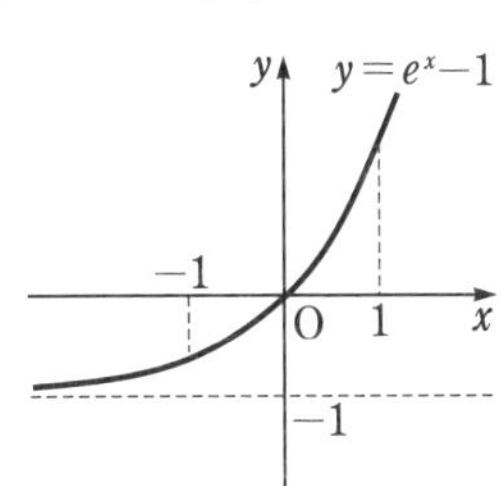

問 19　次の定積分を求めよ。

教科書 p.138
(1)　$\int_0^3(5x+2)\sqrt{x+1}\,dx$　　(2)　$\int_e^{e^3}\frac{dx}{x(\log x)^2}$　　(3)　$\int_0^{\frac{\pi}{2}}\sin^2 x\cos x\,dx$

ガイド

ここがポイント [定積分の置換積分法]

$x=g(t)$，$a=g(\alpha)$，$b=g(\beta)$

のとき，

$$\int_a^b f(x)\,dx=\int_\alpha^\beta f(g(t))g'(t)\,dt$$

x	$a\to b$
t	$\alpha\to\beta$

(3)　$\sin x=t$ とおいて，$\frac{dt}{dx}$ を求めて，dx を dt に変換する。

解答　(1)　$x+1=t$ とおくと，$x=t-1$，　$\frac{dx}{dt}=1$

x	$0\to3$
t	$1\to4$

$$\int_0^3(5x+2)\sqrt{x+1}\,dx=\int_1^4(5t-3)\cdot\sqrt{t}\,dt$$

$$=\int_1^4(5t^{\frac{3}{2}}-3t^{\frac{1}{2}})\,dt$$

$$=\left[2t^{\frac{5}{2}}-2t^{\frac{3}{2}}\right]_1^4=\mathbf{48}$$

(2)　$\log x=t$ とおくと，$x=e^t$，　$\frac{dx}{dt}=e^t$

x	$e\to e^3$
t	$1\to3$

$$\int_e^{e^3}\frac{dx}{x(\log x)^2}=\int_1^3\frac{1}{e^t\cdot t^2}\cdot e^t dt$$

$$=\int_1^3\frac{dt}{t^2}=\left[-\frac{1}{t}\right]_1^3=\boldsymbol{\frac{2}{3}}$$

(3) $\sin x=t$ とおくと，$\dfrac{dt}{dx}=\cos x$

x	$0\to\dfrac{\pi}{2}$
t	$0\to 1$

$$\int_0^{\frac{\pi}{2}}\sin^2 x\cos x\,dx=\int_0^1 t^2\,dt=\left[\frac{1}{3}t^3\right]_0^1=\mathbf{\frac{1}{3}}$$

☑問 20

教科書 p.139

$a>0$ のとき，定積分 $\displaystyle\int_0^{\frac{a}{2}}\sqrt{a^2-x^2}\,dx$ を求めよ。

ガイド $x=a\sin\theta$ とおいて，置換積分法を用いる。

解答 $x=a\sin\theta$ とおくと，$\dfrac{dx}{d\theta}=a\cos\theta$

x	$0\to\dfrac{a}{2}$
θ	$0\to\dfrac{\pi}{6}$

$0\leqq\theta\leqq\dfrac{\pi}{6}$ のとき，$\cos\theta>0$ より，

$$\sqrt{a^2-x^2}=\sqrt{a^2(1-\sin^2\theta)}=\sqrt{a^2\cos^2\theta}=a\cos\theta$$

よって，

$$\int_0^{\frac{a}{2}}\sqrt{a^2-x^2}\,dx=\int_0^{\frac{\pi}{6}}a\cos\theta\cdot a\cos\theta\,d\theta$$

$$=a^2\int_0^{\frac{\pi}{6}}\cos^2\theta\,d\theta=a^2\int_0^{\frac{\pi}{6}}\frac{1+\cos 2\theta}{2}\,d\theta$$

$$=a^2\left[\frac{1}{2}\theta+\frac{1}{4}\sin 2\theta\right]_0^{\frac{\pi}{6}}=\left(\boldsymbol{\frac{\pi}{12}+\frac{\sqrt{3}}{8}}\right)\boldsymbol{a^2}$$

☑問 21

教科書 p.139

定積分 $\displaystyle\int_0^3\frac{dx}{\sqrt{36-x^2}}$ を求めよ。

ガイド $x=6\sin\theta$ とおいて，置換積分法を用いる。

解答 $x=6\sin\theta$ とおくと，$\dfrac{dx}{d\theta}=6\cos\theta$

x	$0\to 3$
θ	$0\to\dfrac{\pi}{6}$

$0\leqq\theta\leqq\dfrac{\pi}{6}$ のとき，$\cos\theta>0$ より，

$$\sqrt{36-x^2}=\sqrt{36(1-\sin^2\theta)}=\sqrt{36\cos^2\theta}=6\cos\theta$$

よって，

$$\int_0^3\frac{dx}{\sqrt{36-x^2}}=\int_0^{\frac{\pi}{6}}\frac{1}{6\cos\theta}\cdot 6\cos\theta\,d\theta=\int_0^{\frac{\pi}{6}}d\theta=\Big[\theta\Big]_0^{\frac{\pi}{6}}=\boldsymbol{\frac{\pi}{6}}$$

問22　次の定積分を求めよ。

教科書 p.140

(1)　$\displaystyle\int_{-1}^{\sqrt{3}}\frac{dx}{1+x^2}$　　(2)　$\displaystyle\int_0^2\frac{dx}{x^2+4}$

ガイド　(1)は $x=\tan\theta$，(2)は $x=2\tan\theta$ とおく。

解答　(1)　$x=\tan\theta$ とおくと，　$\dfrac{dx}{d\theta}=\dfrac{1}{\cos^2\theta}$

x	$-1\to\sqrt{3}$
θ	$-\dfrac{\pi}{4}\to\dfrac{\pi}{3}$

$$\frac{1}{1+x^2}=\frac{1}{1+\tan^2\theta}=\cos^2\theta$$

よって，

$$\int_{-1}^{\sqrt{3}}\frac{dx}{1+x^2}=\int_{-\frac{\pi}{4}}^{\frac{\pi}{3}}\cos^2\theta\cdot\frac{d\theta}{\cos^2\theta}=\int_{-\frac{\pi}{4}}^{\frac{\pi}{3}}d\theta=\Big[\theta\Big]_{-\frac{\pi}{4}}^{\frac{\pi}{3}}=\boldsymbol{\frac{7}{12}\pi}$$

(2)　$x=2\tan\theta$ とおくと，　$\dfrac{dx}{d\theta}=\dfrac{2}{\cos^2\theta}$

x	$0\to2$
θ	$0\to\dfrac{\pi}{4}$

$$\frac{1}{x^2+4}=\frac{1}{4\tan^2\theta+4}=\frac{1}{4(\tan^2\theta+1)}$$
$$=\frac{1}{4}\cos^2\theta$$

よって，

$$\int_0^2\frac{dx}{x^2+4}=\int_0^{\frac{\pi}{4}}\frac{1}{4}\cos^2\theta\cdot\frac{2}{\cos^2\theta}\,d\theta=\frac{1}{2}\int_0^{\frac{\pi}{4}}d\theta=\frac{1}{2}\Big[\theta\Big]_0^{\frac{\pi}{4}}=\boldsymbol{\frac{\pi}{8}}$$

問23　教科書 p.141 の1の証明にならって，下の2を証明せよ。

教科書 p.141

ガイド　$f(-x)=f(x)$ を満たす関数 $f(x)$ を**偶関数**という。
偶関数 $y=f(x)$ のグラフは y 軸に関して対称である。
$f(-x)=-f(x)$ を満たす関数 $f(x)$ を**奇関数**という。
奇関数 $y=f(x)$ のグラフは原点に関して対称である。

ここがポイント　**[偶関数と奇関数の定積分]**

1　**$f(x)$ が偶関数のとき，**　$\displaystyle\int_{-a}^{a}f(x)dx=2\int_0^a f(x)dx$

2　**$f(x)$ が奇関数のとき，**　$\displaystyle\int_{-a}^{a}f(x)dx=0$

解答　$\displaystyle\int_{-a}^{a} f(x)\,dx=\int_{-a}^{0} f(x)\,dx+\int_{0}^{a} f(x)\,dx$

ここで，$x=-t$ とおくと，　$\dfrac{dx}{dt}=-1$

x	$-a\to 0$
t	$a\to 0$

また，$f(x)$ は奇関数であるから，$f(-t)=-f(t)$ より，

$$\int_{-a}^{0} f(x)\,dx=\int_{a}^{0} f(-t)\cdot(-1)\,dt=\int_{0}^{a} f(-t)\,dt$$
$$=-\int_{0}^{a} f(t)\,dt=-\int_{0}^{a} f(x)\,dx$$

よって，　$\displaystyle\int_{-a}^{a} f(x)\,dx=0$

問 24　次の定積分を求めよ。

教科書 p.141

(1) $\displaystyle\int_{-1}^{1}(x^4+x^3)\,dx$　　(2) $\displaystyle\int_{-2}^{2} x\sqrt{4-x^2}\,dx$

(3) $\displaystyle\int_{-\frac{\pi}{2}}^{\frac{\pi}{2}}\cos x\sin^3 x\,dx$　　(4) $\displaystyle\int_{-1}^{1}(e^x+e^{-x})\,dx$

ガイド　被積分関数が偶関数なのか奇関数なのかを考えて，計算を簡単にする。

解答　(1)　$f(x)=x^4$ は偶関数，$g(x)=x^3$ は奇関数であるから，

$$\int_{-1}^{1}(x^4+x^3)\,dx=\int_{-1}^{1}x^4dx+\int_{-1}^{1}x^3dx=2\int_{0}^{1}x^4dx=2\left[\frac{1}{5}x^5\right]_0^1=\boldsymbol{\frac{2}{5}}$$

(2)　$(-x)\sqrt{4-(-x)^2}=-x\sqrt{4-x^2}$ より，$f(x)=x\sqrt{4-x^2}$ は奇関数であるから，

$$\int_{-2}^{2}x\sqrt{4-x^2}\,dx=\mathbf{0}$$

(3)　$\cos(-x)\sin^3(-x)=-\cos x\sin^3 x$ より，$f(x)=\cos x\sin^3 x$ は奇関数であるから，

$$\int_{-\frac{\pi}{2}}^{\frac{\pi}{2}}\cos x\sin^3 x\,dx=\mathbf{0}$$

(4)　$e^{-x}+e^{-(-x)}=e^x+e^{-x}$ より，$f(x)=e^x+e^{-x}$ は偶関数であるから，

$$\int_{-1}^{1}(e^x+e^{-x})\,dx=2\int_{0}^{1}(e^x+e^{-x})\,dx=2\left[e^x-e^{-x}\right]_0^1=\boldsymbol{2\left(e-\frac{1}{e}\right)}$$

問 25　次の定積分を求めよ。

教科書 p.142

(1) $\displaystyle\int_a^b (x-a)(x-b)^2dx$　　(2) $\displaystyle\int_0^1 x(x-1)^4dx$

ガイド

ここがポイント **[定積分の部分積分法]**

$$\int_a^b f(x)g'(x)\,dx=\Big[f(x)g(x)\Big]_a^b-\int_a^b f'(x)g(x)\,dx$$

解答

(1) $\displaystyle\int_a^b (x-a)(x-b)^2dx=\int_a^b (x-a)\left\{\frac{1}{3}(x-b)^3\right\}'dx$

$\displaystyle=\left[(x-a)\cdot\frac{1}{3}(x-b)^3\right]_a^b-\int_a^b 1\cdot\frac{1}{3}(x-b)^3dx$

$\displaystyle=-\frac{1}{3}\left[\frac{1}{4}(x-b)^4\right]_a^b=\boldsymbol{\frac{1}{12}(a-b)^4}$

(2) $\displaystyle\int_0^1 x(x-1)^4dx=\int_0^1 x\left\{\frac{1}{5}(x-1)^5\right\}'dx$

$\displaystyle=\left[x\cdot\frac{1}{5}(x-1)^5\right]_0^1-\int_0^1 1\cdot\frac{1}{5}(x-1)^5dx=-\frac{1}{5}\left[\frac{1}{6}(x-1)^6\right]_0^1=\boldsymbol{\frac{1}{30}}$

問 26　次の定積分を求めよ。

教科書 p.142

(1) $\displaystyle\int_0^\pi x\cos x\,dx$　　(2) $\displaystyle\int_0^1 xe^xdx$　　(3) $\displaystyle\int_1^{e^2}\log x\,dx$

ガイド　定積分の部分積分法を利用する。

(3)は，$\log x=(\log x)\cdot 1=(\log x)\cdot(x)'$ と考える。

解答

(1) $\displaystyle\int_0^\pi x\cos x\,dx=\int_0^\pi x(\sin x)'dx$

$\displaystyle=\Big[x\sin x\Big]_0^\pi-\int_0^\pi 1\cdot\sin x\,dx$

$\displaystyle=-\Big[-\cos x\Big]_0^\pi=-\{1-(-1)\}=\boldsymbol{-2}$

(2) $\displaystyle\int_0^1 xe^xdx=\int_0^1 x(e^x)'dx$

$\displaystyle=\Big[xe^x\Big]_0^1-\int_0^1 1\cdot e^xdx$

$\displaystyle=e-\int_0^1 e^xdx=e-\Big[e^x\Big]_0^1$

$=e-(e-1)=\boldsymbol{1}$

第4章　積分法

(3) $\displaystyle\int_1^{e^2}\log x\,dx=\int_1^{e^2}(x)'\log x\,dx$

$\displaystyle=\Big[x\log x\Big]_1^{e^2}-\int_1^{e^2}x\cdot\frac{1}{x}\,dx=2e^2-\Big[x\Big]_1^{e^2}=2e^2-(e^2-1)=\boldsymbol{e^2+1}$

問27 次の等式を満たす関数 $f(x)$ を求めよ。

教科書 p.143 (1) $\displaystyle f(x)=x+\int_0^1 e^t f(t)\,dt$　　(2) $\displaystyle f(x)=\sin x-\int_0^{\frac{\pi}{2}} f(t)\cos t\,dt$

ガイド 定積分の項は定数であるから，k とおいて考える。

解答 (1) $\displaystyle\int_0^1 e^t f(t)\,dt$ は定数であるから，　$\displaystyle\int_0^1 e^t f(t)\,dt=k$ （k は定数）

とおくと，$f(x)=x+k$ となる。これより，

$$k=\int_0^1 e^t f(t)\,dt=\int_0^1 e^t(t+k)\,dt=\int_0^1 te^t\,dt+k\int_0^1 e^t\,dt$$

$$=\Big[te^t\Big]_0^1-\int_0^1 e^t\,dt+k\Big[e^t\Big]_0^1=e-\Big[e^t\Big]_0^1+k(e-1)$$

$$=e-(e-1)+k(e-1)=(e-1)k+1$$

したがって，$k=(e-1)k+1$ より，　$k=-\dfrac{1}{e-2}$

よって，　$\boldsymbol{f(x)=x-\dfrac{1}{e-2}}$

(2) $\displaystyle\int_0^{\frac{\pi}{2}} f(t)\cos t\,dt$ は定数であるから，　$\displaystyle\int_0^{\frac{\pi}{2}} f(t)\cos t\,dt=k$

（k は定数）とおくと，$f(x)=\sin x-k$ となる。これより，

$$k=\int_0^{\frac{\pi}{2}} f(t)\cos t\,dt=\int_0^{\frac{\pi}{2}}(\sin t-k)\cos t\,dt$$

$$=\int_0^{\frac{\pi}{2}}\sin t\cos t\,dt-k\int_0^{\frac{\pi}{2}}\cos t\,dt$$

$$=\int_0^{\frac{\pi}{2}}\frac{1}{2}\sin 2t\,dt-k\Big[\sin t\Big]_0^{\frac{\pi}{2}}=\Big[-\frac{1}{4}\cos 2t\Big]_0^{\frac{\pi}{2}}-k$$

$$=\left\{\frac{1}{4}-\left(-\frac{1}{4}\right)\right\}-k=\frac{1}{2}-k$$

したがって，$k=\dfrac{1}{2}-k$ より，　$k=\dfrac{1}{4}$

よって，　$\boldsymbol{f(x)=\sin x-\dfrac{1}{4}}$

2　定積分と微分

問 28　関数 $\int_2^x (te^t-1)\,dt$ をxで微分せよ。

教科書 p.145

ガイド

ここがポイント [定積分と微分]

aが定数のとき，　$\dfrac{d}{dx}\int_a^x f(t)\,dt=f(x)$

解答　$\dfrac{d}{dx}\int_2^x (te^t-1)\,dt=\boldsymbol{xe^x-1}$

問 29　aが定数のとき，関数 $G(x)=\int_a^x (x-t)e^t dt$ の導関数を求めよ。

教科書 p.145

ガイド　tについての定積分 $\int_a^x (x-t)e^t dt$ では，xは定数として扱う。

解答　$G(x)=\int_a^x (x-t)e^t dt=\int_a^x xe^t dt-\int_a^x te^t dt=x\int_a^x e^t dt-\int_a^x te^t dt$

であるから，

$$\boldsymbol{G'(x)}=\frac{d}{dx}\left(x\int_a^x e^t dt\right)-\frac{d}{dx}\int_a^x te^t dt$$

$$=\left(1\cdot\int_a^x e^t dt+x\cdot\frac{d}{dx}\int_a^x e^t dt\right)-xe^x=\Big[e^t\Big]_a^x+xe^x-xe^x=\boldsymbol{e^x-e^a}$$

3　区分求積法と定積分

問 30　区間 [0, 1] をn等分し，右の図のように分割した各小区間の左端での $y=x^2$ の値を用いてn個の長方形を作る。この長方形の面積の和 T_n の極限値 $T=\lim_{n\to\infty} T_n$ を求めて，Tが教科書146ページのSと一致することを確かめよ。

教科書 p.146

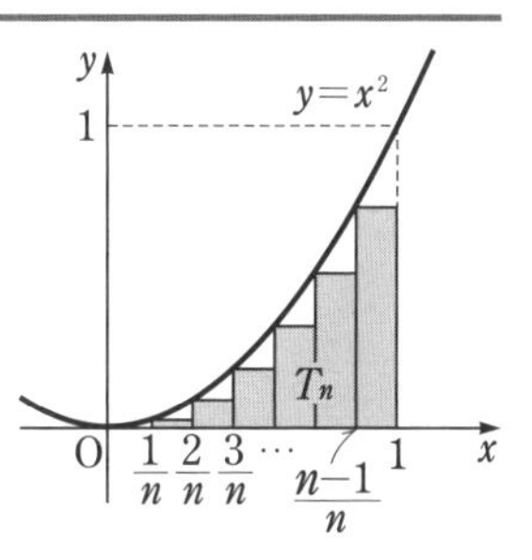

ガイド 教科書 p.146 の S_n と同様にして T_n を計算し，$\lim_{n\to\infty} T_n$ を求める。

解答 $T_n=\frac{1}{n}\left(\frac{1}{n}\right)^2+\frac{1}{n}\left(\frac{2}{n}\right)^2+\frac{1}{n}\left(\frac{3}{n}\right)^2+\cdots\cdots+\frac{1}{n}\left(\frac{n-1}{n}\right)^2$

$=\frac{1}{n}\sum_{k=1}^{n-1}\left(\frac{k}{n}\right)^2=\frac{1}{n^3}\sum_{k=1}^{n-1}k^2$

$=\frac{1}{n^3}\cdot\frac{1}{6}(n-1)n(2n-1)=\frac{1}{6}\left(1-\frac{1}{n}\right)\left(2-\frac{1}{n}\right)$

よって，$T=\lim_{n\to\infty} T_n=\frac{1}{3}$

したがって，T は S と一致する。

問 31 次の極限値を求めよ。

教科書 p.148

(1) $\lim_{n\to\infty}\left(\frac{1}{n+2}+\frac{1}{n+4}+\cdots\cdots+\frac{1}{3n}\right)$

(2) $\lim_{n\to\infty}\frac{\sqrt{1}+\sqrt{2}+\cdots\cdots+\sqrt{n}}{n\sqrt{n}}$

(3) $\lim_{n\to\infty}\frac{1}{n}\sum_{k=1}^{n}\left(\frac{k}{n}\right)^3$

(4) $\lim_{n\to\infty}\frac{1}{n}\sum_{k=1}^{n}\sin\frac{k\pi}{n}$

ガイド 面積を求めるときに，長方形の面積の和の極限として求める方法を**区分求積法**という。これが，積分の考え方の起源になっている。

ここがポイント **[区分求積法]**

$$\int_0^1 f(x)\,dx=\lim_{n\to\infty}\frac{1}{n}\left\{f\left(\frac{1}{n}\right)+f\left(\frac{2}{n}\right)+\cdots\cdots+f\left(\frac{n}{n}\right)\right\}$$

$$=\lim_{n\to\infty}\frac{1}{n}\sum_{k=1}^{n}f\left(\frac{k}{n}\right)$$

$$\int_0^1 f(x)\,dx=\lim_{n\to\infty}\frac{1}{n}\left\{f(0)+f\left(\frac{1}{n}\right)+\cdots\cdots+f\left(\frac{n-1}{n}\right)\right\}$$

$$=\lim_{n\to\infty}\frac{1}{n}\sum_{k=0}^{n-1}f\left(\frac{k}{n}\right)$$

解答 (1)
$$\frac{1}{n+2}+\frac{1}{n+4}+\cdots\cdots+\frac{1}{3n}$$
$$=\frac{1}{n}\left(\frac{1}{1+2\cdot\frac{1}{n}}+\frac{1}{1+2\cdot\frac{2}{n}}+\cdots\cdots+\frac{1}{1+2\cdot\frac{n}{n}}\right)$$

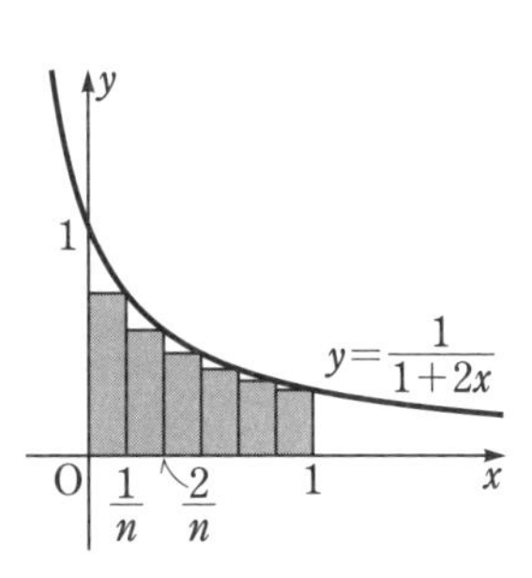

よって，$f(x)=\frac{1}{1+2x}$ とすると，
$$\lim_{n\to\infty}\left(\frac{1}{n+2}+\frac{1}{n+4}+\cdots\cdots+\frac{1}{3n}\right)$$
$$=\lim_{n\to\infty}\frac{1}{n}\left\{f\left(\frac{1}{n}\right)+f\left(\frac{2}{n}\right)+\cdots\cdots+f\left(\frac{n}{n}\right)\right\}$$
$$=\int_0^1 f(x)\,dx=\int_0^1\frac{dx}{1+2x}=\left[\frac{1}{2}\log|1+2x|\right]_0^1=\mathbf{\frac{1}{2}\log 3}$$

(2)

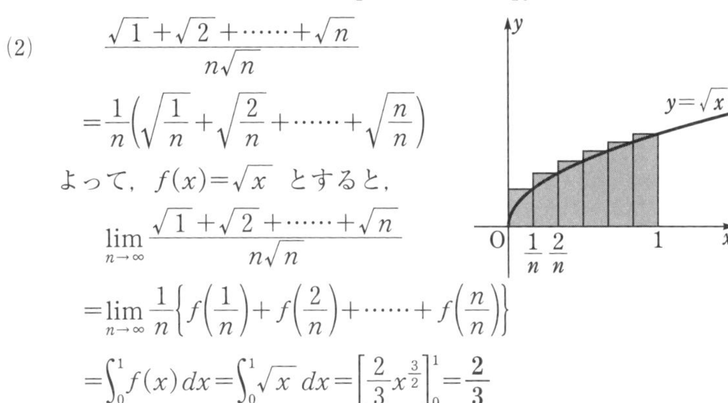

$$\frac{\sqrt{1}+\sqrt{2}+\cdots\cdots+\sqrt{n}}{n\sqrt{n}}$$
$$=\frac{1}{n}\left(\sqrt{\frac{1}{n}}+\sqrt{\frac{2}{n}}+\cdots\cdots+\sqrt{\frac{n}{n}}\right)$$
よって，$f(x)=\sqrt{x}$ とすると，
$$\lim_{n\to\infty}\frac{\sqrt{1}+\sqrt{2}+\cdots\cdots+\sqrt{n}}{n\sqrt{n}}$$
$$=\lim_{n\to\infty}\frac{1}{n}\left\{f\left(\frac{1}{n}\right)+f\left(\frac{2}{n}\right)+\cdots\cdots+f\left(\frac{n}{n}\right)\right\}$$
$$=\int_0^1 f(x)\,dx=\int_0^1\sqrt{x}\,dx=\left[\frac{2}{3}x^{\frac{3}{2}}\right]_0^1=\mathbf{\frac{2}{3}}$$

(3) $f(x)=x^3$ とすると，
$$\lim_{n\to\infty}\frac{1}{n}\sum_{k=1}^{n}\left(\frac{k}{n}\right)^3=\lim_{n\to\infty}\frac{1}{n}\sum_{k=1}^{n}f\left(\frac{k}{n}\right)=\int_0^1 x^3dx=\left[\frac{1}{4}x^4\right]_0^1=\mathbf{\frac{1}{4}}$$

(4) $f(x)=\sin\pi x$ とすると，
$$\lim_{n\to\infty}\frac{1}{n}\sum_{k=1}^{n}\sin\frac{k\pi}{n}=\lim_{n\to\infty}\frac{1}{n}\sum_{k=1}^{n}\sin\left(\pi\cdot\frac{k}{n}\right)=\lim_{n\to\infty}\frac{1}{n}\sum_{k=1}^{n}f\left(\frac{k}{n}\right)$$
$$=\int_0^1 f(x)\,dx=\int_0^1\sin\pi x\,dx$$
$$=\left[-\frac{1}{\pi}\cos\pi x\right]_0^1=\mathbf{\frac{2}{\pi}}$$

問 32　下の①を用いて，②を示せ。

教科書 p.149

ガイド

ここがポイント

① **区間 $[a,\ b]$ で $f(x) \geqq 0$ ならば，　$\displaystyle\int_a^b f(x)\,dx \geqq 0$**

等号が成り立つのは，つねに $f(x)=0$ の場合である。

② **区間 $[a,\ b]$ で $f(x) \geqq g(x)$ ならば，**

$$\int_a^b f(x)\,dx \geqq \int_a^b g(x)\,dx$$

等号が成り立つのは，つねに $f(x)=g(x)$ の場合である。

解答　$f(x) \geqq g(x)$ ならば，$f(x)-g(x) \geqq 0$ であるから，①より，

$$\int_a^b \{f(x)-g(x)\}\,dx \geqq 0$$

$$\int_a^b f(x)\,dx - \int_a^b g(x)\,dx \geqq 0$$

よって，$\displaystyle\int_a^b f(x)\,dx \geqq \int_a^b g(x)\,dx$

また，等号が成り立つのは，つねに $f(x)-g(x)=0$，つまり，$f(x)=g(x)$ の場合である。

問 33　$0 \leqq x \leqq 1$ のとき，$1 \leqq x^3+1 \leqq x^2+1$ であることを用いて，次の不等式が成り立つことを証明せよ。

教科書 p.149

$$\frac{\pi}{4} < \int_0^1 \frac{dx}{x^3+1} < 1$$

ガイド　$0 \leqq x \leqq 1$ のとき，$1 \leqq x^3+1 \leqq x^2+1$ より，$\dfrac{1}{x^2+1} \leqq \dfrac{1}{x^3+1} \leqq 1$ である。この不等式の各辺を区間 $[0,\ 1]$ で積分する。

解答　$0 \leqq x \leqq 1$ のとき，$1 \leqq x^3+1 \leqq x^2+1$ より，$\dfrac{1}{x^2+1} \leqq \dfrac{1}{x^3+1} \leqq 1$ が成り立つ。左の等号が成り立つのは $x=0,\ 1$ のときだけ，右の等号が成り立つのは $x=0$ のときだけであるから，等号が成り立つのは，$x=0,\ 1$ のときだけで，

$$\int_0^1 \frac{dx}{x^2+1} < \int_0^1 \frac{dx}{x^3+1} < \int_0^1 dx \quad \cdots\cdots①$$

$x=\tan\theta$ とおくと，$\displaystyle\int_0^1 \frac{dx}{x^2+1} = \int_0^{\frac{\pi}{4}} \frac{1}{\tan^2\theta+1}\cdot\frac{d\theta}{\cos^2\theta} = \frac{\pi}{4}$

また，$\displaystyle\int_0^1 dx = \Big[x\Big]_0^1 = 1$

よって，①より，$\displaystyle\frac{\pi}{4} < \int_0^1 \frac{dx}{x^3+1} < 1$ である。

問 34

教科書 p.150

不等式 $\log n > \dfrac{1}{2}+\dfrac{1}{3}+\dfrac{1}{4}+\cdots\cdots+\dfrac{1}{n}$ を証明せよ。ただし，n は 2 以上の自然数とする。

ガイド 自然数 k に対して，$k \leqq x \leqq k+1$ のとき，$\dfrac{1}{x} \geqq \dfrac{1}{k+1}$ が成り立つ。この不等式の両辺を区間 $[k,\ k+1]$ で積分し，和をとる。

解答 自然数 k に対して，$k \leqq x \leqq k+1$ のとき，$\dfrac{1}{x} \geqq \dfrac{1}{k+1}$

等号が成り立つのは $x=k+1$ のときだけであるから，

$$\int_k^{k+1} \frac{1}{x}\,dx > \int_k^{k+1} \frac{1}{k+1}\,dx$$

すなわち，$\displaystyle\int_k^{k+1} \frac{dx}{x} > \frac{1}{k+1}$

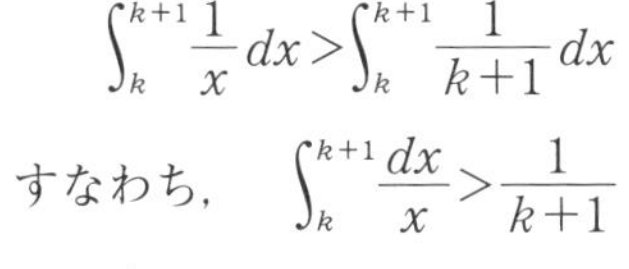

この式で，$k=1,\ 2,\ 3,\ \cdots\cdots,\ n-1$ とおいて，各辺をそれぞれ加えると，

$$\int_1^2 \frac{dx}{x} + \int_2^3 \frac{dx}{x} + \int_3^4 \frac{dx}{x} + \cdots\cdots + \int_{n-1}^n \frac{dx}{x} > \frac{1}{2}+\frac{1}{3}+\frac{1}{4}+\cdots\cdots+\frac{1}{n}$$

$$\text{左辺} = \int_1^n \frac{dx}{x} = \Big[\log|x|\Big]_1^n = \log n$$

よって，$\log n > \dfrac{1}{2}+\dfrac{1}{3}+\dfrac{1}{4}+\cdots\cdots+\dfrac{1}{n}$

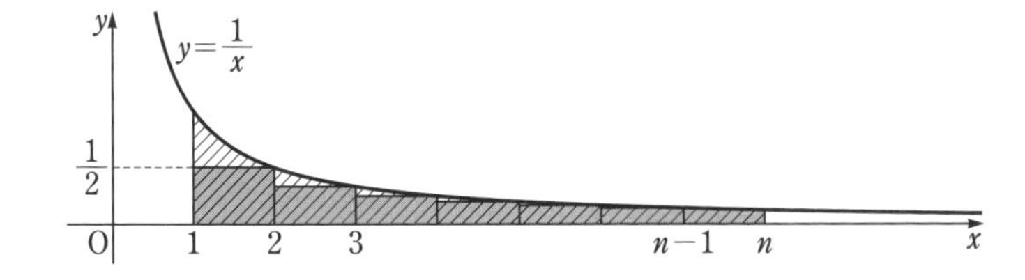

節末問題　第2節　定積分

1 教科書 p.151

次の定積分を求めよ。

(1) $\displaystyle\int_1^4 \frac{x+1}{\sqrt{x}}dx$　　(2) $\displaystyle\int_{-1}^1 \frac{dx}{x^2-4}$

(3) $\displaystyle\int_0^5 \sqrt{|t-2|}dt$　　(4) $\displaystyle\int_{-1}^{\sqrt{3}} \sqrt{4-x^2}dx$

(5) $\displaystyle\int_1^{\sqrt{3}} x\log(x^2+1)dx$　　(6) $\displaystyle\int_0^{\frac{\pi}{3}} \frac{x}{\cos^2 x}dx$

(7) $\displaystyle\int_0^{\pi} x|\cos x|dx$　　(8) $\displaystyle\int_{-\sqrt{3}}^{\sqrt{3}} \frac{x^2}{x^2+1}dx$

ガイド (8) $\dfrac{x^2}{x^2+1}=1-\dfrac{1}{x^2+1}$ と変形し，$x=\tan\theta$ とおく。

解答 (1) $\displaystyle\int_1^4 \frac{x+1}{\sqrt{x}}dx=\int_1^4\left(\sqrt{x}+\frac{1}{\sqrt{x}}\right)dx=\left[\frac{2}{3}x^{\frac{3}{2}}+2x^{\frac{1}{2}}\right]_1^4=\boldsymbol{\frac{20}{3}}$

(2) $f(x)=\dfrac{1}{x^2-4}$ は偶関数であるから，

$$\int_{-1}^1 \frac{dx}{x^2-4}=2\int_0^1 \frac{dx}{x^2-4}=2\int_0^1 \frac{dx}{(x+2)(x-2)}$$
$$=2\int_0^1 \frac{1}{4}\left(\frac{1}{x-2}-\frac{1}{x+2}\right)dx$$
$$=\frac{1}{2}\Big[\log|x-2|-\log|x+2|\Big]_0^1$$
$$=\boldsymbol{-\frac{1}{2}\log 3}$$

(3) $\displaystyle\int_0^5 \sqrt{|t-2|}\,dt=\int_0^2\sqrt{2-t}\,dt+\int_2^5\sqrt{t-2}\,dt$

$$=\left[-\frac{2}{3}(2-t)^{\frac{3}{2}}\right]_0^2+\left[\frac{2}{3}(t-2)^{\frac{3}{2}}\right]_2^5=\boldsymbol{\frac{4\sqrt{2}}{3}+2\sqrt{3}}$$

(4) $x=2\sin\theta$ とおくと，$\dfrac{dx}{d\theta}=2\cos\theta$

x	$-1\to\sqrt{3}$
θ	$-\frac{\pi}{6}\to\frac{\pi}{3}$

$-\dfrac{\pi}{6}\leqq\theta\leqq\dfrac{\pi}{3}$ のとき，$\cos\theta>0$ より，

$$\sqrt{4-x^2}=\sqrt{4(1-\sin^2\theta)}=\sqrt{4\cos^2\theta}=2\cos\theta$$

よって，

$$\int_{-1}^{\sqrt{3}}\sqrt{4-x^2}\,dx=\int_{-\frac{\pi}{6}}^{\frac{\pi}{3}}2\cos\theta\cdot 2\cos\theta\,d\theta=4\int_{-\frac{\pi}{6}}^{\frac{\pi}{3}}\cos^2\theta\,d\theta$$

$$=4\int_{-\frac{\pi}{6}}^{\frac{\pi}{3}}\frac{1+\cos 2\theta}{2}d\theta=4\left[\frac{1}{2}\theta+\frac{1}{4}\sin 2\theta\right]_{-\frac{\pi}{6}}^{\frac{\pi}{3}}$$

$$=\boldsymbol{\pi+\sqrt{3}}$$

(5)　$x^2+1=t$ とおくと，$\dfrac{dt}{dx}=2x$ であるから，

x	$1\to\sqrt{3}$
t	$2\to\ 4$

$$\int_1^{\sqrt{3}}x\log(x^2+1)\,dx=\int_1^{\sqrt{3}}\frac{1}{2}\{\log(x^2+1)\}\cdot 2x\,dx$$

$$=\int_2^4\frac{1}{2}\log t\,dt$$

$$=\left[\frac{1}{2}t\log t\right]_2^4-\int_2^4\frac{1}{2}dt$$

$$=3\log 2-\left[\frac{1}{2}t\right]_2^4=\boldsymbol{3\log 2-1}$$

(6)　$$\int_0^{\frac{\pi}{3}}\frac{x}{\cos^2 x}dx=\int_0^{\frac{\pi}{3}}x(\tan x)'\,dx=\Big[x\tan x\Big]_0^{\frac{\pi}{3}}-\int_0^{\frac{\pi}{3}}\tan x\,dx$$

$$=\frac{\sqrt{3}}{3}\pi-\int_0^{\frac{\pi}{3}}\frac{\sin x}{\cos x}dx=\frac{\sqrt{3}}{3}\pi-\int_0^{\frac{\pi}{3}}\left\{-\frac{(\cos x)'}{\cos x}\right\}dx$$

$$=\frac{\sqrt{3}}{3}\pi-\Big[-\log|\cos x|\Big]_0^{\frac{\pi}{3}}=\boldsymbol{\frac{\sqrt{3}}{3}\pi-\log 2}$$

(7)　$$\int_0^{\pi}x|\cos x|\,dx=\int_0^{\frac{\pi}{2}}x\cos x\,dx-\int_{\frac{\pi}{2}}^{\pi}x\cos x\,dx$$

$\displaystyle\int x\cos x\,dx=x\sin x-\int\sin x\,dx=x\sin x+\cos x+C$ より，

$$\int_0^{\pi}x|\cos x|\,dx=\Big[x\sin x+\cos x\Big]_0^{\frac{\pi}{2}}-\Big[x\sin x+\cos x\Big]_{\frac{\pi}{2}}^{\pi}=\boldsymbol{\pi}$$

(8)　$f(x)=\dfrac{x^2}{x^2+1}$ は偶関数であるから，

$$\int_{-\sqrt{3}}^{\sqrt{3}}\frac{x^2}{x^2+1}dx=2\int_0^{\sqrt{3}}\frac{x^2}{x^2+1}dx=2\int_0^{\sqrt{3}}\left(1-\frac{1}{x^2+1}\right)dx$$

$$=2\Big[x\Big]_0^{\sqrt{3}}-2\int_0^{\sqrt{3}}\frac{dx}{x^2+1}=2\sqrt{3}-2\int_0^{\sqrt{3}}\frac{dx}{x^2+1}$$

$x=\tan\theta$ とおくと，　$\dfrac{dx}{d\theta}=\dfrac{1}{\cos^2\theta}$

x	$0\to\sqrt{3}$
θ	$0\to\ \dfrac{\pi}{3}$

このとき，

$$\frac{1}{x^2+1}=\frac{1}{\tan^2\theta+1}=\cos^2\theta$$

第4章　積分法

よって，

$$\int_0^{\sqrt{3}}\frac{dx}{x^2+1}=\int_0^{\frac{\pi}{3}}\cos^2\theta\cdot\frac{1}{\cos^2\theta}d\theta=\int_0^{\frac{\pi}{3}}d\theta=\Big[\theta\Big]_0^{\frac{\pi}{3}}=\frac{\pi}{3}$$

以上から，

$$\int_{-\sqrt{3}}^{\sqrt{3}}\frac{x^2}{x^2+1}dx=\mathbf{2\sqrt{3}-\frac{2}{3}\pi}$$

2 教科書 p.151

次の等式を満たす関数 $f(x)$ を求めよ。

$$f(x)=x\log x+\int_1^e tf'(t)\,dt$$

ガイド $\int_1^e tf'(t)\,dt=k$（k は定数）とおくと，$f(x)=x\log x+k$ となる。

解答 $\int_1^e tf'(t)\,dt$ は定数であるから，$\int_1^e tf'(t)\,dt=k$（k は定数）

とおくと，$f(x)=x\log x+k$ となる。

これより，$f'(x)=\log x+1$ であるから，

$$k=\int_1^e tf'(t)\,dt=\int_1^e t(\log t+1)\,dt=\left[\frac{1}{2}t^2(\log t+1)\right]_1^e-\int_1^e\frac{1}{2}t\,dt$$

$$=e^2-\frac{1}{2}-\left[\frac{1}{4}t^2\right]_1^e=\frac{3}{4}e^2-\frac{1}{4}$$

よって，　$\boldsymbol{f(x)=x\log x+\frac{3}{4}e^2-\frac{1}{4}}$

3 教科書 p.151

次の等式を満たす関数 $f(x)$ と定数 a の値を求めよ。

$$\int_1^x f(t)\,dt=\log(x^2+x+3)+a$$

ガイド α が定数のとき，$\frac{d}{dx}\int_\alpha^x f(t)\,dt=f(x)$ であることを利用する。また，a の値を求めるには，与えられた等式の両辺に $x=1$ を代入し，$\int_1^1 f(t)\,dt=0$ を利用する。

解答 両辺を x で微分すると，

$$\boldsymbol{f(x)=\frac{2x+1}{x^2+x+3}}$$

また，与えられた等式に $x=1$ を代入すると，

$$\int_1^1 f(t)\,dt=\log 5+a$$

$\int_1^1 f(t)\,dt=0$ より，$\boldsymbol{a=-\log 5}$

4　教科書 p.151

a を定数とするとき，次の等式を証明せよ。

$$\frac{d}{dx}\int_a^x (x-t)f'(t)\,dt=f(x)-f(a)$$

ガイド　t についての定積分 $\int_a^x (x-t)f'(t)\,dt$ では，x は定数として扱う。

解答　左辺$=\dfrac{d}{dx}\displaystyle\int_a^x (x-t)f'(t)\,dt=\dfrac{d}{dx}\left(x\int_a^x f'(t)\,dt-\int_a^x tf'(t)\,dt\right)$

$$=1\cdot\int_a^x f'(t)\,dt+x\cdot\frac{d}{dx}\int_a^x f'(t)\,dt-\frac{d}{dx}\int_a^x tf'(t)\,dt$$

$$=\Big[f(t)\Big]_a^x+xf'(x)-xf'(x)=f(x)-f(a)=\text{右辺}$$

よって，　$\dfrac{d}{dx}\displaystyle\int_a^x (x-t)f'(t)\,dt=f(x)-f(a)$

第4章　積分法

5　教科書 p.151

次の極限値を求めよ。

(1)　$\displaystyle\lim_{n\to\infty}\frac{1}{n}\sum_{k=1}^{n}\cos\frac{k}{2n}\pi$　　(2)　$\displaystyle\lim_{n\to\infty}\sum_{k=1}^{n}\frac{2k}{n^2+k^2}$

ガイド　(2)　$\dfrac{2k}{n^2+k^2}=\dfrac{1}{n}\cdot\dfrac{2\cdot\frac{k}{n}}{1+\left(\frac{k}{n}\right)^2}$ と変形する。

解答　(1)　$f(x)=\cos\dfrac{\pi}{2}x$ とすると，

$$\lim_{n\to\infty}\frac{1}{n}\sum_{k=1}^{n}\cos\frac{k}{2n}\pi=\lim_{n\to\infty}\frac{1}{n}\sum_{k=1}^{n}\cos\left(\frac{\pi}{2}\cdot\frac{k}{n}\right)$$

$$=\int_0^1 f(x)\,dx=\int_0^1\cos\frac{\pi}{2}x\,dx$$

$$=\left[\frac{2}{\pi}\sin\frac{\pi}{2}x\right]_0^1=\boldsymbol{\frac{2}{\pi}}$$

(2) $$\frac{2k}{n^2+k^2}=\frac{1}{n}\cdot\frac{2\cdot\frac{k}{n}}{1+\left(\frac{k}{n}\right)^2}$$

よって，$f(x)=\dfrac{2x}{1+x^2}$ とすると，

$$\lim_{n\to\infty}\sum_{k=1}^{n}\frac{2k}{n^2+k^2}=\int_0^1 f(x)\,dx=\int_0^1\frac{2x}{1+x^2}\,dx$$
$$=\Big[\log(1+x^2)\Big]_0^1=\mathbf{log\,2}$$

6 教科書 p.151

次の不等式を証明せよ。ただし，n は自然数とする。

$$\frac{1}{\sqrt{1}}+\frac{1}{\sqrt{2}}+\frac{1}{\sqrt{3}}+\cdots\cdots+\frac{1}{\sqrt{n}}>2(\sqrt{n+1}-1)$$

ガイド 自然数 k に対して，$k\leqq x\leqq k+1$ のとき，$\dfrac{1}{\sqrt{k}}\geqq\dfrac{1}{\sqrt{x}}$ が成り立つ。この不等式の両辺を区間 $[k,\ k+1]$ で積分し，和をとる。

解答 自然数 k に対して，$k\leqq x\leqq k+1$ のとき，　$\dfrac{1}{\sqrt{k}}\geqq\dfrac{1}{\sqrt{x}}$

等号が成り立つのは $x=k$ のときだけであるから，

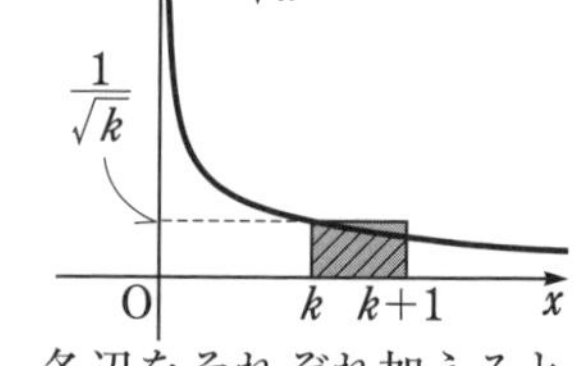

$$\int_k^{k+1}\frac{1}{\sqrt{k}}\,dx>\int_k^{k+1}\frac{1}{\sqrt{x}}\,dx$$

すなわち，　$\dfrac{1}{\sqrt{k}}>\displaystyle\int_k^{k+1}\frac{dx}{\sqrt{x}}$

この式で，$k=1,\ 2,\ 3,\ \cdots\cdots,\ n$ とおいて，各辺をそれぞれ加えると，

$$\frac{1}{\sqrt{1}}+\frac{1}{\sqrt{2}}+\frac{1}{\sqrt{3}}+\cdots\cdots+\frac{1}{\sqrt{n}}>\int_1^2\frac{dx}{\sqrt{x}}+\int_2^3\frac{dx}{\sqrt{x}}+\int_3^4\frac{dx}{\sqrt{x}}+\cdots\cdots+\int_n^{n+1}\frac{dx}{\sqrt{x}}$$

$$右辺=\int_1^{n+1}\frac{dx}{\sqrt{x}}=\Big[2\sqrt{x}\Big]_1^{n+1}=2(\sqrt{n+1}-1)$$

よって，　$$\frac{1}{\sqrt{1}}+\frac{1}{\sqrt{2}}+\frac{1}{\sqrt{3}}+\cdots\cdots+\frac{1}{\sqrt{n}}>2(\sqrt{n+1}-1)$$

第３節　積分法の応用

1　面　積

問 35　次の曲線や直線で囲まれた部分の面積を求めよ。

教科書 p.152

(1)　$y=\sqrt{x}$，x 軸，$x=1$，$x=4$

(2)　$y=\log x$，x 軸，$x=e$

ガイド

ここがポイント　［曲線と x 軸の間の面積］

$a \leqq x \leqq b$ で $f(x) \geqq 0$ のとき，曲線 $y=f(x)$ と x 軸および2直線 $x=a$，$x=b$ で囲まれた部分の面積 S は，次の式で与えられる。

$$S=\int_a^b f(x)\,dx$$

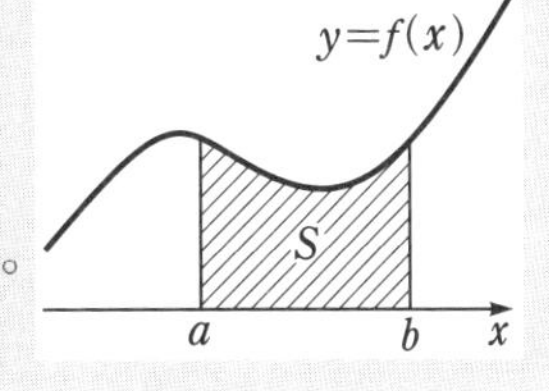

解答　(1)　$1 \leqq x \leqq 4$ で $\sqrt{x} \geqq 0$ であるから，

求める面積 S は，

$$S=\int_1^4 \sqrt{x}\,dx=\left[\frac{2}{3}x^{\frac{3}{2}}\right]_1^4=\mathbf{\frac{14}{3}}$$

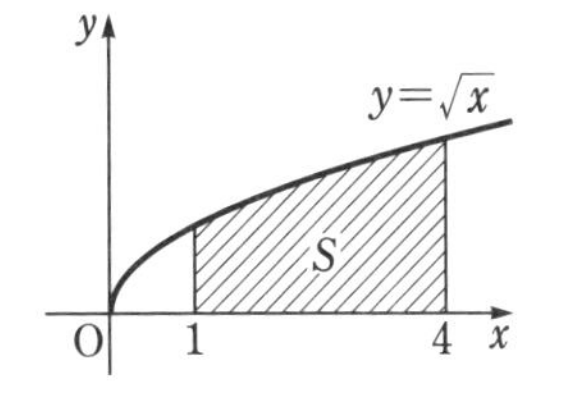

(2)　曲線 $y=\log x$ と x 軸の交点の x 座標は，　$x=1$

$1 \leqq x \leqq e$ で $\log x \geqq 0$ であるから，

求める面積 S は，

$$S=\int_1^e \log x\,dx$$

$$=\Big[x\log x\Big]_1^e-\int_1^e dx$$

$$=e-\Big[x\Big]_1^e=\mathbf{1}$$

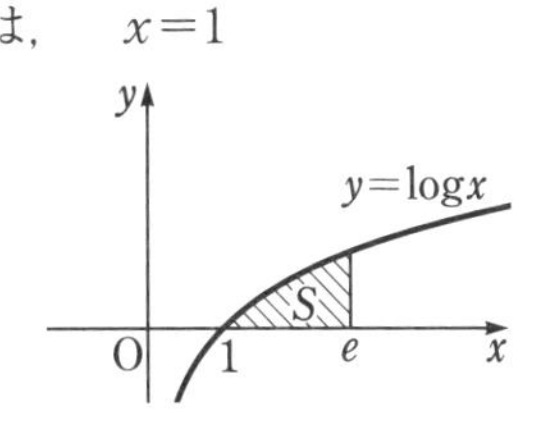

問 36　次の曲線や直線で囲まれた部分の面積 S を求めよ。

教科書 p.153

(1)　$y=\sin x$，$y=\sin 2x$　$\left(0 \leqq x \leqq \dfrac{\pi}{2}\right)$

(2)　$y=\sqrt{x}$，$x-3y+2=0$

ガイド

ここがポイント [2曲線間の面積]

$a \leqq x \leqq b$ で $f(x) \geqq g(x)$ のとき，2つの曲線 $y=f(x)$，$y=g(x)$ と2直線 $x=a$，$x=b$ で囲まれた部分の面積 S は，次の式で与えられる。

$$S=\int_a^b \{f(x)-g(x)\}\,dx$$

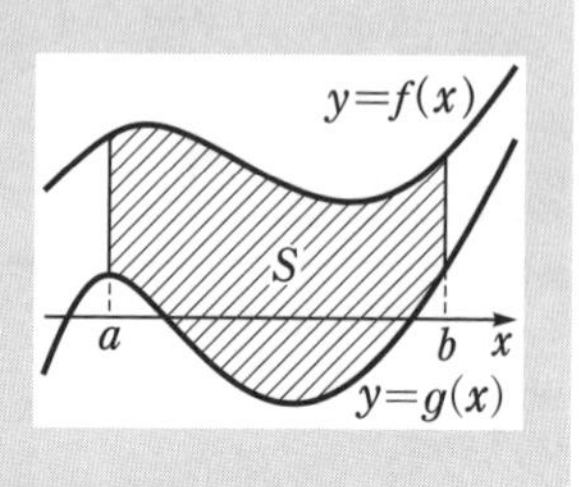

2曲線の交点の x 座標を求めて，グラフの上下関係を調べる。

解答 (1) 2曲線の交点の x 座標は，方程式

$\sin x=\sin 2x$

の解である。$\sin x=2\sin x\cos x$ より，

$\sin x(1-2\cos x)=0$

$0 \leqq x \leqq \dfrac{\pi}{2}$ より，　$x=0,\ \dfrac{\pi}{3}$

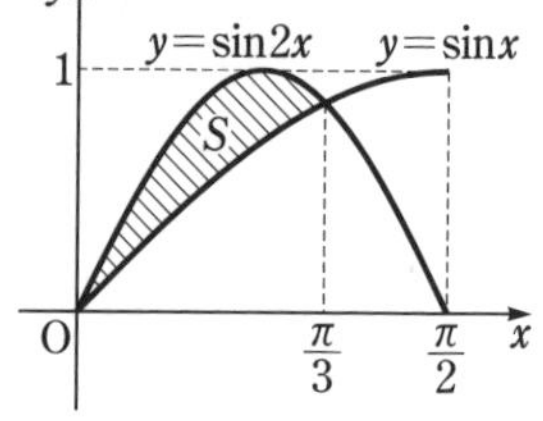

$0 \leqq x \leqq \dfrac{\pi}{3}$ で $\sin 2x \geqq \sin x$ であるから，

$$S=\int_0^{\frac{\pi}{3}}(\sin 2x-\sin x)\,dx=\left[-\frac{1}{2}\cos 2x+\cos x\right]_0^{\frac{\pi}{3}}=\boldsymbol{\frac{1}{4}}$$

(2) 曲線と直線の交点の x 座標は，方程式 $\sqrt{x}=\dfrac{1}{3}x+\dfrac{2}{3}$

の解である。両辺を2乗して整理すると，

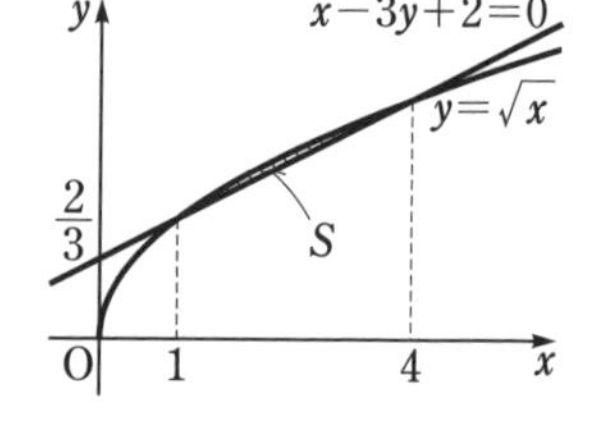

$x^2-5x+4=0$

$(x-1)(x-4)=0$　　$x=1,\ 4$

$1 \leqq x \leqq 4$ で $\sqrt{x} \geqq \dfrac{1}{3}x+\dfrac{2}{3}$ であるから，

$$S=\int_1^4\left\{\sqrt{x}-\left(\frac{1}{3}x+\frac{2}{3}\right)\right\}dx=\left[\frac{2}{3}x^{\frac{3}{2}}-\frac{1}{6}x^2-\frac{2}{3}x\right]_1^4=\boldsymbol{\frac{1}{6}}$$

問37 曲線 $x=y^2+2$ と x 軸，y 軸および直線 $y=3$ で囲まれた部分の面積を求めよ。

教科書 p.154

ガイド

ここがポイント [曲線 $x=g(y)$ と面積]

$c \leqq y \leqq d$ で $g(y) \geqq 0$ のとき，
曲線 $x=g(y)$ と y 軸および
2直線 $y=c$，$y=d$ で囲まれた
部分の面積 S は，

$$S=\int_c^d g(y)\,dy$$

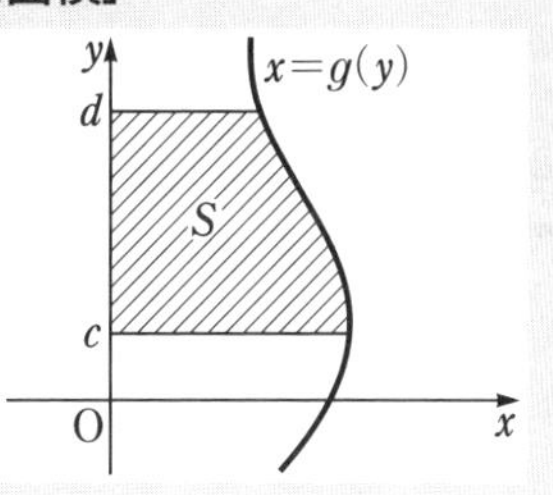

解答 求める面積を S とすると，

$$S=\int_0^3 (y^2+2)\,dy$$
$$=\left[\frac{1}{3}y^3+2y\right]_0^3$$
$$=\mathbf{15}$$

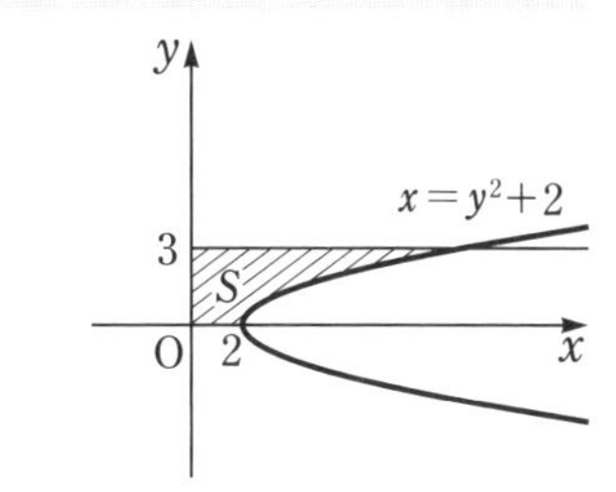

問38 2曲線 $x=y^2-1$，$x=-y^2+y$ で囲まれた部分の面積 S を求めよ。

教科書 p.154

ガイド $c \leqq y \leqq d$ で $f(y) \geqq g(y)$ のとき，2つの曲線 $x=f(y)$，$x=g(y)$ と2直線 $y=c$，$y=d$ で囲まれた部分の面積 S は，

$$S=\int_c^d \{f(y)-g(y)\}\,dy$$

2曲線の交点の y 座標を求めて，グラフの位置関係を調べる。

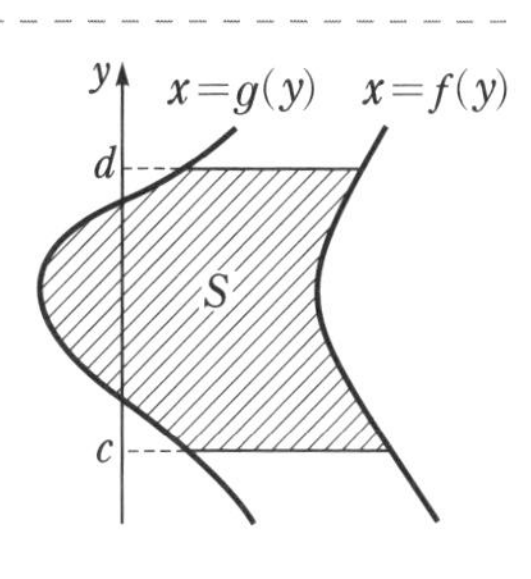

解答 $y^2-1=-y^2+y$ を解くと，　$2y^2-y-1=0$

$(2y+1)(y-1)=0$　　$y=-\dfrac{1}{2}$，1

$-\dfrac{1}{2} \leqq y \leqq 1$ で $-y^2+y \geqq y^2-1$ であるから，

$$S=\int_{-\frac{1}{2}}^1 \{(-y^2+y)-(y^2-1)\}\,dy$$
$$=\int_{-\frac{1}{2}}^1 (-2y^2+y+1)\,dy$$

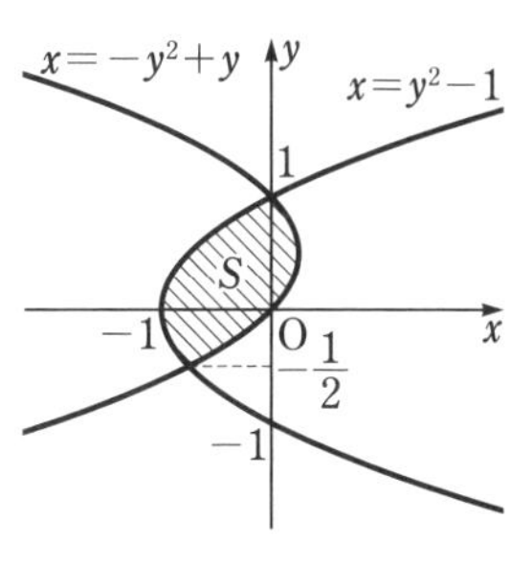

$$=\left[-\frac{2}{3}y^3+\frac{1}{2}y^2+y\right]_{-\frac{1}{2}}^{1}=\frac{9}{8}$$

問 39 曲線 $y^2=x^2(1-x^2)$ で囲まれた図形の面積 S を求めよ。

教科書 p.155

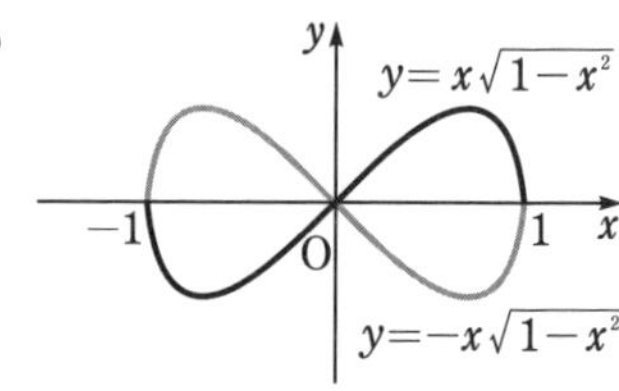

ガイド 曲線の方程式 $y^2=x^2(1-x^2)$ を y について解く。

解答 $y^2=x^2(1-x^2)$ を y について解くと,

$$y=\pm x\sqrt{1-x^2}\quad(-1\leqq x\leqq 1)$$

求める図形は，2 曲線　$y=x\sqrt{1-x^2}$，$y=-x\sqrt{1-x^2}$ によって囲まれている。

また，これらの 2 曲線は，y 軸に関して対称であり，区間 $0\leqq x\leqq 1$ で，$x\sqrt{1-x^2}\geqq -x\sqrt{1-x^2}$ であるから，求める面積を S とすると，

$$S=2\int_0^1\{x\sqrt{1-x^2}-(-x\sqrt{1-x^2})\}dx$$

$$=4\int_0^1 x\sqrt{1-x^2}\,dx$$

$1-x^2=u$ とおくと，

x	$0\to 1$
u	$1\to 0$

$$-2x\frac{dx}{du}=1$$

$$S=4\int_1^0 x\sqrt{u}\left(-\frac{1}{2x}\right)du$$

$$=2\int_0^1\sqrt{u}\,du=2\left[\frac{2}{3}u^{\frac{3}{2}}\right]_0^1=\frac{4}{3}$$

問 40 媒介変数表示された次の曲線と x 軸で囲まれた部分の面積 S を求めよ。

教科書 p.156

(1)　$x=2t+1$，$y=-4t^2+1$　$\left(-\frac{1}{2}\leqq t\leqq\frac{1}{2}\right)$

(2)　$x=3\cos\theta$，$y=2\sin\theta$　$(0\leqq\theta\leqq\pi)$

ガイド　(1)は $S=\int_0^2 y\,dx$，(2)は $S=\int_{-3}^3 y\,dx$ である。

解答　(1)　$-\dfrac{1}{2}\leqq t\leqq\dfrac{1}{2}$ のとき，$0\leqq x\leqq 2$

$$y=-4t^2+1\geqq 0$$

求める面積を S とすると，

$$S=\int_0^2 y\,dx$$

$$=\int_{-\frac{1}{2}}^{\frac{1}{2}} y\frac{dx}{dt}\,dt$$

$$=\int_{-\frac{1}{2}}^{\frac{1}{2}}(-4t^2+1)\cdot 2\,dt$$

$$=4\int_0^{\frac{1}{2}}(-4t^2+1)\,dt$$

$$=4\left[-\frac{4}{3}t^3+t\right]_0^{\frac{1}{2}}$$

$$=4\left(-\frac{1}{6}+\frac{1}{2}\right)=\boldsymbol{\frac{4}{3}}$$

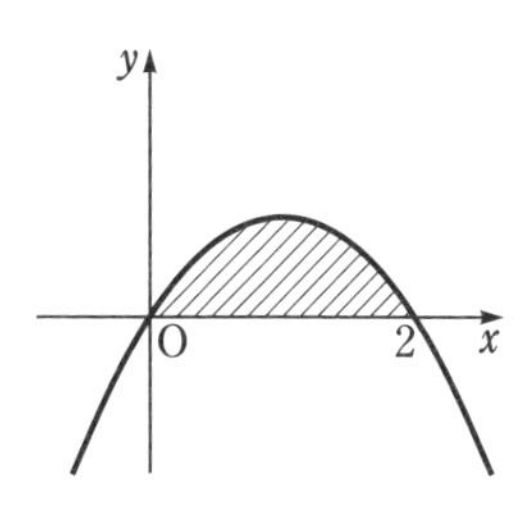

x	$0 \to 2$
t	$-\dfrac{1}{2} \to \dfrac{1}{2}$

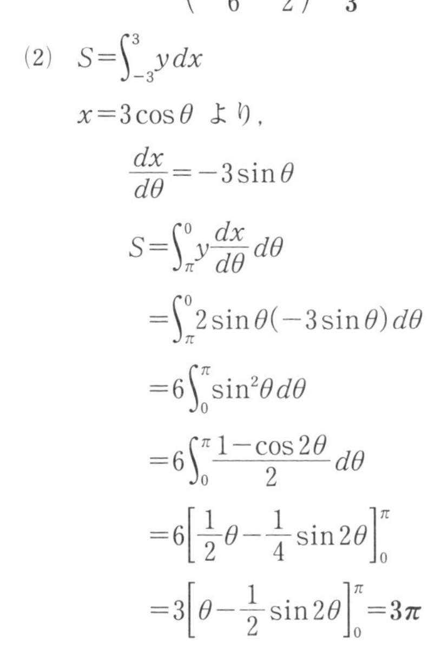

(2)　$S=\int_{-3}^3 y\,dx$

$x=3\cos\theta$ より，

$$\frac{dx}{d\theta}=-3\sin\theta$$

$$S=\int_\pi^0 y\frac{dx}{d\theta}\,d\theta$$

$$=\int_\pi^0 2\sin\theta(-3\sin\theta)\,d\theta$$

$$=6\int_0^\pi \sin^2\theta\,d\theta$$

$$=6\int_0^\pi \frac{1-\cos 2\theta}{2}\,d\theta$$

$$=6\left[\frac{1}{2}\theta-\frac{1}{4}\sin 2\theta\right]_0^\pi$$

$$=3\left[\theta-\frac{1}{2}\sin 2\theta\right]_0^\pi=\boldsymbol{3\pi}$$

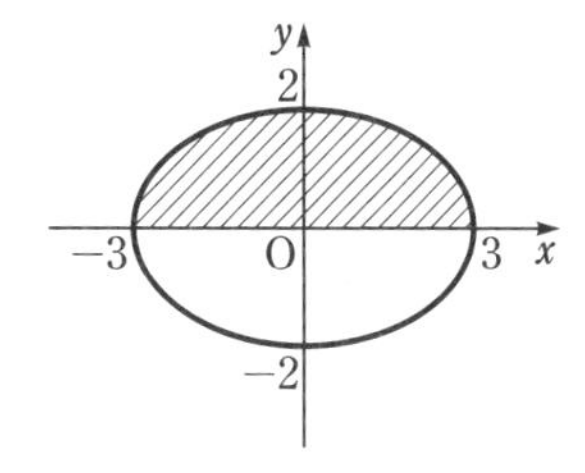

x	$-3 \to 3$
θ	$\pi \to 0$

2 体 積

問 41 底面積がS，高さがhの角錐の体積Vを，積分を用いて求めよ。

教科書 p.158

ガイド

ここがポイント [立体の体積]

$a<b$ のとき，空間において，x軸に垂直で，x軸との交点の座標がそれぞれa，bである2平面にはさまれている立体の体積をVとし，x軸に垂直で，x軸との交点の座標がxである平面による立体の切り口の面積を$S(x)$とすると，

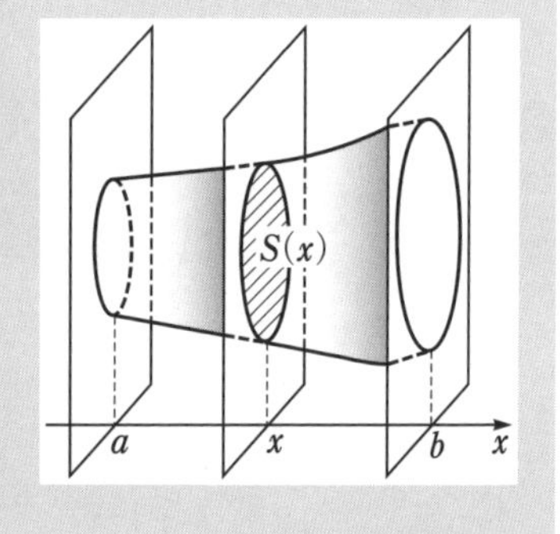

$$V=\int_a^b S(x)\,dx$$

解答 角錐の頂点を原点Oとし，底面に垂直な直線をx軸とする。

$0\leqq x\leqq h$ のとき，x軸上の座標xの点を通り，x軸に垂直な平面による角錐の切り口の面積を$S(x)$とする。

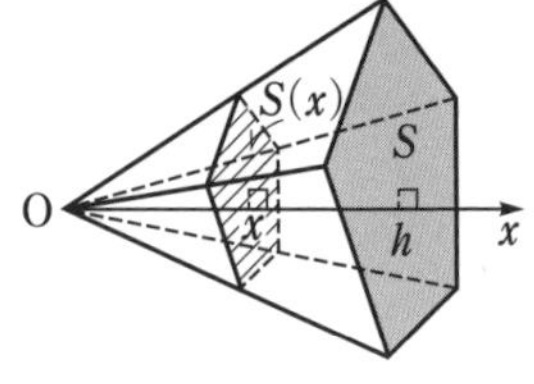

この切り口と底面は相似で，相似比は $x:h$ であるから，

$$S(x):S=x^2:h^2 \qquad S(x)=\frac{S}{h^2}x^2$$

よって，$V=\int_0^h S(x)\,dx=\int_0^h \frac{S}{h^2}x^2dx=\frac{S}{h^2}\left[\frac{1}{3}x^3\right]_0^h=\boldsymbol{\frac{1}{3}Sh}$

プラスワン 「高さが等しい2つの立体を，底面に平行な平面で切る。このとき，それぞれの切り口の面積がいつでも等しいとき，その2つの立体の体積は等しい。」これを**カヴァリエリの原理**という。

問 42 教科書159ページの例題18において，点Oを通り，底面と60°の角を作る平面で切ったとき，切り口の平面と底面ではさまれた部分の体積Vを求めよ。

教科書 p.159

ガイド 切り口は，$\angle CAB=60^\circ$，$\angle ABC=90^\circ$ の直角三角形 ABC である。

解答 切り口の直角三角形 ABC の面積を $S(x)$ とすると，

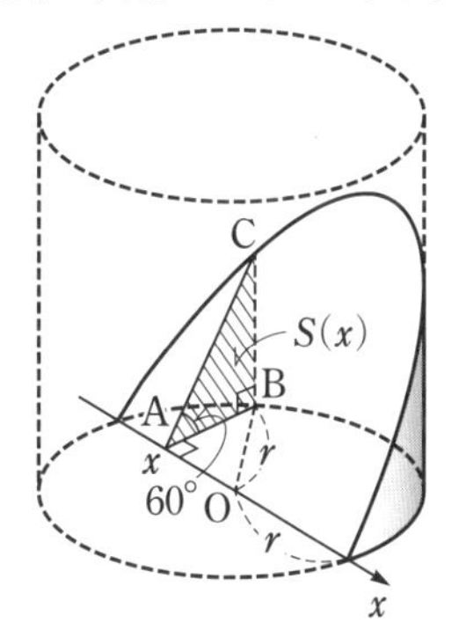

$$S(x)=\frac{1}{2}AB\cdot BC=\frac{1}{2}AB\cdot AB\tan 60^\circ$$
$$=\frac{1}{2}\times\sqrt{r^2-x^2}\times\sqrt{3}\sqrt{r^2-x^2}$$
$$=\frac{\sqrt{3}}{2}(r^2-x^2)$$

よって，求める体積 V は，

$$V=\int_{-r}^{r}\frac{\sqrt{3}}{2}(r^2-x^2)\,dx=\boldsymbol{\frac{2\sqrt{3}}{3}r^3}$$

問 43 次の曲線や直線で囲まれた部分を，x 軸のまわりに1回転してできる立体の体積 V を求めよ。

教科書 p.160

(1) $y=\dfrac{1}{x+1}$，x 軸，y 軸，直線 $x=1$

(2) $y=\sin x$ $(0\leqq x\leqq\pi)$，x 軸

ガイド $a<b$ のとき，曲線 $y=f(x)$ と x 軸および2直線 $x=a$，$x=b$ で囲まれた部分を，x 軸のまわりに1回転してできる立体の体積を V とすると，次のことが成り立つ。

ここがポイント **[x 軸のまわりの回転体の体積]**

$a<b$ のとき，　$\boldsymbol{V=\pi\int_a^b y^2dx=\pi\int_a^b\{f(x)\}^2dx}$

解答 (1) 体積を求める立体は，右の図の斜線部分を x 軸のまわりに1回転してできる回転体であるから，

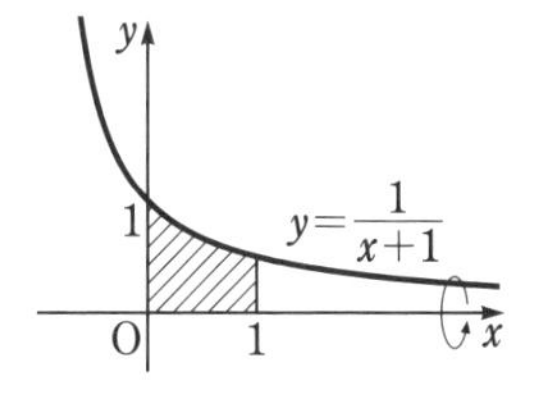

$$V=\pi\int_0^1 y^2dx=\pi\int_0^1\left(\frac{1}{x+1}\right)^2dx$$
$$=\pi\left[-\frac{1}{x+1}\right]_0^1=\boldsymbol{\frac{\pi}{2}}$$

(2) 体積を求める立体は，右の図の斜線部分を x 軸のまわりに1回転してできる回転体であるから，

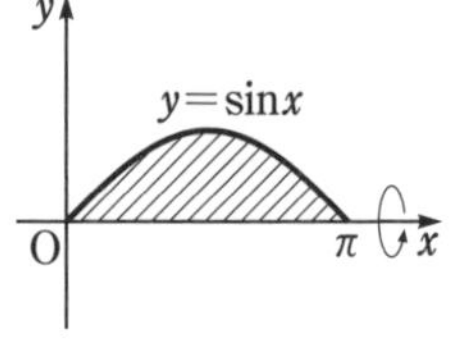

$$V=\pi\int_0^{\pi}y^2dx=\pi\int_0^{\pi}\sin^2x\,dx$$

$$=\pi\int_0^{\pi}\frac{1-\cos 2x}{2}dx=\pi\left[\frac{1}{2}x-\frac{1}{4}\sin 2x\right]_0^{\pi}=\boldsymbol{\frac{\pi^2}{2}}$$

☑問 44 曲線 $y=\log x$ と x 軸，y 軸および直線 $y=1$ で囲まれた部分を，y 軸のまわりに1回転してできる立体の体積 V を求めよ。

教科書 **p.161**

ガイド $c<d$ のとき，曲線 $x=g(y)$ と y 軸および2直線 $y=c$，$y=d$ で囲まれた部分を，y 軸のまわりに1回転してできる立体の体積 V は，次のようになる。

$$\boldsymbol{V=\pi\int_c^d x^2dy=\pi\int_c^d\{g(y)\}^2dy}$$

解答 $y=\log x$ より，　$x=e^y$

体積を求める立体は，右の図の斜線部分を y 軸のまわりに1回転してできる回転体であるから，

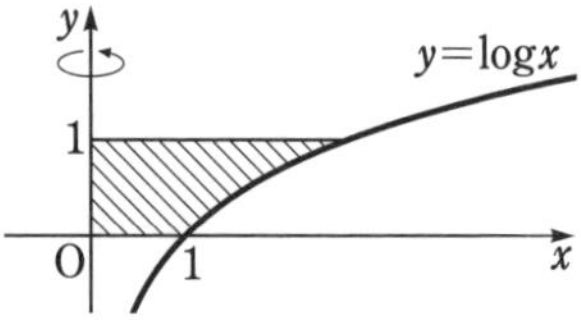

$$V=\pi\int_0^1 x^2dy=\pi\int_0^1 e^{2y}dy=\pi\left[\frac{1}{2}e^{2y}\right]_0^1=\boldsymbol{\frac{\pi}{2}(e^2-1)}$$

☑問 45 $a>0$，$b>0$ のとき，楕円 $\dfrac{x^2}{a^2}+\dfrac{y^2}{b^2}=1$ で囲まれた図形を，x 軸のまわりに1回転してできる立体の体積 V_x と，y 軸のまわりに1回転してできる立体の体積 V_y の比を求めよ。

教科書 **p.161**

ガイド $V_x=\pi\int_{-a}^a y^2dx$，$V_y=\pi\int_{-b}^b x^2dy$ である。

解答 $y^2=b^2\left(1-\dfrac{x^2}{a^2}\right)$ より，

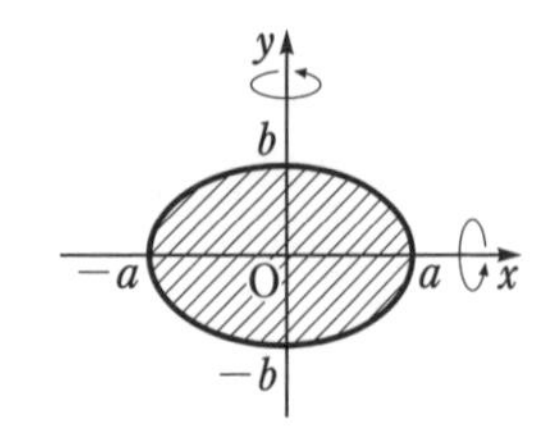

$$V_x=\pi\int_{-a}^a y^2dx$$

$$=\pi\int_{-a}^a b^2\left(1-\frac{x^2}{a^2}\right)dx$$

$$=2\pi b^2\int_0^a\left(1-\frac{1}{a^2}x^2\right)dx=2\pi b^2\left[x-\frac{1}{3a^2}x^3\right]_0^a=\frac{4}{3}\pi ab^2$$

$x^2=a^2\left(1-\dfrac{y^2}{b^2}\right)$ より，

$$V_y=\pi\int_{-b}^b x^2dy=\pi\int_{-b}^b a^2\left(1-\frac{y^2}{b^2}\right)dy=2\pi a^2\int_0^b\left(1-\frac{1}{b^2}y^2\right)dy$$

$$=2\pi a^2\left[y-\frac{1}{3b^2}y^3\right]_0^b=\frac{4}{3}\pi a^2b$$

よって，　$V_x：V_y=\dfrac{4}{3}\pi ab^2：\dfrac{4}{3}\pi a^2b=\boldsymbol{b：a}$

問 46　曲線 $y=x^2$ と直線 $y=2x$ で囲まれた部分を，x 軸のまわりに1回転してできる立体の体積 V を求めよ。

教科書 p.162

ガイド　直線 $y=2x$ と x 軸との間の部分を x 軸のまわりに1回転してできる立体の体積から，曲線 $y=x^2$ と x 軸との間の部分を x 軸のまわりに1回転してできる立体の体積を引く。

解答　曲線 $y=x^2$ と直線 $y=2x$ で囲まれた部分を，x 軸のまわりに1回転してできる立体の体積 V は，

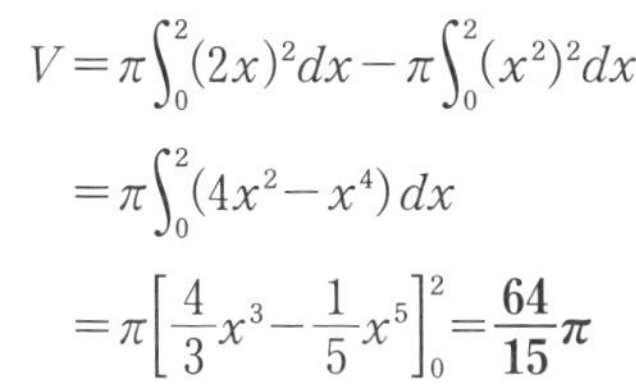

$$V=\pi\int_0^2(2x)^2dx-\pi\int_0^2(x^2)^2dx$$

$$=\pi\int_0^2(4x^2-x^4)\,dx$$

$$=\pi\left[\frac{4}{3}x^3-\frac{1}{5}x^5\right]_0^2=\boldsymbol{\frac{64}{15}\pi}$$

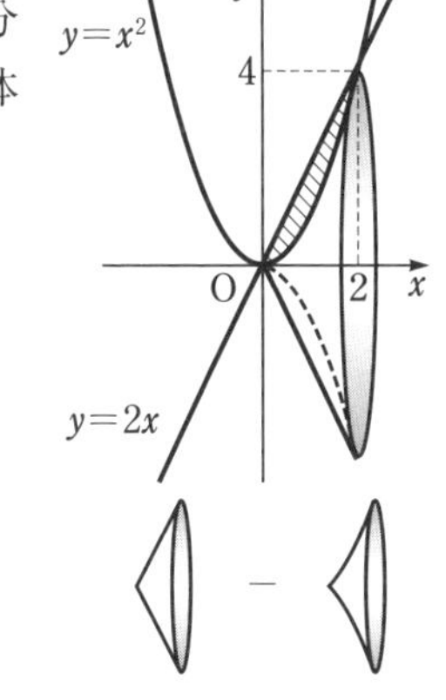

注意　立体の体積 V を，$V=\pi\displaystyle\int_0^2(2x-x^2)^2dx$ としないように注意しよう。

問 47　曲線 $x=\sin\theta$，$y=\sin 2\theta$ $\left(0\leqq\theta\leqq\dfrac{\pi}{2}\right)$ と x 軸で囲まれた部分を，x 軸のまわりに1回転してできる立体の体積 V を求めよ。

教科書 p.163

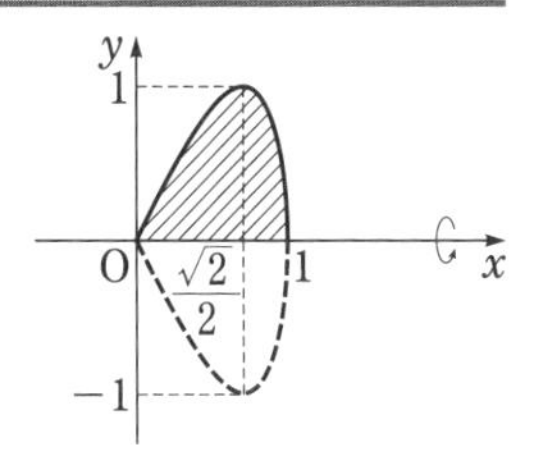

第4章 積分法

ガイド 求める体積 V は，$V=\pi\int_0^1 y^2dx$ となる。

解答 $V=\pi\int_0^1 y^2dx$ である。

x	$0\to1$
θ	$0\to\dfrac{\pi}{2}$

$\dfrac{dx}{d\theta}=\cos\theta$ より，

$$V=\pi\int_0^{\frac{\pi}{2}}\sin^2 2\theta\cdot\cos\theta\,d\theta=\pi\int_0^{\frac{\pi}{2}}4\sin^2\theta\cos^3\theta\,d\theta$$

$$=4\pi\int_0^{\frac{\pi}{2}}\sin^2\theta(1-\sin^2\theta)\cos\theta\,d\theta=4\pi\int_0^{\frac{\pi}{2}}(\sin^2\theta-\sin^4\theta)\cos\theta\,d\theta$$

$$=4\pi\left[\frac{1}{3}\sin^3\theta-\frac{1}{5}\sin^5\theta\right]_0^{\frac{\pi}{2}}=\boldsymbol{\frac{8}{15}\pi}$$

3 曲線の長さ

問48 半径 r の円を媒介変数で表し，これを用いて円の周の長さ L を求めよ。

教科書 p.166

ガイド

ここがポイント [媒介変数表示された曲線の長さ]

曲線 $x=f(t)$，$y=g(t)$ $(a\leqq t\leqq b)$ の長さ L は，

$$\boldsymbol{L=\int_a^b\sqrt{\left(\frac{dx}{dt}\right)^2+\left(\frac{dy}{dt}\right)^2}\,dt}$$

$$\boldsymbol{=\int_a^b\sqrt{\{f'(t)\}^2+\{g'(t)\}^2}\,dt}$$

解答 半径 r の円を媒介変数で表すと，

$$\boldsymbol{x=r\cos\theta,\ \ y=r\sin\theta}$$

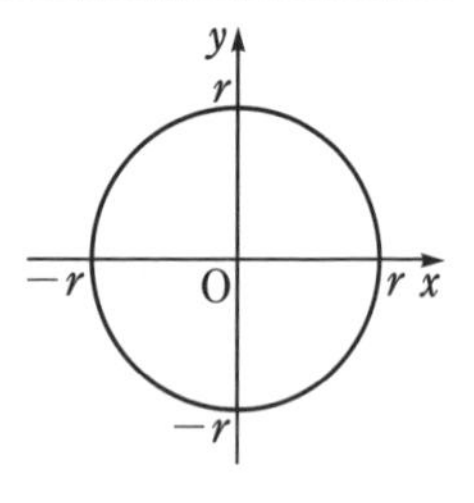

$$L=\int_0^{2\pi}\sqrt{\left(\frac{dx}{d\theta}\right)^2+\left(\frac{dy}{d\theta}\right)^2}\,d\theta$$

$$\frac{dx}{d\theta}=-r\sin\theta \qquad \frac{dy}{d\theta}=r\cos\theta$$

より，

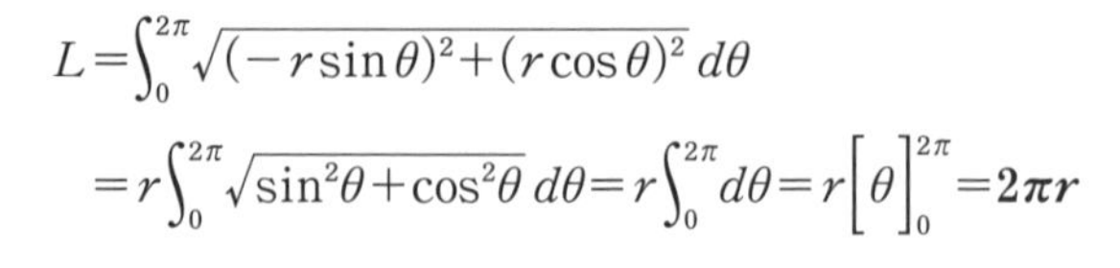

$$L=\int_0^{2\pi}\sqrt{(-r\sin\theta)^2+(r\cos\theta)^2}\,d\theta$$

$$=r\int_0^{2\pi}\sqrt{\sin^2\theta+\cos^2\theta}\,d\theta=r\int_0^{2\pi}d\theta=r\Big[\theta\Big]_0^{2\pi}=\boldsymbol{2\pi r}$$

問 49 $a>0$ とするとき，媒介変数 θ を用いて

教科書 p. 166

$$x=a\cos^3\theta,\ y=a\sin^3\theta\quad(0\leqq\theta\leqq 2\pi)$$

で表される曲線の長さ L を求めよ。

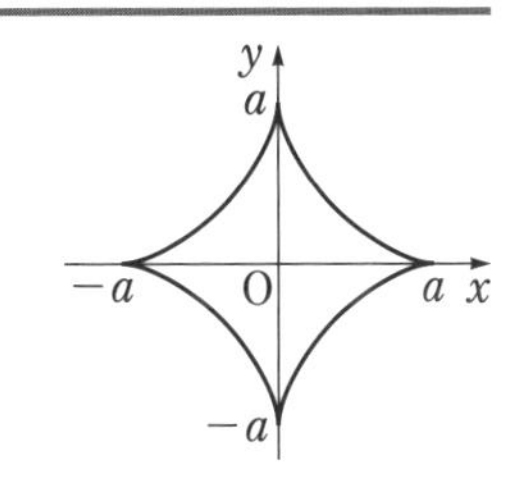

ガイド 対称性から，$\theta=0$ から $\theta=\dfrac{\pi}{2}$ までの曲線の長さを4倍すればよい。

解答

$$L=\int_0^{2\pi}\sqrt{\left(\frac{dx}{d\theta}\right)^2+\left(\frac{dy}{d\theta}\right)^2}\,d\theta$$

$$\frac{dx}{d\theta}=-3a\sin\theta\cos^2\theta\qquad\frac{dy}{d\theta}=3a\sin^2\theta\cos\theta$$

より，

$$L=\int_0^{2\pi}\sqrt{(-3a\sin\theta\cos^2\theta)^2+(3a\sin^2\theta\cos\theta)^2}\,d\theta$$

$$=3a\int_0^{2\pi}\sqrt{\sin^2\theta\cos^2\theta(\cos^2\theta+\sin^2\theta)}\,d\theta=3a\int_0^{2\pi}\sqrt{\sin^2\theta\cos^2\theta}\,d\theta$$

対称性から，

$$L=4\cdot 3a\int_0^{\frac{\pi}{2}}\sqrt{\sin^2\theta\cos^2\theta}\,d\theta=12a\int_0^{\frac{\pi}{2}}\sqrt{\sin^2\theta\cos^2\theta}\,d\theta$$

$0\leqq\theta\leqq\dfrac{\pi}{2}$ のとき，$\sin\theta\cos\theta\geqq 0$ であるから，

$$L=12a\int_0^{\frac{\pi}{2}}\sin\theta\cos\theta\,d\theta=6a\int_0^{\frac{\pi}{2}}\sin 2\theta\,d\theta$$

$$=6a\left[-\frac{1}{2}\cos 2\theta\right]_0^{\frac{\pi}{2}}=\boldsymbol{6a}$$

注意 この曲線を，**アステロイド**という。

問 50 曲線 $y=x^{\frac{3}{2}}\left(0\leqq x\leqq\dfrac{4}{3}\right)$ の長さ L を求めよ。

教科書 p. 167

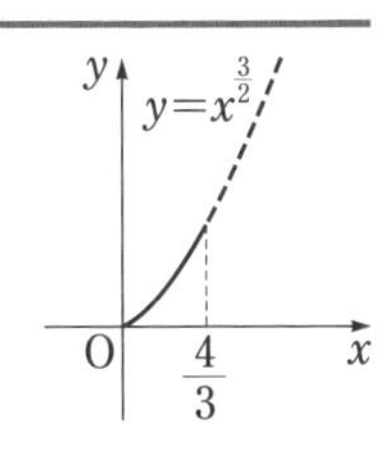

ガイド

> **ここがポイント** **[曲線 $y=f(x)$ の長さ]**
> 曲線 $y=f(x)$ $(a \leqq x \leqq b)$ の長さ L は，
> $$L=\int_a^b \sqrt{1+\{f'(x)\}^2}\,dx$$

解答 $y'=\dfrac{3}{2}x^{\frac{1}{2}}$ より，

$$L=\int_0^{\frac{4}{3}}\sqrt{1+y'^2}\,dx=\int_0^{\frac{4}{3}}\sqrt{1+\left(\frac{3}{2}x^{\frac{1}{2}}\right)^2}\,dx=\int_0^{\frac{4}{3}}\sqrt{1+\frac{9}{4}x}\,dx$$

$$=\left[\frac{8}{27}\left(1+\frac{9}{4}x\right)^{\frac{3}{2}}\right]_0^{\frac{4}{3}}=\mathbf{\frac{56}{27}}$$

問 51 教科書 p.168

数直線上を速度 $v(t)=2\cos 2t-1$ で動く点Pの，$t=0$ から $t=\dfrac{\pi}{2}$ までの位置の変化量と動いた道のり s を求めよ。

ガイド 点Pは数直線上を速度 v で動くとする。$t=a$ から $t=b$ までの点Pの位置の変化量は $\int_a^b v\,dt$ で表すことができる。

また，点Pが実際に動いた長さを**道のり**といい，点Pが $t=a$ から $t=b$ までに動いた道のりは，$\int_a^b |\boldsymbol{v}|\,\boldsymbol{dt}$ である。

解答 求める位置の変化量は，

$$\int_0^{\frac{\pi}{2}}(2\cos 2t-1)\,dt=\Big[\sin 2t-t\Big]_0^{\frac{\pi}{2}}=\boldsymbol{-\frac{\pi}{2}}$$

また，求める道のり s は，

$$s=\int_0^{\frac{\pi}{2}}|2\cos 2t-1|\,dt$$

$$=\int_0^{\frac{\pi}{6}}(2\cos 2t-1)\,dt+\int_{\frac{\pi}{6}}^{\frac{\pi}{2}}\{-(2\cos 2t-1)\}\,dt$$

$$=\int_0^{\frac{\pi}{6}}(2\cos 2t-1)\,dt+\int_{\frac{\pi}{6}}^{\frac{\pi}{2}}(-2\cos 2t+1)\,dt$$

$$=\Big[\sin 2t-t\Big]_0^{\frac{\pi}{6}}+\Big[-\sin 2t+t\Big]_{\frac{\pi}{6}}^{\frac{\pi}{2}}=\boldsymbol{\frac{\pi}{6}+\sqrt{3}}$$

問52 座標平面上を動く点P$(x,\ y)$の時刻tにおける速度が，$\vec{v}=(t\cos t,\ t\sin t)$と表されるとき，点Pが$t=0$から$t=1$までに動いた道のり$s$を求めよ。

教科書 p.169

ガイド 座標平面上を動く点Pの時刻tにおける座標を$(x,\ y)$とすると，

時刻tにおける点Pの速度$\vec{v}$は，　$\vec{v}=\left(\dfrac{dx}{dt},\ \dfrac{dy}{dt}\right)$

点Pが$t=t_1$から$t=t_2$までに動いた道のりは，点Pが描く曲線の長さであり，次のように速さ$|\vec{v}|$の定積分で表すことができる。

$$\boldsymbol{s=\int_{t_1}^{t_2}\sqrt{\left(\frac{dx}{dt}\right)^2+\left(\frac{dy}{dt}\right)^2}\,dt=\int_{t_1}^{t_2}|\vec{v}|\,dt}$$

解答 $\dfrac{dx}{dt}=t\cos t,\ \dfrac{dy}{dt}=t\sin t$ より，

$$s=\int_0^1\sqrt{(t\cos t)^2+(t\sin t)^2}\,dt=\int_0^1 t\,dt=\left[\frac{1}{2}t^2\right]_0^1=\boldsymbol{\frac{1}{2}}$$

注意 点Pがすでに通過した部分をまた通過する場合も，道のりsは，$s=\displaystyle\int_{t_1}^{t_2}|\vec{v}|\,dt$で求めることができる。

節末問題　第3節　積分法の応用

1 次の曲線や直線で囲まれた部分の面積Sを求めよ。

教科書 p.170

(1) $y=x+\dfrac{2}{x}-3$，x軸　　(2) $y^2=4x$，$x^2=4y$

ガイド 図をかいて，面積を求める図形を確認する。

(2) $y^2=4x$は$x^2=4y$のxとyを入れ替えたものであるから，$y^2=4x$のグラフと$x^2=4y$のグラフは直線$y=x$に関して対称である。

解答 (1) $x+\dfrac{2}{x}-3=0$を解くと，

$x^2-3x+2=0$

$(x-1)(x-2)=0$

よって，　$x=1,\ 2$

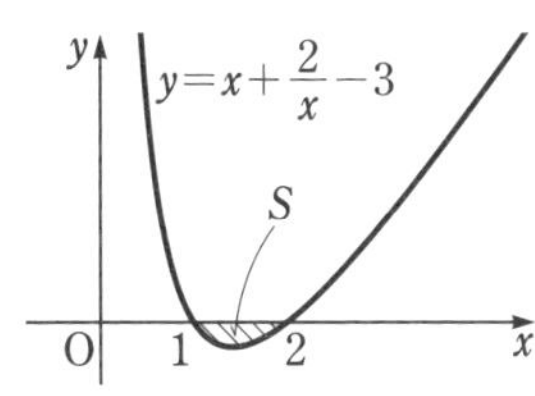

$1\leqq x\leqq 2$で$x+\dfrac{2}{x}-3\leqq 0$であるから，

$$S=-\int_1^2\left(x+\frac{2}{x}-3\right)dx$$

$$=-\left[\frac{1}{2}x^2+2\log|x|-3x\right]_1^2=\mathbf{\frac{3}{2}-2\log 2}$$

(2) $y^2=4x$ のグラフと $x^2=4y$ のグラフは直線 $y=x$ に関して対称である。

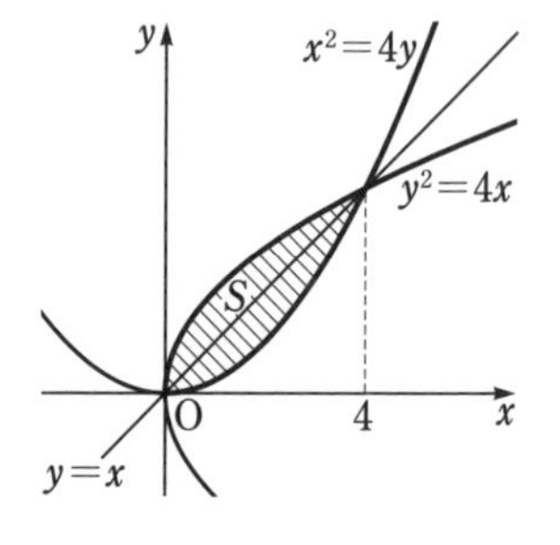

曲線 $y=\frac{1}{4}x^2$ と直線 $y=x$ の交点

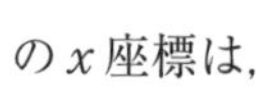

の x 座標は,

$$\frac{1}{4}x^2=x$$

$$x(x-4)=0$$

したがって, $x=0,\ 4$

よって, $S=2\int_0^4\left(x-\frac{1}{4}x^2\right)dx=2\left[\frac{1}{2}x^2-\frac{1}{12}x^3\right]_0^4=\mathbf{\frac{16}{3}}$

2 教科書 p.170

曲線 $2x^2-2xy+y^2=4$ は右の図のようになる。次の問いに答えよ。

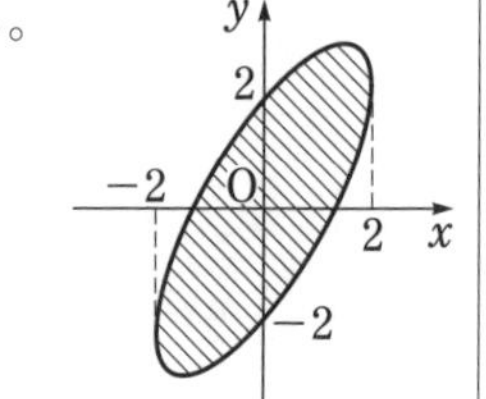

(1) この曲線の方程式を y について解くと,

$$y=x\pm\sqrt{4-x^2}$$

となることを示せ。

(2) この曲線で囲まれた図形の面積を求めよ。

ガイド (2) 面積を求める部分は, 2曲線 $y=x+\sqrt{4-x^2}$, $y=x-\sqrt{4-x^2}$ で囲まれている。

解答 (1) $y^2-2xy+2x^2-4=0$ より, 2次方程式の解の公式を用いて,

$$y=-(-x)\pm\sqrt{(-x)^2-(2x^2-4)}$$

よって, $y=x\pm\sqrt{4-x^2}$

(2) $-2\leqq x\leqq 2$ で,

$x+\sqrt{4-x^2}\geqq x-\sqrt{4-x^2}$ であるから, 求める図形の面積を S とすると,

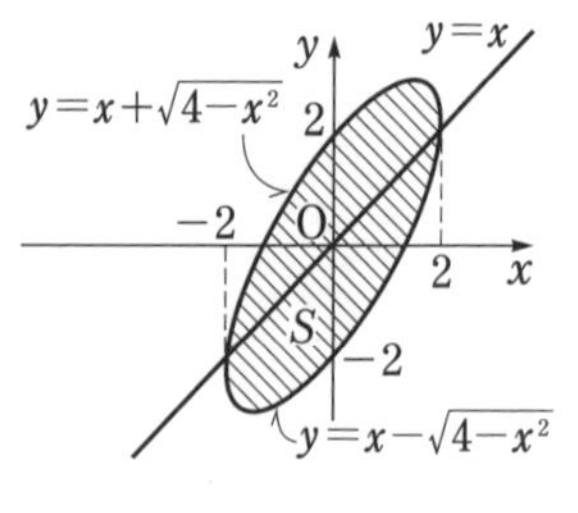

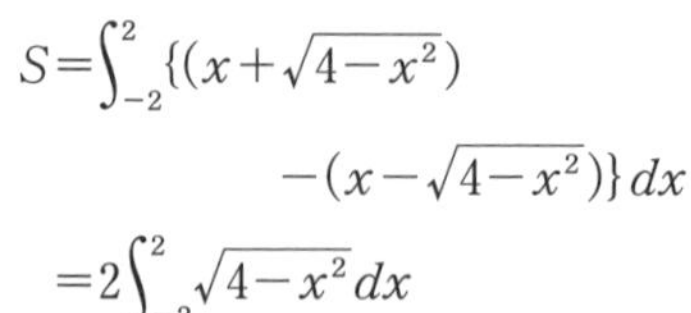

$$S=\int_{-2}^2\{(x+\sqrt{4-x^2})-(x-\sqrt{4-x^2})\}dx$$

$$=2\int_{-2}^2\sqrt{4-x^2}\,dx$$

ここで，$\int_{-2}^{2}\sqrt{4-x^2}\,dx$ は半径2の半円の面積に等しく，2π であるから，　$S=2\cdot 2\pi=\mathbf{4\pi}$

3 教科書 p.170

媒介変数表示された次の曲線で囲まれた部分の面積 S を求めよ。

$x=\sin t$，$y=\sin 2t$　$(0\leqq t\leqq \pi)$

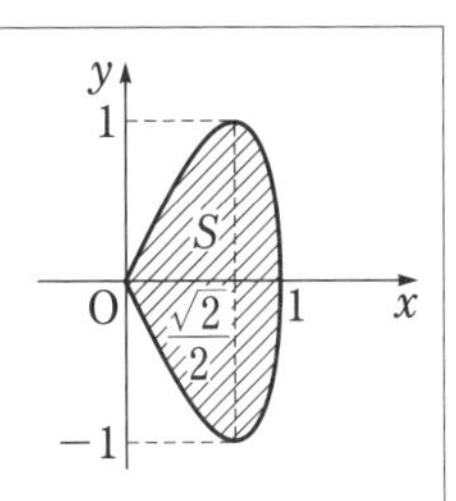

ガイド $y_1=\sin 2t\left(0\leqq t\leqq\dfrac{\pi}{2}\right)$ とすると，$S=2\int_0^1 y_1\,dx$ である。

解答 求める面積は，$y_1=\sin 2t\left(0\leqq t\leqq\dfrac{\pi}{2}\right)$ とすると，$S=2\int_0^1 y_1\,dx$ である。

$\dfrac{dx}{dt}=\cos t$ より，

x	$0\to 1$
t	$0\to\dfrac{\pi}{2}$

$$S=2\int_0^{\frac{\pi}{2}}\sin 2t\cdot\cos t\,dt=4\int_0^{\frac{\pi}{2}}\sin t\cos^2 t\,dt$$

$$=4\left[-\frac{1}{3}\cos^3 t\right]_0^{\frac{\pi}{2}}=\mathbf{\frac{4}{3}}$$

4 教科書 p.170

曲線 $\sqrt{x}+\sqrt{y}=1$ と x 軸および y 軸とで囲まれた部分を D とする。このとき，D の面積を求めよ。また，D を x 軸のまわりに1回転してできる立体の体積を求めよ。

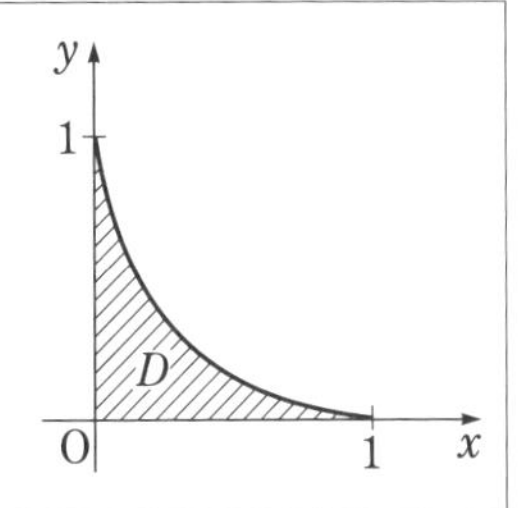

ガイド 曲線の方程式 $\sqrt{x}+\sqrt{y}=1$ を y について解く。

解答 $\sqrt{x}+\sqrt{y}=1$ を y について解くと，

$\sqrt{y}=1-\sqrt{x}$　より，$y=(1-\sqrt{x})^2=x-2\sqrt{x}+1$

求める面積を S とすると，

$$S=\int_0^1 y\,dx=\int_0^1(x-2\sqrt{x}+1)\,dx$$

第4章　積分法

$$=\left[\frac{1}{2}x^2-\frac{4}{3}x^{\frac{3}{2}}+x\right]_0^1=\mathbf{\frac{1}{6}}$$

求める体積を V とすると，

$$V=\pi\int_0^1 y^2dx=\pi\int_0^1(1-\sqrt{x})^4dx$$

$$=\pi\int_0^1(1-4\sqrt{x}+6x-4x\sqrt{x}+x^2)\,dx$$

$$=\pi\left[x-\frac{8}{3}x^{\frac{3}{2}}+3x^2-\frac{8}{5}x^{\frac{5}{2}}+\frac{1}{3}x^3\right]_0^1=\mathbf{\frac{1}{15}\pi}$$

5　教科書 p.170

次の曲線や直線で囲まれた部分を，x 軸のまわりに1回転してできる立体の体積 V を求めよ。

(1)　$y=x^2$，$y=\sqrt{x}$　　　(2)　$y=\sin x$，$y=\frac{2}{\pi}x$

ガイド　(2)　曲線 $y=\sin x$ と直線 $y=\frac{2}{\pi}x$ の交点の x 座標は，

$x=-\frac{\pi}{2}$，0，$\frac{\pi}{2}$ である。

解答　(1)　$x^2=\sqrt{x}$　……①　を解くと，

$x^4=x$　　$x(x^3-1)=0$

$x(x-1)(x^2+x+1)=0$

①を満たす x は，　$x=0$，1

よって，

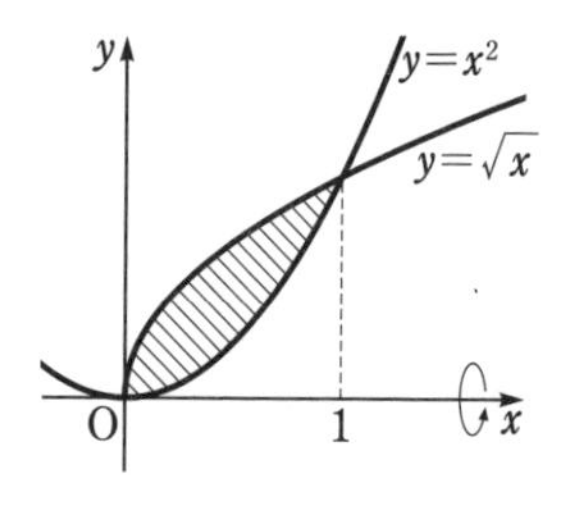

$$V=\pi\int_0^1(\sqrt{x})^2dx-\pi\int_0^1(x^2)^2dx$$

$$=\pi\int_0^1 x\,dx-\pi\int_0^1 x^4dx=\pi\left[\frac{1}{2}x^2\right]_0^1-\pi\left[\frac{1}{5}x^5\right]_0^1=\mathbf{\frac{3}{10}\pi}$$

(2)　曲線 $y=\sin x$ と直線 $y=\frac{2}{\pi}x$ の交点の x 座標は，

$$x=-\frac{\pi}{2},\ 0,\ \frac{\pi}{2}$$

図の斜線部分は原点に関して対称であるから，

$$V=2\left\{\pi\int_0^{\frac{\pi}{2}}\sin^2x\,dx-\pi\int_0^{\frac{\pi}{2}}\left(\frac{2}{\pi}x\right)^2dx\right\}$$

$$=2\left(\pi\int_0^{\frac{\pi}{2}}\frac{1-\cos 2x}{2}dx-\frac{4}{\pi}\int_0^{\frac{\pi}{2}}x^2dx\right)$$

$$=2\left(\pi\left[\frac{1}{2}x-\frac{1}{4}\sin 2x\right]_0^{\frac{\pi}{2}}-\frac{4}{\pi}\left[\frac{1}{3}x^3\right]_0^{\frac{\pi}{2}}\right)=\boldsymbol{\frac{\pi^2}{6}}$$

注意　曲線 $y=\sin x$ と直線 $y=\frac{2}{\pi}x$ の交点の x 座標を求めるには，グラフをかいて考える。

6　教科書 p.170

次の曲線の長さ L を求めよ。

(1)　$x=2\log t$，$y=t+\frac{1}{t}$　$(1\leqq t\leqq 4)$

(2)　$x=e^{-t}\cos\pi t$，$y=e^{-t}\sin\pi t$　$(0\leqq t\leqq 2)$

ガイド　$\frac{dx}{dt}$，$\frac{dy}{dt}$ を求めて，$\sqrt{\left(\frac{dx}{dt}\right)^2+\left(\frac{dy}{dt}\right)^2}$ を積分する。

解答　(1)　$\frac{dx}{dt}=\frac{2}{t}$　$\frac{dy}{dt}=1-\frac{1}{t^2}$　より，

$$L=\int_1^4\sqrt{\left(\frac{2}{t}\right)^2+\left(1-\frac{1}{t^2}\right)^2}\,dt=\int_1^4\sqrt{\left(1+\frac{1}{t^2}\right)^2}\,dt$$

$$=\int_1^4\left(1+\frac{1}{t^2}\right)dt=\left[t-\frac{1}{t}\right]_1^4=\boldsymbol{\frac{15}{4}}$$

(2)　$$\frac{dx}{dt}=-e^{-t}\cos\pi t-\pi e^{-t}\sin\pi t=-e^{-t}(\cos\pi t+\pi\sin\pi t)$$

$$\frac{dy}{dt}=-e^{-t}\sin\pi t+\pi e^{-t}\cos\pi t=-e^{-t}(\sin\pi t-\pi\cos\pi t)$$

より，

$$\left(\frac{dx}{dt}\right)^2+\left(\frac{dy}{dt}\right)^2$$

$$=\{-e^{-t}(\cos\pi t+\pi\sin\pi t)\}^2+\{-e^{-t}(\sin\pi t-\pi\cos\pi t)\}^2$$

$$=e^{-2t}\{\cos^2\pi t+\sin^2\pi t+\pi^2(\sin^2\pi t+\cos^2\pi t)\}$$

$$=e^{-2t}(1+\pi^2)$$

よって，$e^{-t}>0$ より，

$$L=\int_0^2\sqrt{\left(\frac{dx}{dt}\right)^2+\left(\frac{dy}{dt}\right)^2}\,dt=\int_0^2\sqrt{1+\pi^2}\,e^{-t}dt$$

$$=\sqrt{1+\pi^2}\int_0^2 e^{-t}dt=\sqrt{1+\pi^2}\left[-e^{-t}\right]_0^2=\boldsymbol{\sqrt{1+\pi^2}\left(1-\frac{1}{e^2}\right)}$$

章末問題

A

1 教科書 p.171

次の問いに答えよ。

(1) 等式 $\dfrac{1}{x(x+1)^2}=\dfrac{a}{x}+\dfrac{b}{x+1}+\dfrac{c}{(x+1)^2}$ が成り立つように，定数 a，b，c の値を定めよ。

(2) 不定積分 $\displaystyle\int\frac{dx}{x(x+1)^2}$ を求めよ。

ガイド (2) (1)の結果を利用する。

解答 (1) $\dfrac{1}{x(x+1)^2}=\dfrac{a}{x}+\dfrac{b}{x+1}+\dfrac{c}{(x+1)^2}$ より，分母を払うと，

$$1=a(x+1)^2+bx(x+1)+cx$$
$$1=(a+b)x^2+(2a+b+c)x+a$$

係数を比較して，　$a+b=0$，$2a+b+c=0$，$a=1$

これより，　$\boldsymbol{a=1}$，$\boldsymbol{b=-1}$，$\boldsymbol{c=-1}$

(2) (1)より，

$$\int\frac{dx}{x(x+1)^2}=\int\left\{\frac{1}{x}-\frac{1}{x+1}-\frac{1}{(x+1)^2}\right\}dx$$
$$=\log|x|-\log|x+1|+\frac{1}{x+1}+C=\boldsymbol{\frac{1}{x+1}+\log\left|\frac{x}{x+1}\right|+C}$$

2 教科書 p.171

次の定積分を求めよ。

(1) $\displaystyle\int_1^e x(\log x)^2dx$　　(2) $\displaystyle\int_1^2\frac{dx}{e^x-e^{-x}}$

ガイド (1) 部分積分法を2回利用する。

(2) $e^x=t$ とおく。

解答 (1) $\displaystyle\int_1^e x(\log x)^2dx=\left[\frac{x^2}{2}(\log x)^2\right]_1^e-\int_1^e\frac{x^2}{2}\cdot 2\log x\cdot\frac{1}{x}dx$

$$=\frac{e^2}{2}-\int_1^e x\log x\,dx=\frac{e^2}{2}-\left(\left[\frac{x^2}{2}\log x\right]_1^e-\int_1^e\frac{x^2}{2}\cdot\frac{1}{x}dx\right)$$
$$=\frac{e^2}{2}-\left(\frac{e^2}{2}-\int_1^e\frac{x}{2}dx\right)=\left[\frac{x^2}{4}\right]_1^e=\boldsymbol{\frac{1}{4}(e^2-1)}$$

(2) $e^x=t$ とおくと，$\dfrac{dt}{dx}=e^x$

x	$1\to 2$
t	$e\to e^2$

よって，

$$\int_1^2\frac{dx}{e^x-e^{-x}}=\int_1^2\frac{e^x}{(e^x)^2-1}dx$$

$$=\int_e^{e^2}\frac{1}{t^2-1}dt=\int_e^{e^2}\frac{1}{2}\left(\frac{1}{t-1}-\frac{1}{t+1}\right)dt$$

$$=\frac{1}{2}\Big[\log|t-1|-\log|t+1|\Big]_e^{e^2}=\frac{1}{2}\left[\log\left|\frac{t-1}{t+1}\right|\right]_e^{e^2}$$

$$=\frac{1}{2}\left(\log\frac{e^2-1}{e^2+1}-\log\frac{e-1}{e+1}\right)$$

$$=\frac{1}{2}\log\frac{(e^2-1)(e+1)}{(e^2+1)(e-1)}=\boldsymbol{\frac{1}{2}\log\frac{(e+1)^2}{e^2+1}}$$

3 教科書 p.171

m, n が正の整数のとき，定積分 $\displaystyle\int_0^{2\pi}\sin mx\sin nx\,dx$ を $m\neq n$，$m=n$ の場合に分けて求めよ。

第4章 積分法

ガイド $m\neq n$ のときは，三角関数の積を和，差に直す公式を利用する。
$m=n$ のときは，半角の公式を利用する。

解答 (i) $m\neq n$ のとき

$$\int_0^{2\pi}\sin mx\sin nx\,dx$$

$$=\int_0^{2\pi}\left[-\frac{1}{2}\{\cos(m+n)x-\cos(m-n)x\}\right]dx$$

$$=-\frac{1}{2}\left[\frac{1}{m+n}\sin(m+n)x-\frac{1}{m-n}\sin(m-n)x\right]_0^{2\pi}$$

$$=\boldsymbol{0}$$

(ii) $m=n$ のとき

$$\int_0^{2\pi}\sin mx\sin nx\,dx=\int_0^{2\pi}\sin^2 mx\,dx$$

$$=\int_0^{2\pi}\frac{1-\cos 2mx}{2}dx=\frac{1}{2}\left[x-\frac{1}{2m}\sin 2mx\right]_0^{2\pi}=\boldsymbol{\pi}$$

☐ **4** 教科書 p.171

定積分を利用して，次の極限値を求めよ。

$$\lim_{n\to\infty}\frac{1}{n^2}\{\sqrt{n^2-1^2}+\sqrt{n^2-2^2}+\cdots\cdots+\sqrt{n^2-(n-1)^2}\}$$

ガイド $\dfrac{1}{n^2}\sqrt{n^2-k^2}=\dfrac{1}{n}\sqrt{1-\left(\dfrac{k}{n}\right)^2}$ と変形する。

解答

$$\frac{1}{n^2}\{\sqrt{n^2-1^2}+\sqrt{n^2-2^2}+\cdots\cdots+\sqrt{n^2-(n-1)^2}\}$$

$$=\frac{1}{n^2}\{\sqrt{n^2-1^2}+\sqrt{n^2-2^2}+\cdots\cdots+\sqrt{n^2-(n-1)^2}+\sqrt{n^2-n^2}\}$$

$$=\frac{1}{n}\left\{\sqrt{1-\left(\frac{1}{n}\right)^2}+\sqrt{1-\left(\frac{2}{n}\right)^2}+\cdots\cdots+\sqrt{1-\left(\frac{n-1}{n}\right)^2}+\sqrt{1-\left(\frac{n}{n}\right)^2}\right\}$$

よって，$f(x)=\sqrt{1-x^2}$ とすると，

$$\lim_{n\to\infty}\frac{1}{n^2}\{\sqrt{n^2-1^2}+\sqrt{n^2-2^2}+\cdots\cdots+\sqrt{n^2-(n-1)^2}\}$$

$$=\lim_{n\to\infty}\frac{1}{n}\left\{f\left(\frac{1}{n}\right)+f\left(\frac{2}{n}\right)+\cdots\cdots+f\left(\frac{n-1}{n}\right)+f\left(\frac{n}{n}\right)\right\}$$

$$=\int_0^1 f(x)\,dx=\int_0^1\sqrt{1-x^2}\,dx$$

$\displaystyle\int_0^1\sqrt{1-x^2}\,dx$ は，半径1の円の面積の $\dfrac{1}{4}$ に等しく，$\dfrac{\pi}{4}$ であるから，

$$\lim_{n\to\infty}\frac{1}{n^2}\{\sqrt{n^2-1^2}+\sqrt{n^2-2^2}+\cdots\cdots+\sqrt{n^2-(n-1)^2}\}=\boldsymbol{\frac{\pi}{4}}$$

☐ **5** 教科書 p.171

原点から曲線 $y=\log 2x$ に接線を引く。この接線と曲線 $y=\log 2x$ および x 軸で囲まれた部分の面積 S を求めよ。

ガイド 接点の座標を $(t,\ \log 2t)$ として，接線の方程式を求める。

解答 接点の座標を $(t,\ \log 2t)$ とすると，

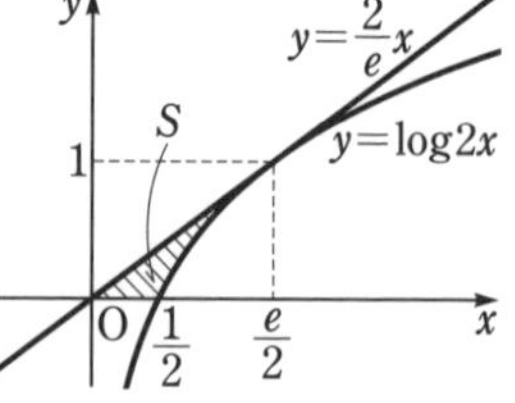

$y'=\dfrac{1}{x}$ であるから，接線の方程式は，

$$y-\log 2t=\frac{1}{t}(x-t)\quad\cdots\cdots①$$

接線①は原点 (0, 0) を通るから，

$$0-\log 2t=\frac{1}{t}(0-t)\qquad \log 2t=1\qquad よって，\quad t=\frac{e}{2}$$

①より，接線の方程式は，　$y-\log e=\dfrac{2}{e}\left(x-\dfrac{e}{2}\right)$

すなわち，　$y=\dfrac{2}{e}x$

よって，

$$S=\int_0^{\frac{e}{2}}\frac{2}{e}x\,dx-\int_{\frac{1}{2}}^{\frac{e}{2}}\log 2x\,dx=\left[\frac{1}{e}x^2\right]_0^{\frac{e}{2}}-\left(\left[x\log 2x\right]_{\frac{1}{2}}^{\frac{e}{2}}-\int_{\frac{1}{2}}^{\frac{e}{2}}x\cdot\frac{1}{x}\,dx\right)$$

$$=\frac{e}{4}-\left(\frac{e}{2}-\left[x\right]_{\frac{1}{2}}^{\frac{e}{2}}\right)=\boldsymbol{\frac{1}{4}(e-2)}$$

別解 接線の方程式は，$y=\dfrac{2}{e}x$ より，$x=\dfrac{e}{2}y$

$y=\log 2x$ より，$x=\dfrac{1}{2}e^y$

よって，

$$S=\int_0^1\frac{1}{2}e^y\,dy-\frac{1}{2}\cdot 1\cdot\frac{e}{2}=\frac{1}{2}\left[e^y\right]_0^1-\frac{e}{4}=\boldsymbol{\frac{1}{4}(e-2)}$$

6 教科書 p.171

平面上に半径 a の円がある。直径 AB 上の任意の点 P において，AB に垂直な弦 QR をとり，これを1辺とする正三角形 SQR を円に垂直な平面上に作る。P を A から B まで動かすとき，△SQR が通過してできる立体の体積を求めよ。

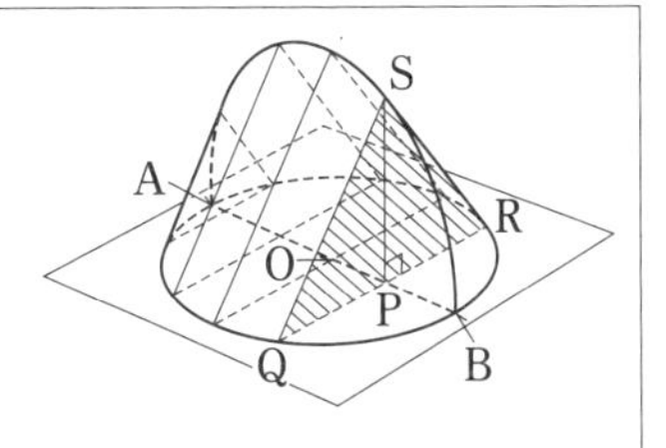

ガイド 円の中心を原点 O，直径 AB を x 軸，P の x 座標を x とすると，

$$\triangle\mathrm{SQR}=\frac{1}{2}\cdot 2\sqrt{a^2-x^2}\cdot\sqrt{3}\sqrt{a^2-x^2}$$

解答 円の中心を原点 O，直径 AB を x 軸，P の x 座標を x とする。

このとき，$\mathrm{PR}=\sqrt{a^2-x^2}$，$\mathrm{PS}=\sqrt{3}\,\mathrm{PR}=\sqrt{3}\sqrt{a^2-x^2}$ であるから，

$$\triangle\mathrm{SQR}=\frac{1}{2}\cdot 2\sqrt{a^2-x^2}\cdot\sqrt{3}\sqrt{a^2-x^2}=\sqrt{3}(a^2-x^2)$$

よって，求める体積を V とすると，

$$V=\int_{-a}^{a}\sqrt{3}(a^2-x^2)\,dx=2\sqrt{3}\int_{0}^{a}(a^2-x^2)\,dx$$

$$=2\sqrt{3}\left[a^2x-\frac{1}{3}x^3\right]_0^a=\boldsymbol{\frac{4\sqrt{3}}{3}a^3}$$

7 教科書 p.171

次の曲線や直線で囲まれた部分を，x 軸のまわりに1回転してできる立体の体積 V を求めよ。

(1)　$y=\dfrac{e^x+e^{-x}}{2}$，x 軸，$x=-1$，$x=1$　　(2)　$x^2+2(y-1)^2=2$

ガイド　(2)　楕円は2つの曲線，$y=1+\sqrt{\dfrac{2-x^2}{2}}$，$y=1-\sqrt{\dfrac{2-x^2}{2}}$ に分けることができる。

解答　(1)　曲線は y 軸に関して対称であるから，

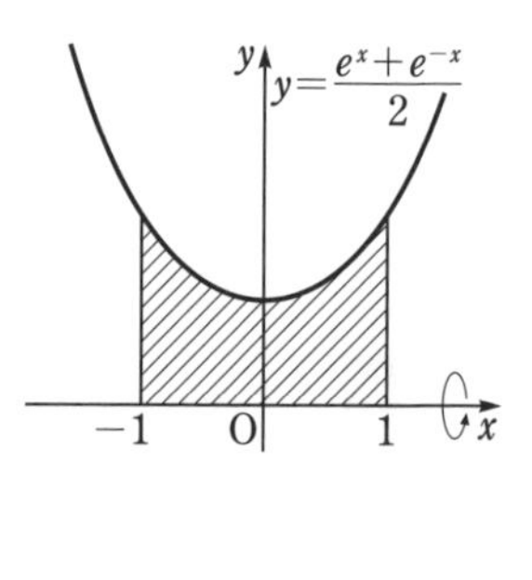

$$V=2\pi\int_0^1\left(\frac{e^x+e^{-x}}{2}\right)^2dx$$

$$=\frac{\pi}{2}\int_0^1(e^{2x}+2+e^{-2x})\,dx$$

$$=\frac{\pi}{2}\left[\frac{1}{2}e^{2x}+2x-\frac{1}{2}e^{-2x}\right]_0^1$$

$$=\boldsymbol{\frac{\pi}{4}\left(e^2+4-\frac{1}{e^2}\right)}$$

(2)　楕円 $x^2+2(y-1)^2=2$ は，上下2つの曲線

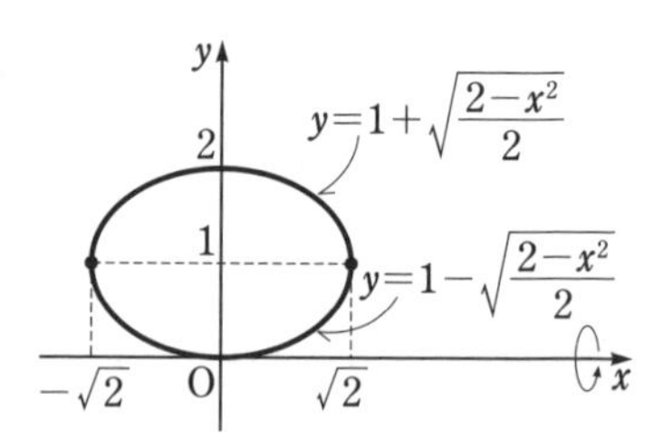

$$y=1+\sqrt{\frac{2-x^2}{2}},$$

$$y=1-\sqrt{\frac{2-x^2}{2}}$$

に分けることができる。

求める体積 V は，この2つの曲線のそれぞれと，x 軸および2直線 $x=-\sqrt{2}$，$x=\sqrt{2}$ で囲まれた部分を，x 軸のまわりに1回転してできる2つの立体の体積 V_1，V_2 の差となるから，

$$V=V_1-V_2$$

$$=\pi\int_{-\sqrt{2}}^{\sqrt{2}}\left(1+\sqrt{\frac{2-x^2}{2}}\right)^2dx-\pi\int_{-\sqrt{2}}^{\sqrt{2}}\left(1-\sqrt{\frac{2-x^2}{2}}\right)^2dx$$

$$=2\sqrt{2}\,\pi\int_{-\sqrt{2}}^{\sqrt{2}}\sqrt{2-x^2}\,dx$$

$\int_{-\sqrt{2}}^{\sqrt{2}}\sqrt{2-x^2}\,dx$ は，半径 $\sqrt{2}$ の半円の面積に等しく，π であるから，

$$V=2\sqrt{2}\,\pi\cdot\pi=\boldsymbol{2\sqrt{2}\,\pi^2}$$

☐ **8** 教科書 p.172

座標平面上を動く点 $\mathrm{P}(x,\ y)$ の時刻 t における座標が，$x=2\sin t+\sin 2t$，$y=2\cos t-\cos 2t$ と表されるとき，点Pが $t=0$ から $t=\dfrac{\pi}{2}$ までに動いた道のり s を求めよ。

ガイド $\left(\dfrac{dx}{dt}\right)^2+\left(\dfrac{dy}{dt}\right)^2$ を加法定理と半角の公式を利用して，簡単な形にする。

解答 $\dfrac{dx}{dt}=2\cos t+2\cos 2t$　$\dfrac{dy}{dt}=-2\sin t+2\sin 2t$　より，

$$s=\int_0^{\frac{\pi}{2}}\sqrt{(2\cos t+2\cos 2t)^2+(-2\sin t+2\sin 2t)^2}\,dt$$

$$=\int_0^{\frac{\pi}{2}}\sqrt{8+8(\cos t\cos 2t-\sin t\sin 2t)}\,dt$$

$$=\int_0^{\frac{\pi}{2}}\sqrt{8+8\cos 3t}\,dt=\int_0^{\frac{\pi}{2}}\sqrt{16\cos^2\frac{3}{2}t}\,dt$$

$0\leqq t\leqq\dfrac{\pi}{3}$ のとき，$\cos\dfrac{3}{2}t\geqq 0$，$\dfrac{\pi}{3}\leqq t\leqq\dfrac{\pi}{2}$ のとき，$\cos\dfrac{3}{2}t\leqq 0$ であるから，

$$s=4\int_0^{\frac{\pi}{3}}\cos\frac{3}{2}t\,dt+4\int_{\frac{\pi}{3}}^{\frac{\pi}{2}}\left(-\cos\frac{3}{2}t\right)dt$$

$$=4\left[\frac{2}{3}\sin\frac{3}{2}t\right]_0^{\frac{\pi}{3}}+4\left[-\frac{2}{3}\sin\frac{3}{2}t\right]_{\frac{\pi}{3}}^{\frac{\pi}{2}}=\boldsymbol{\frac{4}{3}(4-\sqrt{2})}$$

B

☐ **9** 教科書 p.172

n を 2 以上の自然数とするとき，次の不等式を証明せよ。

$$n\log n-n+1<\log n!<(n+1)\log(n+1)-n$$

ガイド 自然数kに対して，$k \leqq x \leqq k+1$ のとき，$\log k \leqq \log x \leqq \log(k+1)$

よって，　$\displaystyle\int_k^{k+1} \log k\,dx < \int_k^{k+1} \log x\,dx < \int_k^{k+1} \log(k+1)\,dx$

すなわち，　$\displaystyle\log k < \int_k^{k+1} \log x\,dx < \log(k+1)$　となることを利用する。

解答 自然数kに対して，$k \leqq x \leqq k+1$ のとき，$\log k \leqq \log x \leqq \log(k+1)$

等号が成り立つのはそれぞれ $x=k$ のとき，$x=k+1$ のときだけであるから，

$$\int_k^{k+1} \log k\,dx < \int_k^{k+1} \log x\,dx < \int_k^{k+1} \log(k+1)\,dx$$

すなわち，　$\displaystyle\log k < \int_k^{k+1} \log x\,dx < \log(k+1)$

$\displaystyle\log k < \int_k^{k+1} \log x\,dx$ で，$k=1,\ 2,\ 3,\ \cdots\cdots,\ n$ とおいて，各辺をそれぞれ加えると，

$$\log 1 + \log 2 + \log 3 + \cdots\cdots + \log n < \int_1^2 \log x\,dx + \int_2^3 \log x\,dx + \int_3^4 \log x\,dx + \cdots\cdots + \int_n^{n+1} \log x\,dx$$

左辺$=\log n!$

$$右辺=\int_1^{n+1} \log x\,dx = \Big[x\log x\Big]_1^{n+1} - \int_1^{n+1} x\cdot\frac{1}{x}\,dx$$

$$=(n+1)\log(n+1) - \int_1^{n+1} dx = (n+1)\log(n+1) - \Big[x\Big]_1^{n+1}$$

$$=(n+1)\log(n+1) - n$$

よって，　$\log n! < (n+1)\log(n+1) - n$　……①

$\displaystyle\int_k^{k+1} \log x\,dx < \log(k+1)$ で，$k=1,\ 2,\ 3,\ \cdots\cdots,\ n-1$ とおいて，各辺をそれぞれ加えると，

$$\int_1^2 \log x\,dx + \int_2^3 \log x\,dx + \int_3^4 \log x\,dx + \cdots\cdots + \int_{n-1}^n \log x\,dx < \log 2 + \log 3 + \log 4 + \cdots\cdots + \log n$$

$$左辺=\int_1^n \log x\,dx = \Big[x\log x\Big]_1^n - \int_1^n x\cdot\frac{1}{x}\,dx$$

$$=n\log n - \int_1^n dx = n\log n - \Big[x\Big]_1^n = n\log n - n + 1$$

$$\text{右辺}=\log 2+\log 3+\log 4+\cdots\cdots+\log n$$
$$=\log 1+\log 2+\log 3+\log 4+\cdots\cdots+\log n$$
$$=\log n!$$

よって，　$n\log n-n+1<\log n!$　……②

①，②より，　$n\log n-n+1<\log n!<(n+1)\log(n+1)-n$

☐ **10**　教科書 p. 172

2つの楕円 $\dfrac{x^2}{3}+y^2=1$，$x^2+\dfrac{y^2}{3}=1$ の内部の重なった部分の面積 S を求めよ。

ガイド　面積を求める図形は，x 軸，y 軸によって，面積が等しい4つの部分に分けられる。

また，2つの楕円の交点の x 座標は，$x=\pm\dfrac{\sqrt{3}}{2}$ である。

解答　$\dfrac{x^2}{3}+y^2=1$ より，$y^2=1-\dfrac{x^2}{3}$ であるから，2つの楕円の交点の x 座標は，

$$x^2+\frac{1}{3}\left(1-\frac{x^2}{3}\right)=1$$
$$9x^2+3-x^2=9$$
$$x^2=\frac{3}{4}$$

よって，　$x=\pm\dfrac{\sqrt{3}}{2}$

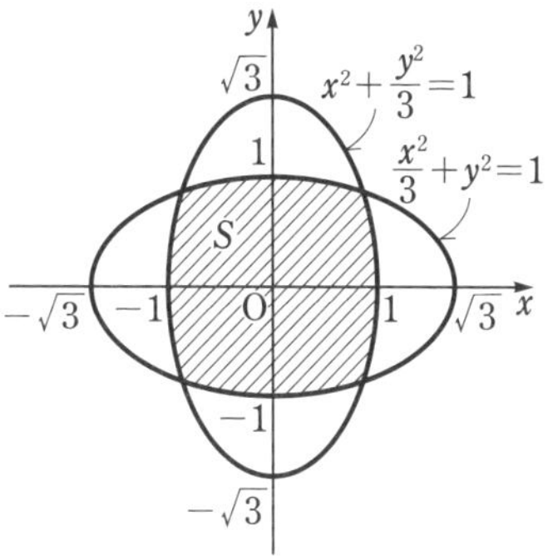

求める面積は，右の図の斜線部分であり，この部分は x 軸，y 軸によって，面積が等しい4つの部分に分けられる。

楕円 $\dfrac{x^2}{3}+y^2=1$ の $y\geqq 0$ の部分は，$y=\sqrt{1-\dfrac{x^2}{3}}$，楕円 $x^2+\dfrac{y^2}{3}=1$ の $y\geqq 0$ の部分は，$y=\sqrt{3-3x^2}$ で表されるから，

$$S=4\left(\int_0^{\frac{\sqrt{3}}{2}}\sqrt{1-\frac{x^2}{3}}\,dx+\int_{\frac{\sqrt{3}}{2}}^{1}\sqrt{3-3x^2}\,dx\right)$$

$\displaystyle\int_0^{\frac{\sqrt{3}}{2}}\sqrt{1-\frac{x^2}{3}}\,dx$ で，$x=\sqrt{3}\sin\theta$ とすると，

$\dfrac{dx}{d\theta}=\sqrt{3}\cos\theta$

x	$0\to\dfrac{\sqrt{3}}{2}$
θ	$0\to\dfrac{\pi}{6}$

よって，$0\leqq\theta\leqq\dfrac{\pi}{6}$ で $\cos\theta>0$ であるから，

$$\int_0^{\frac{\sqrt{3}}{2}}\sqrt{1-\frac{x^2}{3}}\,dx=\int_0^{\frac{\pi}{6}}\sqrt{1-\sin^2\theta}\cdot\sqrt{3}\cos\theta\,d\theta$$

$$=\sqrt{3}\int_0^{\frac{\pi}{6}}\cos^2\theta\,d\theta=\sqrt{3}\int_0^{\frac{\pi}{6}}\frac{1+\cos2\theta}{2}\,d\theta$$

$$=\sqrt{3}\left[\frac{1}{2}\theta+\frac{1}{4}\sin2\theta\right]_0^{\frac{\pi}{6}}=\frac{\sqrt{3}}{24}(2\pi+3\sqrt{3})$$

$\displaystyle\int_{\frac{\sqrt{3}}{2}}^1\sqrt{3-3x^2}\,dx$ で $x=\sin\theta$ とすると，

x	$\dfrac{\sqrt{3}}{2}\to1$
θ	$\dfrac{\pi}{3}\to\dfrac{\pi}{2}$

$\dfrac{dx}{d\theta}=\cos\theta$

よって，$\dfrac{\pi}{3}\leqq\theta\leqq\dfrac{\pi}{2}$ で $\cos\theta\geqq0$ であるから，

$$\int_{\frac{\sqrt{3}}{2}}^1\sqrt{3-3x^2}\,dx=\int_{\frac{\pi}{3}}^{\frac{\pi}{2}}\sqrt{3}\sqrt{1-\sin^2\theta}\cdot\cos\theta\,d\theta=\sqrt{3}\int_{\frac{\pi}{3}}^{\frac{\pi}{2}}\cos^2\theta\,d\theta$$

$$=\sqrt{3}\int_{\frac{\pi}{3}}^{\frac{\pi}{2}}\frac{1+\cos2\theta}{2}\,d\theta=\sqrt{3}\left[\frac{1}{2}\theta+\frac{1}{4}\sin2\theta\right]_{\frac{\pi}{3}}^{\frac{\pi}{2}}$$

$$=\frac{\sqrt{3}}{24}(2\pi-3\sqrt{3})$$

以上から，　$S=4\left\{\dfrac{\sqrt{3}}{24}(2\pi+3\sqrt{3})+\dfrac{\sqrt{3}}{24}(2\pi-3\sqrt{3})\right\}=\boldsymbol{\dfrac{2\sqrt{3}}{3}\pi}$

☐ **11** 教科書 p.172

曲線 $xy=2$ 上の点Pから x 軸に下ろした垂線をPQとし，点Qからこの曲線に引いた接線の接点をTとする。

このとき，線分PQ，TQおよびこの曲線で囲まれた部分の面積 S は，Pが曲線上のどこにあっても一定であることを示せ。

ガイド 点Pの座標を $\left(t,\ \dfrac{2}{t}\right)$ $(t\neq0)$，点Tの座標を $\left(a,\ \dfrac{2}{a}\right)$ $(a\neq0)$ とおいて S を求め，一定となることを示す。

解答 点Pの座標を $\left(t,\ \dfrac{2}{t}\right)$ $(t\neq0)$ とおくと，　$\mathrm{Q}(t,\ 0)$

$y=\dfrac{2}{x}$ より，　$y'=-\dfrac{2}{x^2}$

点Tの座標を $\left(a,\ \dfrac{2}{a}\right)$ $(a \neq 0)$とおくと，接線の方程式は，

$$y-\frac{2}{a}=-\frac{2}{a^2}(x-a)$$

点Qを通るから，

$$-\frac{2}{a}=-\frac{2}{a^2}(t-a)$$

$$a=t-a$$

$$a=\frac{t}{2}$$

よって，　$\mathrm{T}\left(\dfrac{t}{2},\ \dfrac{4}{t}\right)$

$t>0$ のとき，

$$S=\int_{\frac{t}{2}}^{t}\frac{2}{x}dx-\frac{1}{2}\cdot\frac{t}{2}\cdot\frac{4}{t}=\Big[2\log|x|\Big]_{\frac{t}{2}}^{t}-1$$

$$=2\log t-2\log\frac{t}{2}-1=2\log 2-1$$

$t<0$ のとき，

$$S=\int_{t}^{\frac{t}{2}}\left(-\frac{2}{x}\right)dx-\frac{1}{2}\cdot\left(-\frac{t}{2}\right)\cdot\left(-\frac{4}{t}\right)$$

$$=\int_{\frac{t}{2}}^{t}\frac{2}{x}dx-1=\Big[2\log|x|\Big]_{\frac{t}{2}}^{t}-1$$

$$=2\log|t|-2\log\left|\frac{t}{2}\right|-1=2\log 2-1$$

よって，Sは一定である。

半径 a の半球形の容器に水が満たしてある。これを静かに45°傾けたとき，どれだけの水が残っているか。

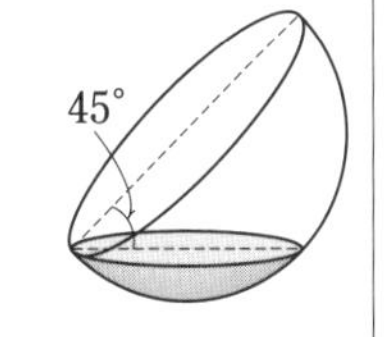

ガイド　半球の中心を原点O，原点Oから水面に下ろした垂線を x 軸とし，下向きを x 軸の正の向きとする。水のある部分の x 軸に垂直な平面による切り口を考え，体積 V を求める。

解答 半球の中心を原点O，原点Oから水面に下ろした垂線をx軸とし，下向きをx軸の正の向きとすると，水が残っている部分は$\dfrac{a}{\sqrt{2}} \leqq x \leqq a$ である。水をx軸上のx座標がxの点を通りx軸に垂直な平面で切ったときの切り口は，半径$\sqrt{a^2-x^2}$の円になるから，求める体積Vは，

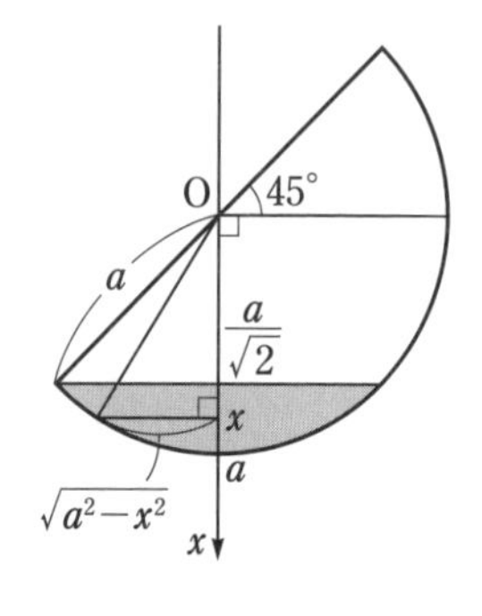

$$V=\int_{\frac{a}{\sqrt{2}}}^{a}\pi(a^2-x^2)\,dx$$
$$=\pi\left[a^2x-\frac{1}{3}x^3\right]_{\frac{a}{\sqrt{2}}}^{a}$$
$$=\left(\frac{2}{3}-\frac{5\sqrt{2}}{12}\right)\pi a^3$$

☐ **13** 教科書 p.172　曲線 $y=-x^2+2x$ とx軸で囲まれた部分を，y軸のまわりに1回転してできる立体の体積Vを求めよ。

ガイド $y=-x^2+2x$ をxについて解くと，$x=1\pm\sqrt{1-y}$ である。

解答 $y=-x^2+2x$ をxについて解くと，

$$x=1\pm\sqrt{1-y}$$

であるから，曲線 $y=-x^2+2x$ は左右2つの曲線

$$x=1+\sqrt{1-y},\quad x=1-\sqrt{1-y}$$

に分けることができる。

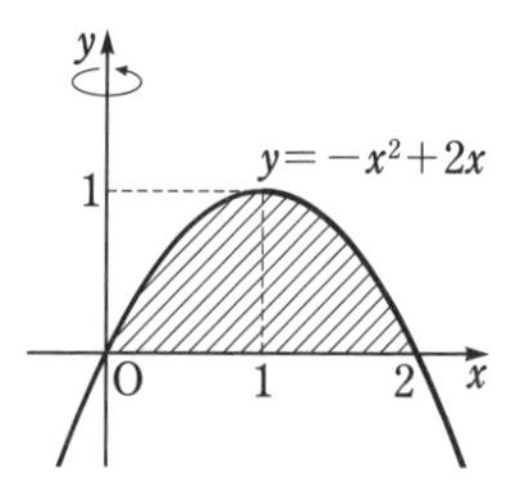

求める体積Vは，曲線 $x=1+\sqrt{1-y}$ とy軸および2直線 $y=0$，$y=1$ で囲まれた部分と，曲線 $x=1-\sqrt{1-y}$ とy軸および直線 $y=1$ で囲まれた部分のそれぞれを，y軸のまわりに1回転してできる2つの立体の体積V_1，V_2の差となるから，

$$V=V_1-V_2$$
$$=\pi\int_0^1(1+\sqrt{1-y})^2dy-\pi\int_0^1(1-\sqrt{1-y})^2dy$$
$$=4\pi\int_0^1\sqrt{1-y}\,dy=4\pi\left[-\frac{2}{3}(1-y)^{\frac{3}{2}}\right]_0^1=\frac{8}{3}\pi$$

14 教科書 p.172

放物線 $y=x^2-1$ と直線 $y=x+1$ で囲まれた部分を，x 軸のまわりに1回転してできる立体の体積 V を求めよ。

ガイド 回転する部分が回転軸の両側にあるときは，右の図のように一方に折り返して考え，上側にある曲線で回転体の体積を求める。

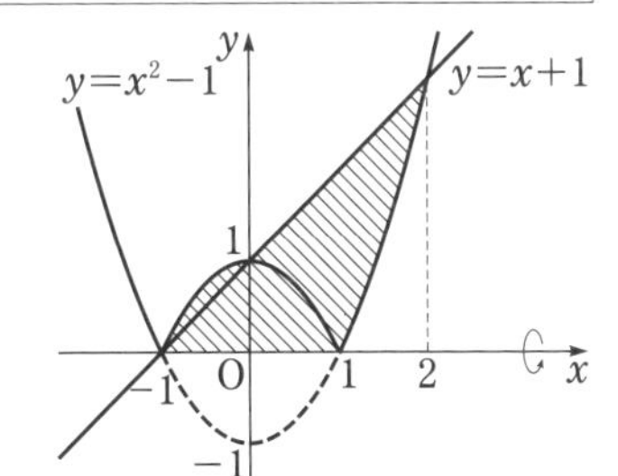

解答 放物線 $y=x^2-1$ と直線 $y=x+1$ の交点の x 座標は，

$x^2-1=x+1$ より，　$x=-1,\ 2$

放物線 $y=x^2-1$ と x 軸の交点の座標は，　$x=\pm1$

放物線 $y=x^2-1$ を x 軸に関して対称移動した放物線 $y=-x^2+1$ と直線 $y=x+1$ の交点の x 座標は，$-x^2+1=x+1$ より，　$x=-1,\ 0$

よって，

$$V=\pi\int_{-1}^{0}(-x^2+1)^2dx+\pi\int_{0}^{2}(x+1)^2dx-\pi\int_{1}^{2}(x^2-1)^2dx$$

$$=\pi\int_{-1}^{0}(x^4-2x^2+1)\,dx+\pi\int_{0}^{2}(x+1)^2dx-\pi\int_{1}^{2}(x^4-2x^2+1)\,dx$$

$$=\pi\left[\frac{1}{5}x^5-\frac{2}{3}x^3+x\right]_{-1}^{0}+\pi\left[\frac{1}{3}(x+1)^3\right]_{0}^{2}-\pi\left[\frac{1}{5}x^5-\frac{2}{3}x^3+x\right]_{1}^{2}$$

$$=\boldsymbol{\frac{20}{3}\pi}$$

プラスワン 3つの区間 $[-1,\ 0]$，$[0,\ 1]$，$[1,\ 2]$ で考えて，

$$V=\pi\int_{-1}^{0}(-x^2+1)^2dx+\pi\int_{0}^{1}(x+1)^2dx+\pi\int_{1}^{2}(x+1)^2dx-\pi\int_{1}^{2}(x^2-1)^2dx$$

とする方法もある。この場合，

$$\pi\int_{0}^{1}(x+1)^2dx+\pi\int_{1}^{2}(x+1)^2dx=\pi\int_{0}^{2}(x+1)^2dx$$

とすれば，**解答** と同じ式になる。

第4章 積分法

参考 微分方程式 〈発展〉

問 1 x 軸上を運動する点の時刻 t における座標 $x(t)$ が

教科書 p.173 $\dfrac{d}{dt}x(t)=2\cos\pi t$, $x(0)=0$ を満たすとき，$x(t)$ を求めよ。

ガイド 未知の関数の導関数を含む関係式を**微分方程式**という。そして，微分方程式を満たす関数を，その微分方程式の**解**という。

一般に，微分方程式の解は任意の実数値をとり得る定数（Cとする）を含む。微分方程式のすべての解を求めることを**微分方程式を解く**という。

定数Cの値を定めるような条件を，その微分方程式の**初期条件**という。

解答 $\dfrac{d}{dt}x(t)=2\cos\pi t$ の両辺を t で積分すると，

$$x(t)=\int 2\cos\pi t\,dt=\frac{2}{\pi}\sin\pi t+C$$

$x(0)=0$ より，

$0+C=0$

したがって， $C=0$

よって， $\boldsymbol{x(t)=\dfrac{2}{\pi}\sin\pi t}$

プラスワン 自然現象や社会現象は微分方程式で表され，その解を求めることで理解される場合がある。例えば，地球の公転運動は時刻 t についての第2次導関数を含む微分方程式（運動方程式）を解き，初期条件を与えることで軌道が求まる。

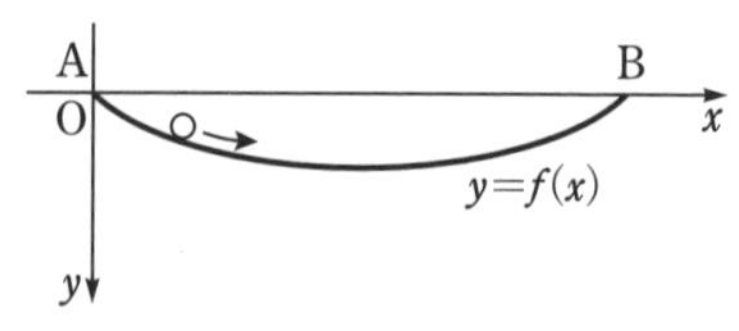

右の図のような曲線 $y=f(x)$ に沿って，重力により物体を走らせる場合，曲線がサイクロイドであるとき，最も到達時間が短くなることがわかっている。そのため，サイクロイドは**最速降下曲線**とも呼ばれている。

問 2　次の微分方程式を解け。

教科書 p.174

(1)　$x\dfrac{dy}{dx}=-y$　　　(2)　$\dfrac{dy}{dx}=xy$

ガイド　$f(y)\cdot\dfrac{dy}{dx}=g(x)$ の形に変形できる微分方程式を，**変数分離形** という。この微分方程式の両辺を x で積分すると，

$$\int f(y)\,dy=\int g(x)\,dx$$

となり，微分方程式を解くことができる。

解答　(1)　$xy\neq 0$ のとき，微分方程式の両辺を xy で割ると，

$$\frac{1}{y}\cdot\frac{dy}{dx}=-\frac{1}{x}$$

両辺を x で積分すると，　$\displaystyle\int\frac{1}{y}\,dy=-\int\frac{1}{x}\,dx$

これより，$\log|y|=-\log|x|+C'$　　したがって，$y=\pm\dfrac{1}{|x|}e^{C'}$

$\pm e^{C'}=C$ とおくと，$y=\dfrac{C}{|x|}$　……①

ここで，$C=\pm e^{C'}$ は，0 以外の任意の値をとり得る定数である。

また，定数関数 $y=0$ も与えられた微分方程式の解になっており，これは①で $C=0$ とおいた場合となっている。

よって，求める解は，$\boldsymbol{y=\dfrac{C}{|x|}}$　**（Cは任意の定数）**

(2)　$y\neq 0$ のとき，微分方程式の両辺を y で割ると，$\dfrac{1}{y}\cdot\dfrac{dy}{dx}=x$

両辺を x で積分すると，　$\displaystyle\int\frac{1}{y}\,dy=\int x\,dx$

これより，$\log|y|=\dfrac{1}{2}x^2+C'$

したがって，$y=\pm e^{\frac{1}{2}x^2+C'}=\pm e^{C'}\cdot e^{\frac{1}{2}x^2}$

$\pm e^{C'}=C$ とおくと，$y=Ce^{\frac{1}{2}x^2}$　……①

ここで，$C=\pm e^{C'}$ は，0 以外の任意の値をとり得る定数である。

また，定数関数 $y=0$ も与えられた微分方程式の解になっており，これは①で $C=0$ とおいた場合となっている。

よって，求める解は，$\boldsymbol{y=Ce^{\frac{1}{2}x^2}}$　**（Cは任意の定数）**

問 3 次の微分方程式を，［ ］内の初期条件のもとで解け。

教科書 p.175

(1) $\dfrac{dy}{dx}=y$ ［$x=0$ のとき，$y=2$］

(2) $\dfrac{dy}{dx}=-2x\sqrt{y}$ ［$x=2$ のとき，$y=1$］

ガイド 初期条件から，任意の定数Cの値を定める。

解答 (1) 初期条件より，定数関数 $y=0$ は解ではないから，微分方程式の両辺を y で割ると，$\dfrac{1}{y}\cdot\dfrac{dy}{dx}=1$

両辺を x で積分すると，$\displaystyle\int\frac{1}{y}\,dy=\int 1\,dx$

これより，$\log|y|=x+C'$

したがって，$y=\pm e^{x+C'}=\pm e^{C'}\cdot e^x$

$\pm e^{C'}=C$ とおくと，$y=Ce^x$

$x=0$ のとき $y=2$ であるから，$C=2$

よって，$\boldsymbol{y=2e^x}$

(2) 初期条件より，定数関数 $y=0$ は解ではないから，微分方程式の両辺を $\sqrt{y}$ で割ると，$\dfrac{1}{\sqrt{y}}\cdot\dfrac{dy}{dx}=-2x$

両辺を x で積分すると，$\displaystyle\int\frac{1}{\sqrt{y}}\,dy=-2\int x\,dx$

これより，$2\sqrt{y}=-2\cdot\dfrac{1}{2}x^2+C$

すなわち，$2\sqrt{y}=-x^2+C$

$x=2$ のとき $y=1$ であるから，$2=-4+C$ すなわち，$C=6$

よって，$2\sqrt{y}=-x^2+6$ したがって，$\boldsymbol{y=\dfrac{1}{4}(-x^2+6)^2}$

探究編

漸化式で表された数列の極限

挑戦 1 教科書179ページの例において，実際に $\lim_{n\to\infty} a_n=1$ であることを次の手順で確かめよ。

教科書 p.179

(I) 数学的帰納法により，$1<a_n \leqq 4$ $(n=1,\ 2,\ 3,\ \cdots\cdots)$ を示せ。

(II) $a_{n+1}-1 \leqq \dfrac{5}{6}(a_n-1)$ $(n=1,\ 2,\ 3,\ \cdots\cdots)$ を示せ。

(III) $\lim_{n\to\infty} a_n=1$ であることを示せ。

ガイド (III)は，はさみうちの原理を利用する。

解答 (I) $1<a_n \leqq 4$ ……① とおく。

①が成り立つことを，数学的帰納法で示す。

(i) $n=1$ のとき，$a_1=4$ より，①は成り立つ。

(ii) $n=k$ のときの①，すなわち，$1<a_k \leqq 4$ が成り立つと仮定する。

これを変形すると，　$\dfrac{1^2+5}{6}<\dfrac{a_k{}^2+5}{6} \leqq \dfrac{4^2+5}{6}$

すなわち，　$1<a_{k+1} \leqq \dfrac{21}{6}<4$

したがって，①は $n=k+1$ のときも成り立つ。

(i)，(ii)より，①はすべての自然数 n について成り立つ。

(II) $a_{n+1}-1=\dfrac{a_n{}^2+5}{6}-1=\dfrac{a_n{}^2-1}{6}$

$=\dfrac{1}{6}(a_n+1)(a_n-1)$

ここで，$1<a_n \leqq 4$ より，　$\dfrac{a_n+1}{6} \leqq \dfrac{4+1}{6}$

$\dfrac{1}{6}(a_n+1) \leqq \dfrac{5}{6}$

$\dfrac{1}{6}(a_n+1)(a_n-1) \leqq \dfrac{5}{6}(a_n-1)$

よって，　$a_{n+1}-1 \leqq \dfrac{5}{6}(a_n-1)$ ……②

(Ⅲ) ②より， $a_n-1 \leqq \dfrac{5}{6}(a_{n-1}-1)$

$$\leqq \left(\frac{5}{6}\right)^2(a_{n-2}-1)$$

$$\cdots\cdots$$

$$\leqq \left(\frac{5}{6}\right)^{n-1}(a_1-1)=3\cdot\left(\frac{5}{6}\right)^{n-1}$$

これと(Ⅰ)より， $0<a_n-1 \leqq 3\cdot\left(\dfrac{5}{6}\right)^{n-1}$ ……③

ここで，$\displaystyle\lim_{n\to\infty}3\cdot\left(\frac{5}{6}\right)^{n-1}=0$ であるから，③とはさみうちの原理より，

$$\lim_{n\to\infty}(a_n-1)=0$$

よって， $\displaystyle\lim_{n\to\infty}a_n=1$

☑問 教科書 p.179

教科書179ページの例において，a_1 を次のようにしたとき，数列 $\{a_n\}$ の極限値を調べよ。

(1) $a_1=6$　(2) $a_1=0$　(3) $a_1=-3$　(4) $a_1=-7$

ガイド 教科書 p.179 の例と同様にして，x 軸上に数列 a_1，a_2，a_3，a_4，…… を表すことができる。

解答 (1) 右の図より，

$$\lim_{n\to\infty}a_n=\infty$$

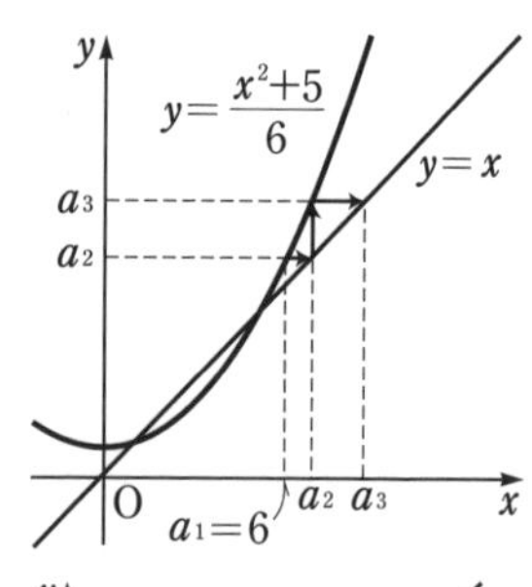

(2) 右の図より，

$$\lim_{n\to\infty}a_n=1$$

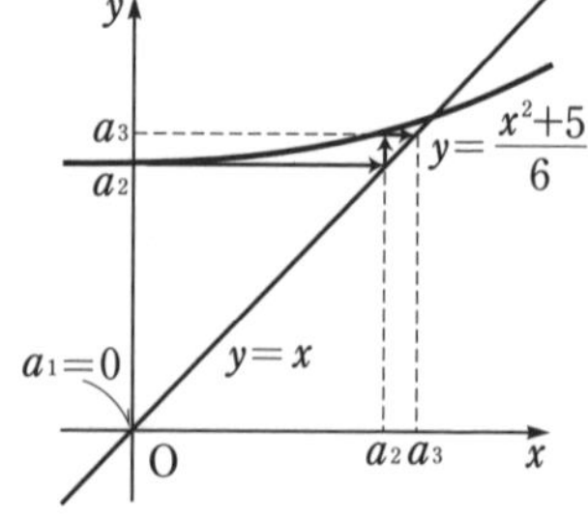

(3)　右の図より，

$$\lim_{n\to\infty} a_n = 1$$

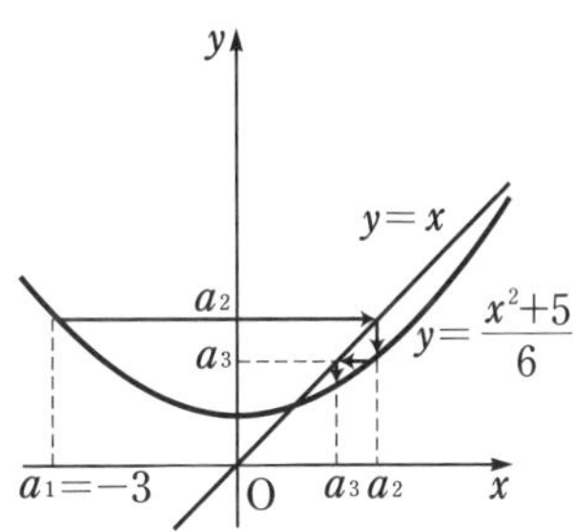

(4)　右の図より，

$$\lim_{n\to\infty} a_n = \infty$$

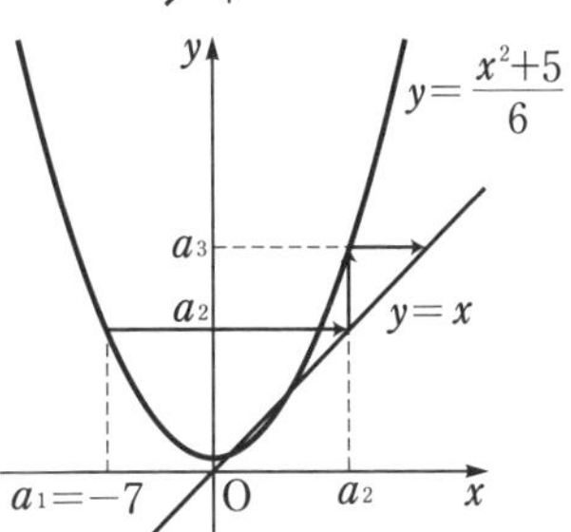

多様性を養おう（課題学習）

教科書 p.179　次のように定められる数列 $\{a_n\}$ の極限を調べたい。

$$a_1=2,\quad a_{n+1}=\frac{1}{2}a_n+\frac{1}{a_n}$$
$$(n=1,\ 2,\ 3,\ \cdots\cdots)$$

(Ⅰ)　2 次関数 $y=x^2-2$ のグラフ上の x 座標が $x_n(>\sqrt{2})$ である点における接線と x 軸の交点の x 座標を x_{n+1} とすると，

$x_{n+1}=\dfrac{1}{2}\left(x_n+\dfrac{2}{x_n}\right)$ であることを示してみよう。

(Ⅱ)　$\lim_{n\to\infty} a_n$ を予想し，それが正しいことを示してみよう。

ガイド　(Ⅰ)で示した等式を用いて不等式を作り，はさみうちの原理を利用して(Ⅱ)を考える。

解答　(Ⅰ)　$y=x^2-2$ より，$y'=2x$

したがって，点 $(x_n,\ x_n^2-2)$ における接線の方程式は，

$$y-(x_n^2-2)=2x_n(x-x_n)$$

この直線が点 $(x_{n+1},\ 0)$ を通るから，

$$-(x_n{}^2-2)=2x_n(x_{n+1}-x_n)$$

すなわち，　$2x_nx_{n+1}=x_n{}^2+2$

$x_n \neq 0$ より，　$x_{n+1}=\dfrac{1}{2}\left(x_n+\dfrac{2}{x_n}\right)$

(Ⅱ)　(Ⅰ)より，　$x_{n+1}=\dfrac{1}{2}x_n+\dfrac{1}{x_n}$

すなわち，与えられた漸化式は，(Ⅰ)で考えた x 座標 x_1，x_2，…… を次々と作る操作に一致する。

したがって，その極限は，放物線 $y=x^2-2$ と x 軸との交点の x 座標 $\sqrt{2}$ となることが予想される。

そこで，$\displaystyle\lim_{n\to\infty}x_n=\sqrt{2}$ であることを証明する。

$$|x_{n+1}-\sqrt{2}|=\left|\frac{1}{2}x_n+\frac{1}{x_n}-\sqrt{2}\right|$$

$$=\left|\frac{x_n{}^2+2-2\sqrt{2}\,x_n}{2x_n}\right|=\left|\frac{(x_n-\sqrt{2})^2}{2x_n}\right|$$

$$=\left|\frac{x_n-\sqrt{2}}{2x_n}\right||x_n-\sqrt{2}|$$

$$=\left|\frac{1}{2}\left(1-\frac{\sqrt{2}}{x_n}\right)\right||x_n-\sqrt{2}|$$

ここで，$x_n>\sqrt{2}$ であるから，$0<\dfrac{\sqrt{2}}{x_n}<1$

したがって，$0<1-\dfrac{\sqrt{2}}{x_n}<1$ より，

$$0<\frac{1}{2}\left(1-\frac{\sqrt{2}}{x_n}\right)<\frac{1}{2}$$

よって，$|x_{n+1}-\sqrt{2}|=\left|\dfrac{1}{2}\left(1-\dfrac{\sqrt{2}}{x_n}\right)\right||x_n-\sqrt{2}|$ より，

$$|x_{n+1}-\sqrt{2}|<\frac{1}{2}|x_n-\sqrt{2}|$$

この不等式を次々適用すると，

$$0<|x_n-\sqrt{2}|<\frac{1}{2}|x_{n-1}-\sqrt{2}|$$

$$<\left(\frac{1}{2}\right)^2|x_{n-2}-\sqrt{2}|$$

$$<\cdots\cdots<\left(\frac{1}{2}\right)^{n-1}|x_1-\sqrt{2}|$$

ここで，$\lim_{n \to \infty}\left(\frac{1}{2}\right)^{n-1}|x_1-\sqrt{2}|=0$ であるから，はさみうちの原理より，

$$\lim_{n \to \infty}|x_n-\sqrt{2}|=0$$

したがって，$\lim_{n \to \infty} a_n=\sqrt{2}$

$\lim_{n \to \infty} x_n=\sqrt{2}$ を示すために，
まず，$|x_{n+1}-\sqrt{2}|<\frac{1}{2}|x_n-\sqrt{2}|$
が成り立つことを示したよ。

中間値の定理の応用と不動点

挑戦 2　教科書 180 ページの探究 2 において，ゴムひもはすべての部分が伸びるものとする。すなわち，1 より大きいある定数 k が存在して，閉区間 $[0,\ 1]$ 内の任意の 2 点 x_1，x_2 に対して

$$k|x_1-x_2| \leqq |f(x_1)-f(x_2)|$$

が成り立つと仮定する。このとき，探究 2 の不動点はただ 1 つであることを示せ。

教科書 p.181

ガイド　教科書 p.180 の探究 2 では，「ゴムひもを左右に引っぱる」という操作を関数 $f(x)$ として考えることで，動かない点を「$f(x)=x$ となる点」と表すことができた。

一般に，関数 $f(x)$ において，$f(x)=x$ となる点 x を，関数 $f(x)$ の **不動点** という。

探究 2 で不動点が少なくとも 1 つ存在することがわかっているので，不動点が 2 つ以上存在しないことを背理法を用いて示す。

解答　異なる 2 つ以上の不動点があると仮定し，そのうちの任意の 2 つを a，b とする。

すなわち，$f(a)=a$，$f(b)=b$ が成り立つとする。

このとき，仮定より，　$k|a-b| \leqq |f(a)-f(b)|=|a-b|$　……①

ここで，$k>1$ であるから，①が成り立つためには，$|a-b|=0$，すなわち，$a=b$ でなければならないが，これは a，b が異なる 2 点であることに矛盾する。

よって，不動点はただ 1 つである。

□多様性を養おう 課題学習

教科書 p.181 ある遊園地には，全長 2000 m のジェットコースターがある。このとき，コースに沿って互いに 1000 m 離れていて，地表からの高さが同じである 2 地点が存在することを示してみよう。

ガイド ジェットコースターの出発地点から x m の地点における地表からの高さを $h(x)$ (m) として，$h(x)=h(x+1000)$ を満たす実数 x が存在することを示せばよい。

解答 ジェットコースターの出発地点から x m の地点における地表からの高さを $h(x)$ (m) とする。ここで，$0 \leqq x \leqq 2000$ であり，全長が 2000 m であることから，$h(0)=h(2000)$

$$f(x)=h(x)-h(x+1000) \quad (0 \leqq x \leqq 1000)$$

とおくと，$h(x)$ は連続関数であるから，$f(x)$ も連続関数であり，

$$f(0)=h(0)-h(1000)$$
$$f(1000)=h(1000)-h(2000)=h(1000)-h(0)$$

ここで，$f(0)=0$ ならば，$h(0)=h(1000)$

これは，$x=0$ の地点と $x=1000$ の地点の高さが等しいことを意味している。

一方，$f(0) \neq 0$ ならば，

$$f(0) \cdot f(1000)=-\{h(0)-h(1000)\}^2<0$$

より，$f(0)$ と $f(1000)$ は異符号である。

よって，中間値の定理により，$f(a)=0$ を満たす実数 a が，$0<a<1000$ の範囲に少なくとも 1 つ存在する。

これは，$h(a)=h(a+1000)$ であること，すなわち，$x=a$ の地点と $x=a+1000$ の地点の高さが等しいことを意味している。

以上より，コースに沿って互いに 1000 m 離れていて，地表からの高さが同じである 2 地点が存在する。

柔軟性を養おう

教科書 p.181　関数 $f(x)=\dfrac{x^2+5}{6}$ を考える。教科書 179 ページでは，漸化式 $a_{n+1}=f(a_n)$ で定められる数列 $\{a_n\}$ が，初期値 a_1 のとり方によって，$f(x)$ の不動点の 1 つである 1 に収束したり，無限大に発散することを見た。

ところで，関数 $f(x)$ には，もう一つの不動点 $x=5$ がある。しかし，初期値 a_1 をどのように選んでも，$a_1=5$ または -5 でない限り，数列 $\{a_n\}$ が 5 に収束することはない。これはなぜだろうか。

ガイド　ある番号 n のとき $a_n=5$ とすると，漸化式より，$a_1=\pm5$，$a_2=a_3=a_4=\cdots\cdots=a_n=\cdots\cdots=5$ となるから，$a_1\neq\pm5$ のとき，2 以上のすべての番号 n に対して $a_n\neq5$ である。

解答　すべての実数 x に対して $f(x)>0$ であるから，2 以上のすべての番号 n に対して $a_n>0$

このことと，$f(x)=5 \iff x=\pm5$ であることから，ある番号 n に対して $a_n=5$ となるのは，$a_1=\pm5$ のときのみである。

よって，$a_1\neq\pm5$ のとき，2 以上のすべての番号 n に対して $a_n\neq5$

与えられた漸化式より，

$$a_{n+1}-5=\frac{a_n{}^2+5}{6}-5=\frac{a_n{}^2-25}{6}=\left(\frac{a_n+5}{6}\right)(a_n-5)$$

したがって，

$$|a_{n+1}-5|=\left|\frac{a_n+5}{6}\right||a_n-5| \quad \cdots\cdots①$$

$a_1\neq\pm5$ のとき，$|a_{n+1}-5|\neq0$，$|a_n-5|\neq0$

ある初期値 $a_1\,(\neq\pm5)$ に対し，$\lim_{n\to\infty}a_n=5$ であったと仮定する。

十分大きなすべての n に対し，$0<|a_n-5|<1$ であり，このとき $\dfrac{a_n+5}{6}>1$ となるから，①より，$|a_{n+1}-5|>|a_n-5|$

これは，$\lim_{n\to\infty}a_n=5$ であることに矛盾する。

よって，$a_1\neq\pm5$ のとき，この数列 $\{a_n\}$ は 5 に収束しない。

プラスワン 一般に，$x=\alpha$ が関数 $f(x)$ の不動点であるとき，$\alpha=f(\alpha)$ であるから，漸化式 $a_{n+1}=f(a_n)$ と，教科書 p.96 の平均値の定理により，各 n に対し，ある実数 c_n が存在して，

$$a_{n+1}-\alpha=f(a_n)-f(\alpha)=f'(c_n)(a_n-\alpha)$$

これより，

$$|a_{n+1}-\alpha|=|f'(c_n)||a_n-\alpha|$$

よって，すべての n で $a_n\neq\alpha$ という条件のもとで，$\lim_{n\to\infty}a_n=\alpha$ となるためには，$|f'(\alpha)|\leqq 1$ となることが必要である。

関数 $f(x)=\dfrac{x^2+5}{6}$ を考えると，不動点 $\alpha=5$ において，$f'(5)=\dfrac{5}{3}>1$ である。

このことからも，本問の数列 $\{a_n\}$ が 5 に収束しないことがわかる。

対数微分法と導関数の連続性

挑戦 3 次の関数を微分せよ。

教科書 p.185

(1) $y=\dfrac{x^2(x-2)}{x+1}$　　(2) $y=x^x\ (x>0)$

ガイド 関数 $y=f(x)$ が微分可能であるとすると，$f(x)\neq 0$ を満たす x の範囲で $\log|y|$ も微分可能であって，合成関数の微分法より，

$$(\log|y|)'=\frac{d}{dy}\log|y|\cdot\frac{dy}{dx}=\frac{1}{y}\cdot y' \quad すなわち，(\log|y|)'=\frac{y'}{y}$$

この等式を利用して導関数 y' を求める方法を，**対数微分法** という。

解答 (1) $y=\dfrac{x^2(x-2)}{x+1}$ の両辺の絶対値の自然対数をとって，

$$\log|y|=2\log|x|+\log|x-2|-\log|x+1|$$

両辺を x で微分すると，

$$\frac{y'}{y}=\frac{2}{x}+\frac{1}{x-2}-\frac{1}{x+1}=\frac{2x^2+x-4}{x(x-2)(x+1)}$$

よって，

$$y'=y\cdot\frac{2x^2+x-4}{x(x-2)(x+1)}=\boldsymbol{\frac{x(2x^2+x-4)}{(x+1)^2}}$$

(2) $y=x^x$ の両辺の絶対値の自然対数をとって，

$$\log|y|=x\log|x|$$

$x>0$ より，$y>0$ であるから，　$\log y=x\log x$

両辺を x で微分すると，

$$\frac{y'}{y}=1\cdot\log x+x\cdot\frac{1}{x}=\log x+1$$

よって，

$$y'=y(\log x+1)=\boldsymbol{x^x(\log x+1)}$$

独創性を養おう　課題学習

教科書 p.185　教科書 184 ページの定理の逆は，一般には成り立たない。すなわち，関数が定義域全体で微分可能であっても，その導関数は連続であるとは限らない。そのような関数の例を作ってみよう。

ガイド　$x=a$ で微分可能であっても，$\lim_{x\to a}f'(x)$ が存在しない関数 $f(x)$ を考える。

解答　たとえば，次のような関数がある。

$$f(x)=\begin{cases} x^2\sin\dfrac{1}{x} & (x\neq 0) \\ 0 & (x=0) \end{cases}$$

この関数は実数全体で微分可能であり，その導関数は次のようになる。

$$f'(x)=\begin{cases} 2x\sin\dfrac{1}{x}-\cos\dfrac{1}{x} & (x\neq 0) \\ 0 & (x=0) \end{cases}$$

しかし，この導関数 $f'(x)$ には，極限値 $\lim_{x\to 0}f'(x)$ が存在しない。

よって，この関数 $f(x)$ は定義域全体で微分可能であるが，その導関数は連続関数ではない。

関数の極限と導関数の関係

問 教科書 p.187

極限値 $\displaystyle\lim_{x\to 0}\frac{x^3}{2e^x-x^2-2x-2}$ を求めよ。

ガイド ロピタルの定理を用いて求める。

ここがポイント **[ロピタルの定理]**

$f(x)$，$g(x)$ が $x=a$ の近くで微分可能で，$f(a)=0$，$g(a)=0$ であり，極限値 $\displaystyle\lim_{x\to a}\frac{f'(x)}{g'(x)}$ が存在するならば，

$\displaystyle\lim_{x\to a}\frac{f(x)}{g(x)}=\lim_{x\to a}\frac{f'(x)}{g'(x)}$ が成り立つ。ただし，$x=a$ の近くで $g'(x)\neq 0$ とする。

解答 $f(x)=x^3$，$g(x)=2e^x-x^2-2x-2$ とおくと，

$$f'(x)=3x^2,\quad g'(x)=2e^x-2x-2$$
$$f''(x)=6x,\quad g''(x)=2e^x-2$$
$$f'''(x)=6,\quad g'''(x)=2e^x$$

ここで，

$$f(0)=0,\quad g(0)=0$$
$$f'(0)=0,\quad g'(0)=0$$
$$f''(0)=0,\quad g''(0)=0$$

であるから，ロピタルの定理により，

$$\lim_{x\to 0}\frac{f(x)}{g(x)}=\lim_{x\to 0}\frac{f'(x)}{g'(x)}=\lim_{x\to 0}\frac{f''(x)}{g''(x)}$$
$$=\lim_{x\to 0}\frac{f'''(x)}{g'''(x)}=\lim_{x\to 0}\frac{6}{2e^x}=\mathbf{3}$$

注意 この定理は数学Ⅲの範囲では証明できないため，関数の極限を求めるときの検算に使ってもよいが，入試の答案には用いないようにする。

挑戦 4　n を正の整数とする。$f(x)=e^x$，$g(x)=\sum_{k=0}^{n-1}\frac{x^k}{k!}$ とするとき，極限値

教科書 p.187

$\lim_{x\to 0}\frac{f(x)-g(x)}{x^n}$ を求めよ。

ガイド　ロピタルの定理を繰り返し用いる。

解答　$h(x)=f(x)-g(x)$，$i(x)=x^n$ とおくと，$h(0)=0$，$i(0)=0$

$$h'(x)=f'(x)-g'(x)$$
$$=(e^x)'-\left\{1+x+\frac{1}{2!}x^2+\frac{1}{3!}x^3+\cdots\cdots+\frac{1}{(n-1)!}x^{n-1}\right\}'$$
$$=e^x-\left\{1+x+\frac{1}{2!}x^2+\cdots\cdots+\frac{1}{(n-2)!}x^{n-2}\right\}$$
$$i'(x)=nx^{n-1}$$

ロピタルの定理により，$\lim_{x\to 0}\frac{h(x)}{i(x)}=\lim_{x\to 0}\frac{h'(x)}{i'(x)}$

また，$h'(0)=0$，$i'(0)=0$

$$h''(x)=f''(x)-g''(x)$$
$$=(e^x)'-\left\{1+x+\frac{1}{2!}x^2+\frac{1}{3!}x^3+\cdots\cdots+\frac{1}{(n-2)!}x^{n-2}\right\}'$$
$$=e^x-\left\{1+x+\frac{1}{2!}x^2+\cdots\cdots+\frac{1}{(n-3)!}x^{n-3}\right\}$$
$$i''(x)=n(n-1)x^{n-2}$$

ロピタルの定理により，

$$\lim_{x\to 0}\frac{h(x)}{i(x)}=\lim_{x\to 0}\frac{h'(x)}{i'(x)}=\lim_{x\to 0}\frac{h''(x)}{i''(x)}$$

これを繰り返すと，

$$\lim_{x\to 0}\frac{h(x)}{i(x)}=\lim_{x\to 0}\frac{h'(x)}{i'(x)}=\lim_{x\to 0}\frac{h''(x)}{i''(x)}=\cdots\cdots$$
$$=\lim_{x\to 0}\frac{h^{(n-1)}(x)}{i^{(n-1)}(x)}=\lim_{x\to 0}\frac{h^{(n)}(x)}{i^{(n)}(x)}$$

ここで，$h^{(n)}(x)=f^{(n)}(x)-g^{(n)}(x)$
$$=e^x-0=e^x$$
$$i^{(n)}(x)=n!$$

であるから，$\lim_{x\to 0}\frac{h(x)}{i(x)}=\lim_{x\to 0}\frac{e^x}{n!}=\frac{1}{n!}$

よって，求める極限値は，$\boldsymbol{\frac{1}{n!}}$

探究編

柔軟性を養おう 課題学習

教科書 p.187

極限 $\displaystyle\lim_{x\to0}\frac{x^2\sin\frac{1}{x}}{\sin x}$ を調べる問題において，A さんは次のように考えた。

> ロピタルの定理により，$\displaystyle\lim_{x\to0}\frac{x^2\sin\frac{1}{x}}{\sin x}=\lim_{x\to0}\frac{2x\sin\frac{1}{x}-\cos\frac{1}{x}}{\cos x}$
>
> ここで，右辺の極限は存在しない。
>
> したがって，左辺の極限も存在しない。

A さんのこの考え方は正しいだろうか。

ガイド ロピタルの定理は，極限値 $\displaystyle\lim_{x\to a}\frac{f'(x)}{g'(x)}$ が存在するときに成り立つ。

解答 教科書 p.186 と同様に，$\displaystyle\lim_{x\to0}\frac{\sin x}{x}=1$ を利用すると，

$$\lim_{x\to0}\frac{x^2\sin\frac{1}{x}}{\sin x}=\lim_{x\to0}\left(\frac{x}{\sin x}\right)\left(x\sin\frac{1}{x}\right)=1\cdot0=0$$

となり，極限値は存在する。

よって，A さんのこの考えは**正しくない**。

補足 A さんは，どうして間違えてしまったのだろうか。

A さんの考え方にあるように，確かに

$\displaystyle\lim_{x\to0}\frac{2x\sin\frac{1}{x}-\cos\frac{1}{x}}{\cos x}$ は存在しない。

しかし，このとき，ロピタルの定理の仮定である「極限値 $\displaystyle\lim_{x\to a}\frac{f'(x)}{g'(x)}$ が存在するならば」が成り立たないため，ロピタルの定理を適用することができない。

A さんはそこを見落としてロピタルの定理を適用したことに，原因があるのである。

プラスワン 教科書p.186では微分係数の定義を利用して極限値を求めることを考えたが，このことを一般化すると，次の定理が成立つ。

> **定理** $f(x)$，$g(x)$ が $x=a$ で微分可能で，$f(a)=0$，$g(a)=0$ かつ $g'(a)\neq 0$ のとき，次の等式が成り立つ。
>
> $$\lim_{x\to a}\frac{f(x)}{g(x)}=\frac{f'(a)}{g'(a)} \quad \cdots\cdots①$$

［証明］ $f(a)=0$，$g(a)=0$ で，$f(x)$，$g(x)$ が $x=a$ で微分可能であることから，

$$\lim_{x\to a}\frac{f(x)}{g(x)}=\lim_{x\to a}\frac{f(x)-f(a)}{g(x)-g(a)}$$

$$=\lim_{x\to a}\frac{\dfrac{f(x)-f(a)}{x-a}}{\dfrac{g(x)-g(a)}{x-a}}=\frac{f'(a)}{g'(a)}$$

上の定理を利用して，極限値 $\displaystyle\lim_{x\to 0}\frac{x^2\sin\frac{1}{x}}{\sin x}$ を求めてみよう。

$$f(x)=\begin{cases} x^2\sin\dfrac{1}{x} & (x\neq 0) \\ 0 & (x=0) \end{cases} \quad \cdots\cdots②$$

$g(x)=\sin x$

とすると，$f(0)=g(0)=0$ かつ $f'(0)=0$，$g'(0)=1$ であるから，上の①が適用できる。実際に適用すると，

$$\lim_{x\to 0}\frac{x^2\sin\frac{1}{x}}{\sin x}=\lim_{x\to 0}\frac{f(x)}{g(x)}=\frac{f'(0)}{g'(0)}=\frac{0}{1}=0$$

となり，正しい極限値が得られる。

一般に，導関数 $f'(x)$ と $g'(x)$がともに $x=a$ で連続な場合，ロピタルの定理において $\displaystyle\lim_{x\to a}\frac{f'(x)}{g'(x)}=\frac{f'(a)}{g'(a)}$ であるから，上の①はロピタルの定理から導くことができる。

しかし，$f'(x)$ と $g'(x)$ の少なくとも一方が $x=a$ で不連続な場合，関係式①とロピタルの定理は，本質的に異なるものとなる。

実際，関数②は実数全体で微分可能であるが，その導関数は $x=0$ で不連続である。このように，ロピタルの定理が利用できない関数に対しても，関係式①を利用できる場合がある。

e^x と x^n の発散の速さの違い

挑戦 5 $0<t<\pi$ のとき，不等式 $t-\dfrac{1}{6}t^3<\sin t<t$ が成り立つことを示し，

教科書 p.189

極限値 $\displaystyle\lim_{x\to\infty}\left(x\sin\frac{1}{x}\right)^x$ を求めよ。

ガイド 示した不等式を用いて，はさみうちの原理を適用する。

解答 $f(t)=t-\sin t$ とおくと，$f'(t)=1-\cos t$

$0<t<\pi$ のとき，$\cos t<1$ であるから，$f'(t)>0$

したがって，$f(t)$ は $0\leqq t\leqq\pi$ で増加する。

そして，$f(0)=0$ であるから，$0<t<\pi$ のとき，$f(t)>0$

次に，$g(t)=\sin t-\left(t-\dfrac{1}{6}t^3\right)$ とおくと，

$$g'(t)=\cos t-1+\frac{1}{2}t^2,\quad g''(t)=-\sin t+t$$

$0<t<\pi$ のとき，$\sin t<t$ であるから，$g''(t)>0$

したがって，$g'(t)$ は $0\leqq t\leqq\pi$ で増加する。

そして，$g'(0)=0$ であるから，$0<t<\pi$ のとき，$g'(t)>0$

これより，$g(t)$ は $0\leqq t\leqq\pi$ で増加する。

そして，$g(0)=0$ であるから，$0<t<\pi$ のとき，$g(t)>0$

よって，$0<t<\pi$ のとき，不等式 $t-\dfrac{1}{6}t^3<\sin t<t$ が成り立つ。

上の不等式で $t=\dfrac{1}{x}$ とおき，各辺に x を掛けると，

$$1-\frac{1}{6x^2}<x\sin\frac{1}{x}<1$$

すなわち，$\left(1-\dfrac{1}{6x^2}\right)^x<\left(x\sin\dfrac{1}{x}\right)^x<1$

ここで，$0<t<\pi$ であるから，$\dfrac{1}{\pi}<x$ であり，

$$\lim_{x\to\infty}\left(1-\frac{1}{6x^2}\right)^x=\lim_{x\to\infty}\left\{\left(1-\frac{1}{6x^2}\right)^{6x^2}\right\}^{\frac{1}{6x}}=\left(\frac{1}{e}\right)^0=1$$

よって，$\displaystyle\lim_{x\to\infty}\left(x\sin\frac{1}{x}\right)^x=\mathbf{1}$

多様性を養おう

教科書 p.189　教科書 188 ページの探究 5 の①より，$t>0$ に対して $e^t>t$ が成り立つ。これを利用して，$\alpha>0$ に対して $\lim_{x\to\infty}\frac{\log x}{x^\alpha}$ を求めてみよう。

ガイド　$e^t>t$ の両辺の自然対数をとり，はさみうちの原理を利用する。

解答　$t>0$ に対して，$e^t>t$ の両辺の自然対数をとると，
$t>\log t$ が成り立つ。これより，任意の正の実数 β に対して，

$\log x=\frac{1}{\beta}\log x^\beta<\frac{1}{\beta}x^\beta$　$(x>0)$ が成り立つ。

ここで，$0<\beta<\alpha$ を満たすように β をとると，
$x>e$ のとき，

$$0<\frac{\log x}{x^\alpha}<\frac{1}{\beta}\cdot\frac{x^\beta}{x^\alpha}=\frac{1}{\beta x^{\alpha-\beta}}$$

$\beta<\alpha$ より，$\alpha-\beta>0$ であるから，　$\lim_{x\to\infty}\frac{1}{\beta x^{\alpha-\beta}}=0$

よって，$\lim_{x\to\infty}\frac{\log x}{x^\alpha}=\mathbf{0}$

定積分の微分

挑戦 6　次の等式を満たす関数 $f(x)$ を求めよ。

教科書 p.191

$$\int_0^{3x}f(t)\,dt=xe^{-x}$$

ガイド　公式 $\frac{d}{dx}\int_a^{g(x)}f(t)\,dt=f(g(x))\cdot g'(x)$ を利用する。

解答　等式の両辺を x で微分すると，教科書 p.191 の公式③より，

$$f(3x)\cdot 3=e^{-x}-xe^{-x}$$

すなわち，$f(3x)=\frac{1}{3}(1-x)e^{-x}$

ここで，$3x=u$ とすると，$x=\frac{1}{3}u$ より，

$$f(u)=\frac{1}{3}\left(1-\frac{1}{3}u\right)e^{-\frac{u}{3}}=\frac{1}{9}(3-u)e^{-\frac{u}{3}}$$

よって，求める関数は，$\boldsymbol{f(x)=\frac{1}{9}(3-x)e^{-\frac{x}{3}}}$

プラスワン 解答では教科書 p.191 の公式③を用いたが，教科書 p.145 の公式を用いて，次のように解くこともできる。

$3x=u$ とすると，$x=\frac{1}{3}u$ より，与えられた等式は，

$$\int_0^u f(t)\,dt=\frac{1}{3}ue^{-\frac{u}{3}}$$

この両辺を u で微分して，

$$f(u)=\frac{1}{3}e^{-\frac{u}{3}}-\frac{1}{9}ue^{-\frac{u}{3}}=\frac{1}{9}(3-u)e^{-\frac{u}{3}}$$

よって，求める関数は，　$\boldsymbol{f(x)=\frac{1}{9}(3-x)e^{-\frac{x}{3}}}$

多様性を養おう

教科書 p.191 関数 $\int_x^{2x}e^{-t^2}dt$ が最大となるような x の値を求めてみよう。

ガイド 関数 $y=\int_x^{2x}e^{-t^2}dt$ を微分し増減を調べる。

微分する際，教科書 p.191 の考え方を利用する。

解答 まず，関数 $y=\int_x^{2x}e^{-t^2}dt$ の導関数を求める。

関数 $f(x)=e^{-x^2}$ の原始関数の 1 つを $F(x)$ とすると，

$$\int_x^{2x}e^{-t^2}dt=\Big[F(t)\Big]_x^{2x}=F(2x)-F(x)$$

したがって，合成関数の微分法を用いると，

$$\begin{aligned}\frac{d}{dx}\int_x^{2x}e^{-t^2}dt&=\frac{d}{dx}\{F(2x)-F(x)\}\\&=F'(2x)\cdot(2x)'-F'(x)\cdot(x)'\\&=2f(2x)-f(x)=2e^{-4x^2}-e^{-x^2}\end{aligned}$$

よって，$y'=2e^{-4x^2}-e^{-x^2}$

次に，$y'=0$ となる x の値を求める。

$e^{-x^2}(2e^{-3x^2}-1)=0$ であり，$e^{-x^2}\neq0$ であるから，

$$2e^{-3x^2}-1=0 \quad すなわち，\ e^{-3x^2}=\frac{1}{2}$$

この両辺の自然対数をとって，$-3x^2=-\log 2$

したがって，$x=\pm\frac{\sqrt{3\log 2}}{3}$

よって，y の増減は次の表のようになる。

x	$\cdots$	$-\dfrac{\sqrt{3\log 2}}{3}$	$\cdots$	$\dfrac{\sqrt{3\log 2}}{3}$	$\cdots$
y'	$-$	0	$+$	0	$-$
y	↘	極小	↗	極大	↘

ここで，$f(x)=e^{-x^2}$ に対して，$\lim\limits_{x\to-\infty} f(2x)=0$,

$\lim\limits_{x\to-\infty} f(x)=0$ であるから，$\lim\limits_{x\to-\infty} y=\lim\limits_{x\to-\infty}\displaystyle\int_x^{2x} e^{-t^2}dt=0$

よって，$\boldsymbol{x=\dfrac{\sqrt{3\log 2}}{3}}$ のとき，y は最大となる。

立体の体積

問 教科書192ページの②と同様の連立不等式を用いた考察により，立体Dと平面 $y=t$ の共通部分の面積が③となることを確かめよ。

教科書 p.193

ガイド 教科書 p.192 の①に $y=t$ を代入して考える。

解答 立体Dは，連立不等式

$$\begin{cases} x^2+y^2\leqq r^2 \\ 0\leqq z\leqq y \end{cases} \quad \cdots\cdots①$$

を満たす空間内の点 $(x,\ y,\ z)$ 全体の集合と考えることができる。

いま，y 軸に垂直な平面 $y=t$ $(0\leqq t\leqq r)$ でDを切ったときの切り口は，①より，

$$\begin{cases} x^2+y^2\leqq r^2 \\ 0\leqq z\leqq y \end{cases} \text{ かつ } \quad y=t \quad \cdots\cdots② \text{ で定まるので，}$$

$$\begin{cases} x^2+t^2\leqq r^2 \\ 0\leqq z\leqq t \end{cases} \quad \text{すなわち，} \quad \begin{cases} -\sqrt{r^2-t^2}\leqq x\leqq\sqrt{r^2-t^2} \\ 0\leqq z\leqq t \end{cases}$$

よって，D と平面 $y=t$ の共通部分は，右の図のような長方形となることが確認できる。

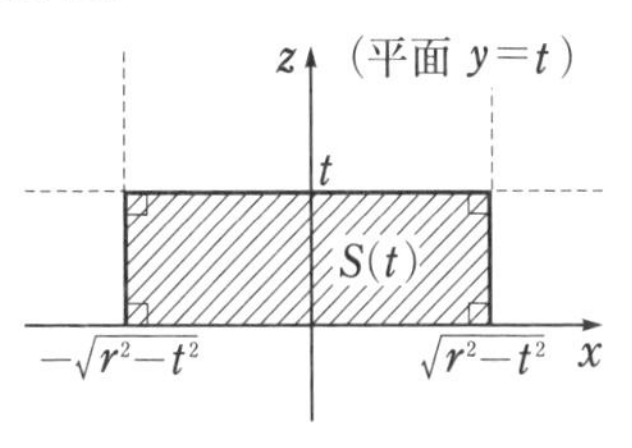

また，切り口の面積を $S(t)$ とすると，上の考察から，$S(t)=2t\sqrt{r^2-t^2}$ となることもわかる。

探究編

挑戦 7　立体Dをz軸に垂直な平面 $z=t$ で切ったときの切り口を考えることにより，Dの体積を求めよ。

教科書 p.193

ガイド　教科書 p.192 の①に $z=t$ を代入して考える。

解答　立体Dは，連立不等式

$$\begin{cases} x^2+y^2 \leqq r^2 \\ 0 \leqq z \leqq y \end{cases} \quad \cdots\cdots①$$

を満たす空間内の点$(x,\ y,\ z)$全体の集合と考えることができる。

いま，z軸に垂直な平面 $z=t$ $(0 \leqq t \leqq r)$ でDを切ったときの切り口は，①より，

$$\begin{cases} x^2+y^2 \leqq r^2 \\ 0 \leqq z \leqq y \end{cases} \quad \text{かつ} \quad z=t \quad \cdots\cdots② \quad \text{で定まるので，}$$

$$\begin{cases} x^2+y^2 \leqq r^2 \\ 0 \leqq t \leqq y \end{cases}$$

よって，Dと平面 $z=t$ の共通部分は，図の斜線の部分となる。

ここで，$\angle \mathrm{POQ}=2\theta\left(0 \leqq \theta \leqq \dfrac{\pi}{2}\right)$ とし，斜線の部分の面積をSとすると，

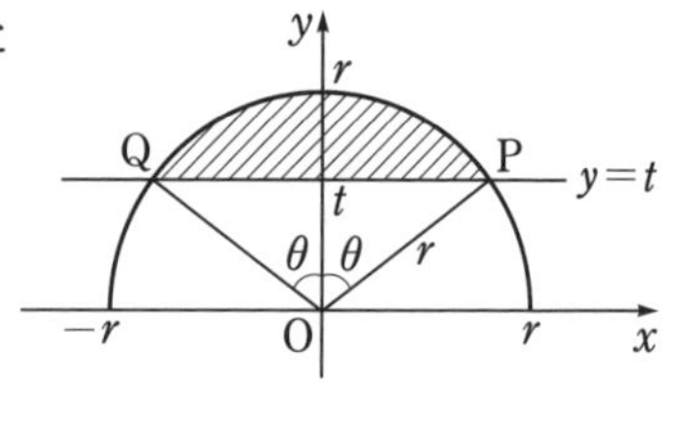

$$S=(\text{扇形 OPQ})-\triangle\mathrm{OPQ}$$

$$=\frac{1}{2}r^2\cdot 2\theta-\frac{1}{2}r^2\sin 2\theta$$

$$=r^2\left(\theta-\frac{1}{2}\sin 2\theta\right)$$

また，図より，$t=r\cos\theta$

したがって，$\dfrac{dt}{d\theta}=-r\sin\theta$

t	$0 \to r$
θ	$\frac{\pi}{2} \to 0$

よって，求める体積をVとすると，

$$V=\int_0^r S\,dt=\int_{\frac{\pi}{2}}^0 r^2\left(\theta-\frac{1}{2}\sin 2\theta\right)(-r\sin\theta)\,d\theta$$

$$=-r^3\int_{\frac{\pi}{2}}^0 \theta\sin\theta\,d\theta+\frac{r^3}{2}\int_{\frac{\pi}{2}}^0 \sin 2\theta\sin\theta\,d\theta$$

$$=r^3\left(\Big[-\theta\cos\theta\Big]_0^{\frac{\pi}{2}}+\int_0^{\frac{\pi}{2}}\cos\theta\,d\theta\right)+\frac{r^3}{2}\int_0^{\frac{\pi}{2}}\frac{1}{2}(\cos 3\theta-\cos\theta)\,d\theta$$

$$=r^3\Big[\sin\theta\Big]_0^{\frac{\pi}{2}}+\frac{r^3}{4}\left[\frac{1}{3}\sin 3\theta-\sin\theta\right]_0^{\frac{\pi}{2}}$$

$$=r^3+\frac{r^3}{4}\cdot\left(-\frac{4}{3}\right)=\frac{2}{3}r^3$$

多様性を養おう（課題学習）

教科書 p.193 r を正の実数とする。座標空間において，

$$x^2+y^2 \leqq r^2,\ z^2+x^2 \leqq r^2$$

を満たす点全体からなる立体の体積を求めてみよう。

ガイド 立体を，平面 $x=t$，$y=t$，$z=t$ のいずれかで切って考える。

解答 体積を求める立体を D とする。

D を x 軸に垂直な平面 $x=t$ で切ると，

$$\begin{cases} x^2+y^2 \leqq r^2 \\ z^2+x^2 \leqq r^2 \end{cases} \text{かつ}\quad x=t \qquad \text{より，}\quad \begin{cases} t^2+y^2 \leqq r^2 \\ z^2+t^2 \leqq r^2 \end{cases}$$

すなわち，

$$\begin{cases} -\sqrt{r^2-t^2} \leqq y \leqq \sqrt{r^2-t^2} \\ -\sqrt{r^2-t^2} \leqq z \leqq \sqrt{r^2-t^2} \end{cases} \quad (\text{ただし，} -r \leqq t \leqq r)$$

この連立不等式が表す領域は，下の図の斜線部分である。

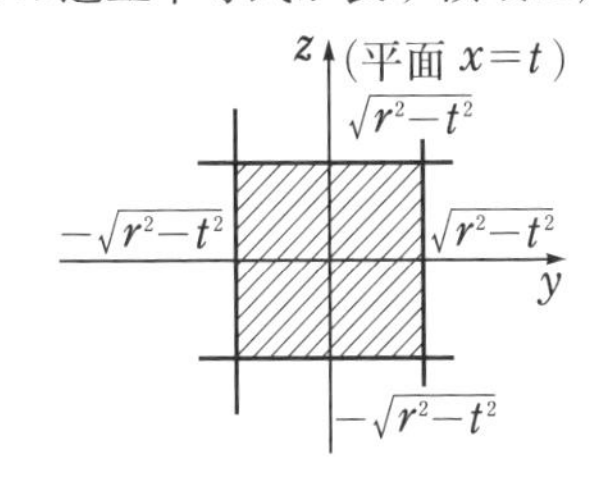

(最高次または 最頻出の文字)=t
の平面で切るといいよ。

したがって，立体 D と平面 $x=t$ $(-r \leqq t \leqq r)$ の共通部分の面積を S とすると，

$$S=(\sqrt{r^2-t^2})^2\times 4=4(r^2-t^2)$$

よって，求める体積を V とすると，対称性より，

$$V=\int_{-r}^{r} S\,dx=2\int_0^r 4(r^2-t^2)\,dt=8\left[r^2t-\frac{t^3}{3}\right]_0^r=\frac{16}{3}r^3$$

◆ 重要事項・公式

数列の極限

▶極限値の性質

$\lim_{n\to\infty} a_n=\alpha$，$\lim_{n\to\infty} b_n=\beta$ のとき，

$\lim_{n\to\infty} ka_n=k\alpha$　（k は定数）

$\lim_{n\to\infty}(a_n+b_n)=\alpha+\beta$

$\lim_{n\to\infty}(a_n-b_n)=\alpha-\beta$

$\lim_{n\to\infty} a_nb_n=\alpha\beta$,

$\lim_{n\to\infty}\dfrac{a_n}{b_n}=\dfrac{\alpha}{\beta}$　$(\beta\neq 0)$

▶極限と大小関係

■すべての自然数 n で，$a_n\leqq b_n$ のとき，

$\lim_{n\to\infty} a_n=\alpha$

$\lim_{n\to\infty} b_n=\beta$ ならば，$\alpha\leqq\beta$

■すべての自然数 n で，$a_n\leqq c_n\leqq b_n$ のとき，

$\lim_{n\to\infty} a_n=\lim_{n\to\infty} b_n=\alpha$ ならば，

数列 $\{c_n\}$ は収束し，$\lim_{n\to\infty} c_n=\alpha$

（はさみうちの原理）

▶無限等比数列 $\{r^n\}$ の極限

$r>1$ のとき，　$\lim_{n\to\infty} r^n=\infty$

$r=1$ のとき，　$\lim_{n\to\infty} r^n=1$

$-1<r<1$ のとき，　$\lim_{n\to\infty} r^n=0$

$r\leqq -1$ のとき，数列 $\{r^n\}$ は振動する。

▶無限等比級数の収束・発散

無限等比級数 $\sum_{n=1}^{\infty} ar^{n-1}$ について，

$a=0$ のとき，0 に収束する。

$a\neq 0$ のとき，

$-1<r<1$ ならば，$\dfrac{a}{1-r}$ に収束する。

$r\leqq -1$ または $r\geqq 1$ ならば，発散する。

▶無限級数の性質

$\sum_{n=1}^{\infty} a_n=S$，$\sum_{n=1}^{\infty} b_n=T$ のとき，

$\sum_{n=1}^{\infty} ka_n=kS$　（k は定数）

$\sum_{n=1}^{\infty}(a_n+b_n)=S+T$

$\sum_{n=1}^{\infty}(a_n-b_n)=S-T$

▶無限級数の収束・発散

$\sum_{n=1}^{\infty} a_n$ が収束する $\Longrightarrow$ $\lim_{n\to\infty} a_n=0$

数列 $\{a_n\}$ が 0 に収束しない

$\Longrightarrow$ $\sum_{n=1}^{\infty} a_n$ は発散する

関数とその極限

▶関数の極限と性質

$\lim_{x\to a} f(x)=\alpha$，$\lim_{x\to a} g(x)=\beta$ のとき，

$\lim_{x\to a} kf(x)=k\alpha$　（k は定数）

$\lim_{x\to a}\{f(x)+g(x)\}=\alpha+\beta$

$\lim_{x\to a}\{f(x)-g(x)\}=\alpha-\beta$

$\lim_{x\to a} f(x)g(x)=\alpha\beta$,

$\lim_{x\to a}\dfrac{f(x)}{g(x)}=\dfrac{\alpha}{\beta}$　$(\beta\neq 0)$

▶三角関数の極限

$\lim_{x\to 0}\dfrac{\sin x}{x}=1$

▶ガウス記号

実数 x について，$n\leqq x<n+1$ を満たす整数 n を $[x]$ と表す。この記号 [　] をガウス記号という。

▶中間値の定理

関数 $f(x)$ が閉区間 $[a,\ b]$ で連続で，$f(a)\neq f(b)$ ならば，$f(a)$ と $f(b)$ の間の任意の値 k に対して，

$f(c)=k$ $(a<c<b)$ となる実数 c が少なくとも 1 つ存在する。

微分法

▶定数倍，和，差の導関数

$\{kf(x)\}'=kf'(x)$　(k は定数)

$\{f(x)+g(x)\}'=f'(x)+g'(x)$

$\{f(x)-g(x)\}'=f'(x)-g'(x)$

▶積の導関数

$\{f(x)g(x)\}'=f'(x)g(x)+f(x)g'(x)$

▶商の導関数

$\left\{\dfrac{1}{g(x)}\right\}'=-\dfrac{g'(x)}{\{g(x)\}^2}$

$\left\{\dfrac{f(x)}{g(x)}\right\}'=\dfrac{f'(x)g(x)-f(x)g'(x)}{\{g(x)\}^2}$

▶合成関数の微分法

関数 $y=f(u)$，$u=g(x)$ がともに微分可能なとき，合成関数 $y=f(g(x))$ も微分可能で，

$\dfrac{dy}{dx}=\dfrac{dy}{du}\cdot\dfrac{du}{dx}$

▶逆関数の微分法

$\dfrac{dx}{dy}\neq 0$ のとき，$\dfrac{dy}{dx}=\dfrac{1}{\dfrac{dx}{dy}}$

▶媒介変数表示された関数の導関数

$\begin{cases} x=f(t) \\ y=g(t) \end{cases}$ のとき，$\dfrac{dy}{dx}=\dfrac{\dfrac{dy}{dt}}{\dfrac{dx}{dt}}=\dfrac{g'(t)}{f'(t)}$

▶三角関数の導関数

$(\sin x)'=\cos x$

$(\cos x)'=-\sin x$

$(\tan x)'=\dfrac{1}{\cos^2 x}$

▶対数関数の導関数

$(\log x)'=\dfrac{1}{x}$，$(\log_a x)'=\dfrac{1}{x\log a}$

▶指数関数の導関数

$(e^x)'=e^x$，$(a^x)'=a^x\log a$

▶接線と法線の方程式

曲線 $y=f(x)$ 上の点 $(a,\ f(a))$ における接線の方程式

$y-f(a)=f'(a)(x-a)$

法線の方程式

$y-f(a)=-\dfrac{1}{f'(a)}(x-a)$

▶平均値の定理

関数 $f(x)$ が閉区間 $[a,\ b]$ で連続で，開区間 $(a,\ b)$ で微分可能ならば，

$\dfrac{f(b)-f(a)}{b-a}=f'(c)$，$a<c<b$

を満たす実数 c が存在する。

▶極値をとるための条件

関数 $f(x)$ が $x=a$ で微分可能であるとする。$f(x)$ が $x=a$ で極値をとるならば，$f'(a)=0$

▶直線上の点の運動

数直線上を動く点Pの座標 x が，時刻 t の関数として，$x=f(t)$ と表されるとき，

速度 $v=\dfrac{dx}{dt}=f'(t)$

加速度 $\alpha=\dfrac{dv}{dt}=\dfrac{d^2x}{dt^2}=f''(t)$

▶平面上の点の運動

座標平面上を動く点 $\mathrm{P}(x,\ y)$ があり，x，y が時刻 t の関数として，$x=f(t)$，$y=g(t)$ と表されるとき，速度 $\vec{v}$，速さ $|\vec{v}|$，加速度 $\vec{\alpha}$，加速度の大きさ $|\vec{\alpha}|$ は

$\vec{v}=\left(\dfrac{dx}{dt},\ \dfrac{dy}{dt}\right)$，$|\vec{v}|=\sqrt{\left(\dfrac{dx}{dt}\right)^2+\left(\dfrac{dy}{dt}\right)^2}$

$\vec{\alpha}=\left(\dfrac{d^2x}{dt^2},\ \dfrac{d^2y}{dt^2}\right)$，$|\vec{\alpha}|=\sqrt{\left(\dfrac{d^2x}{dt^2}\right)^2+\left(\dfrac{d^2y}{dt^2}\right)^2}$

▶1次の近似式

$h\fallingdotseq 0$ のとき，$f(a+h)\fallingdotseq f(a)+f'(a)h$

積分法

▶x^α の不定積分

$\displaystyle\int x^\alpha dx=\frac{1}{\alpha+1}x^{\alpha+1}+C$　$(\alpha\neq -1)$

$\displaystyle\int \frac{1}{x}dx=\log|x|+C$

▶不定積分の性質

$\displaystyle\int kf(x)\,dx=k\int f(x)\,dx$　(k は定数)

$\displaystyle\int\{f(x)+g(x)\}dx=\int f(x)\,dx+\int g(x)\,dx$

$\displaystyle\int\{f(x)-g(x)\}dx=\int f(x)\,dx-\int g(x)\,dx$

▶三角関数の不定積分

$\int \sin x\,dx = -\cos x + C$

$\int \cos x\,dx = \sin x + C$

$\int \frac{dx}{\cos^2 x} = \tan x + C$

$\int \frac{dx}{\sin^2 x} = -\frac{1}{\tan x} + C$

▶指数関数の不定積分

$\int e^x dx = e^x + C$

$\int a^x dx = \frac{a^x}{\log a} + C$

▶$f(ax+b)$ の不定積分

$a \neq 0$, $F'(x) = f(x)$ のとき,

$\int f(ax+b)\,dx = \frac{1}{a}F(ax+b) + C$

▶置換積分法

$\int f(x)\,dx = \int f(g(t))g'(t)\,dt$

ただし, $x = g(t)$

▶$\frac{f'(x)}{f(x)}$ の不定積分

$\int \frac{f'(x)}{f(x)}dx = \log|f(x)| + C$

▶部分積分法

$\int f(x)g'(x)\,dx$

$= f(x)g(x) - \int f'(x)g(x)\,dx$

▶定積分

$f(x)$ の原始関数の 1 つを $F(x)$ とするとき,

$\int_a^b f(x)\,dx = \Big[F(x)\Big]_a^b = F(b) - F(a)$

▶定積分の置換積分法

$x = g(t)$, $a = g(\alpha)$, $b = g(\beta)$ のとき,

$\int_a^b f(x)\,dx = \int_\alpha^\beta f(g(t))g'(t)\,dt$

▶円の面積の利用

定積分 $\int_0^a \sqrt{a^2 - x^2}\,dx$ は半径 a の四分円の面積に等しく, $\frac{\pi a^2}{4}$ である。

▶偶関数と奇関数の定積分

$f(x)$ が偶関数のとき,

$\int_{-a}^a f(x)\,dx = 2\int_0^a f(x)\,dx$

$f(x)$ が奇関数のとき,

$\int_{-a}^a f(x)\,dx = 0$

▶定積分の部分積分法

$\int_a^b f(x)g'(x)\,dx$

$= \Big[f(x)g(x)\Big]_a^b - \int_a^b f'(x)g(x)\,dx$

▶区分求積法

$\int_0^1 f(x)\,dx = \lim_{n\to\infty} \frac{1}{n}\sum_{k=1}^{n} f\left(\frac{k}{n}\right)$

$\int_0^1 f(x)\,dx = \lim_{n\to\infty} \frac{1}{n}\sum_{k=0}^{n-1} f\left(\frac{k}{n}\right)$

▶定積分と微分

a が定数のとき,

$\frac{d}{dx}\int_a^x f(t)\,dt = f(x)$

▶2 曲線間の面積

$a \leqq x \leqq b$ で $f(x) \geqq g(x)$ のとき, 2 つの曲線 $y = f(x)$, $y = g(x)$ と 2 つの直線 $x = a$, $x = b$ で囲まれた部分の面積 S は

$S = \int_a^b \{f(x) - g(x)\}\,dx$

▶x 軸のまわりの回転体の体積

$a < b$ のとき, $V = \pi\int_a^b y^2 dx$

▶媒介変数表示された曲線の長さ

曲線 $x = f(t)$, $y = g(t)$ $(a \leqq t \leqq b)$ の長さ L は

$L = \int_a^b \sqrt{\left(\frac{dx}{dt}\right)^2 + \left(\frac{dy}{dt}\right)^2}\,dt$

▶曲線 $y = f(x)$ の長さ

曲線 $y = f(x)$ $(a \leqq x \leqq b)$ の長さ L は

$L = \int_a^b \sqrt{1 + \{f'(x)\}^2}\,dx$